中国机械工程学会无损检测分会铁路人员认证培训教材
高等职业教育教材

铁路客站建筑钢结构超声波无损检测

《铁路客站建筑钢结构超声波无损检测》编委会组织编写
贺海建　主编
何燕翔　魏文芳　主审

中国铁道出版社有限公司
2024年·北 京

内 容 简 介

本书为中国机械工程学会无损检测分会铁路人员认证培训教材、高等职业教育教材。全书针对铁路客站建筑钢结构检测的特点，以在全路首次实施、联合开展的衡阳东站钢结构检测、评估与鉴定实践为编写思路，详细介绍了超声波螺栓应力检测仪、电磁超声测厚仪、超声导波相控阵螺栓检测仪等仪器检测应用案例，主要内容包括超声波检测物理基础、超声检测技术分类与特点、衍射时差（TOFD）技术、超声相控阵检测技术、钢结构超声波检测的应用、超声检测器材、超声检测设备、检测应用案例等。

本书可供铁路房建单位培养的房屋建筑专业、机械制造及其自动化专业学生使用，同时也可供各铁路局房屋建筑专业管理及技术人员学习参考。

图书在版编目(CIP)数据

铁路客站建筑钢结构超声波无损检测/贺海建主编．—北京：中国铁道出版社有限公司，2020.7（2024.1 重印）

中国机械工程学会无损检测分会铁路人员认证培训教材 高等职业教育教材

ISBN 978-7-113-26950-0

Ⅰ.①铁… Ⅱ.①贺… Ⅲ.①铁路车站-客运站-钢结构-超声检测-高等职业教育-教材 Ⅳ.①TU248.1

中国版本图书馆 CIP 数据核字（2020）第 090208 号

书　　名： 铁路客站建筑钢结构超声波无损检测
作　　者： 贺海建

策划编辑： 金　锋
责任编辑： 吕继函　　**编辑部电话：**（010）51873205　　**电子邮箱：** 312705696@qq.com
封面设计： 高博越
责任校对： 苗　丹
责任印制： 樊启鹏

出版发行： 中国铁道出版社有限公司（100054，北京市西城区右安门西街 8 号）
网　　址： http://www.tdpress.com
印　　刷： 天津嘉恒印务有限公司
版　　次： 2020 年 7 月第 1 版　2024 年 1 月第 2 次印刷
开　　本： 787 mm×1 092 mm 1/16　**印张：** 11.75　**字数：** 301 千
书　　号： ISBN 978-7-113-26950-0
定　　价： 68.00 元（含光盘）

编委会

主　编　贺海建

副主编　杨继斌　丁　杰　林光辉

编　委　姜　朔　白辉辉　李建中　蒋鹏程

樊永涛　杨　锋　俞孟荣　宁园林

王田文　佘少波　李光远　苏汝兴

郑仕飞　郑海龙　陈浩军　李旭强

叶志坚　杨智明　蔡国良　阙江文

徐　江　朱叶杰　杨　琴　黄国胜

邓荣强　杨伟坚　黎建兆　刘　锐

谭生海

序

近年来，我国超声无损检测事业取得了巨大进步和发展，已应用到几乎所有的工业部门。超声无损检测的相关理论和方法及应用的基础性研究正在逐步深入，已取得了许多具有国际先进水平的成果。但是，我国超声无损检测事业从整体水平而言，与发达国家之间仍存在很大差距，主要表现在专业无损检测人员相对较少，导致现有无损检测设备利用率低。

我国无损检测技术经过40年的发展，虽然应用已经遍及近30个系统领域，直接从事无损检测技术方面的人员已近20万人，但是理论知识扎实、实践经验丰富的专业技术专业人员仍较少。我们调研了国内几个大型机械制造企业，都拥有为数不少的无损检测设备，但由于对无损检测重要性认识不够，专门从事无损检测的人员缺乏等因素，使得无损检测在生产中并未发挥其应有的作用。分析原因，主要是理论与实践结合的无损检测方面的专业书籍缺乏，不利于无损检测人员的培养。因此，当前迫切需要解决的问题是无损检测人员培训教材的编写，以满足行业乃至全国的无损探伤培训、鉴定和考核与国际先进水平接轨的需要，最大限度提升无损检测人员的水平。

该书作者一直从事无损检测技术的研究与应用，具有扎实的无损检测理论基础和丰富的实践经验，曾参与编写过多部无损检测相关国家标准。全书内容广泛充实，理论紧密联系实际，系统地介绍了超声检测技术的基本原理、技术特点、仪器设备、技术关键等方面的内容和基于超声原理的衍射时差检测（TOFD）、超声相控阵检测等新技术、新方法，并独创性地介绍了超声无损检测技术在铁路客站建筑钢结构中的应用，同时，还配有超声波检测试题库及解析、检测安全培训和技术培训等操作视频，具有很强的指导性和实用性。本书填补了铁路客站建筑钢结构无损探伤技术培训教材方面的空白，将有力推动铁路客站建筑钢结构无损探伤技术的发展。同时，该书在其他领域、行业钢结构无损探伤培训工作等方面也可以有广泛的应用。

期盼此书能在使用过程中不断地博采众长，吐故纳新，持续完善，为确保铁路运输安全和其他领域建筑钢结构安全贡献力量。

全国无损检测标准化技术委员会副主任委员
中国无损检测学会副理事长　蒋建生

2020年5月

前　言

本书由《铁路客站建筑钢结构超声波无损检测》编委会组织编写。近年来，我国铁路事业发展迅速，极大地满足了人民群众方便、快捷的出行需求，中国高速铁路已成为我国一张亮丽的名片。

中国高速铁路发展近10年以来，高铁站房设计、施工水平已达到世界领先水平，新材料、新工艺大量应用，涌现出广州南、深圳北站等一大批大跨度、大空间高铁客站钢结构建筑，这些高铁客站在注重自身经济、功能的同时，也兼顾了建筑美学价值、时代特征、地域文化等因素，成为所在城市的新地标。这些高铁客站钢结构建筑的出现，对高铁房建设备管理单位和人员提出了更高的要求，如何打造一批适应铁路客站建筑大发展新形势下的房建设备管理队伍，已经成为当代房建设备管理工作的重要环节。

2014年2月26日，中国铁路总公司颁布了《铁路运输房建设备大修维修规则(试行)》(铁总运〔2014〕60号)，明确了铁路运输房建设备的重要性，把房建设备列为铁路运输设备的重要组成部分，特别对铁路客站建筑钢结构焊缝的无损探伤周期、数量提出了明确要求。为了满足铁路客站建筑钢结构的管理需要，房建设备管理单位必须主动适应铁路客站钢结构建筑技术进步所带来的变化，快速提高职工队伍能力，建立高效精干的铁路客站建筑钢结构无损探伤专业队伍，以有效管理、维护好铁路客站钢结构建筑，确保铁路行车及旅客乘降的安全。

为此，中国铁路广州局集团有限公司土地房产部、职工培训部组织编写了本书，结合管内铁路客站建筑钢结构管理工作实际，从实用、实际出发，对超声波无损检测理论基础、器材介绍及应用案例进行了详尽介绍。本书适合作为铁路客站建筑钢结构管理及维护人员的普及读本，也适合作为高职院校相关专业的教材。

全书包括超声检测物理基础、超声检测技术分类与特点、衍射时差(TOFD)技术、超声相控阵检测技术、钢结构超声波检测的应用、超声检测器材、超声检测设备与器材、检测应用案例等8章内容和超声波检测试题库及解析、检测安全培训和技术培训等操作视频。

本书由中国铁路广州局集团有限公司贺海建任主编，中国铁路广州局集团有限公司杨继斌、上海材料研究所丁杰、武汉中科创新技术股份有限公司林光辉任副主编，中国铁路广州局集团有限公司何燕翔、魏文芳任主审。其中：第一章、第二章、第三章、第四章、光盘（超声波检测试题库及解析、检测安全培训和技术培训操作视频）等内容由贺海建、杨继斌和中国铁路广州局集团有限公司姜朔、白辉辉、李建中、蒋鹏程、樊永涛、杨锋、俞孟荣、宁园林、王田文、丁杰编写；第五章、第六章、第七章、第八章由贺海建、杨继斌和中国铁路广州局集团有限公司佘少波、李光远、苏汝兴、郑仕飞、郑海龙、陈浩军、李旭强、叶志坚、杨智明、蔡国良、阙江文、徐江、朱叶杰、杨琴、黄国胜、邓荣强、杨伟坚、黎建兆、刘锐、谭生海及武汉中科创新技术股份有限公司林光辉编写。

本书的编写得到了全国无损检测标准化技术委员会、同济大学、上海材料研究所、同恩（上海）工程技术有限公司等单位以及中国铁路广州局集团有限公司有关业务处室和站段同仁的支持和协助，特此表示诚挚的感谢！

由于编者水平有限，疏漏与不当之处在所难免，敬请广大读者提出宝贵意见！

编者

2020 年 6 月

目　录

绪　论

无损检测，就是利用声、光、磁和电等特性，在不损害或不影响被检对象使用性能的前提下，检测被检对象中是否存在缺陷或不均匀性，给出缺陷的大小、位置、性质和数量等信息，进而判定被检对象所处技术状态(如合格与否、使用寿命等)。

无损检测是工业发展必不可少的有效工具，在一定程度上反映了一个国家的工业发展水平，其重要性已得到公认。我国在1978年11月成立了全国性的无损检测学术组织——中国机械工程学会无损检测分会。此外，冶金、电力、石油化工、船舶、宇航、核能等行业还成立了各自的无损检测学会或协会；部分省、自治区、直辖市和地级市成立了省(市)级、地市级无损检测学会或协会；东北、华东、西南等区域还各自成立了区域性的无损检测学会或协会。我国开设无损检测专业课程的高校有大连理工大学、西安工程大学、南昌航空工业学院等院校。在无损检测的基础理论研究和仪器设备开发方面，我国与世界先进国家之间仍有较大的差距，特别是在红外、声发射等高新技术检测设备方面更是如此。

一、无损检测的应用特点

(1)无损检测的最大特点就是能在不损坏试件材质、结构的前提下进行检测，所以实施无损检测后，产品的检查率可以达到100%。但是，并不是所有需要测试的项目和指标都能进行无损检测，无损检测技术也有自身的局限性。某些试验只能采用破坏性试验，因此，无损检测还不能代替破坏性检测。也就是说，对一个工件、材料、机器设备的评价，必须把无损检测的结果与破坏性试验的结果互相对比和配合，才能做出准确的评定。

(2)正确选用实施无损检测的时机：在无损检测时，必须根据无损检测的目的，正确选择无损检测实施的时机。

(3)正确选用最适当的无损检测方法：由于各种检测方法都具有一定的特点，为提高检测结果的可靠性，应根据设备材质、制造方法、工作介质、使用条件和失效模式，预计可能产生的缺陷种类、形状、部位和取向，选择合适的无损检测方法。

(4)综合应用各种无损检测方法：任何一种无损检测方法都不是万能的，每种方法都有自己的优点和缺点，应尽可能多用几种检测方法，互相取长补短，以保障承压设备安全运行。此外，在无损检测的应用中，还应充分认识到，检测的目的不是片面追求过高要求的“高质量”，而是应在充分保证安全性和合适风险率的前提下，着重考虑其经济性。只有这样，无损检测在承压设备的应用才能达到预期目的。

常用的无损检测方法有目视检测、射线照相检验、超声检测、磁粉检测和液体渗透检测四种。其他无损检测方法包括：涡流检测、声发射检测、热像、红外、泄漏试验、交流场测量技术、漏磁检验、远场测试检测方法等。

超声波检测的定义：通过超声波与试件相互作用，就反射、透射和散射的波进行研究，对试件进行宏观缺陷检测、几何特性测量、组织结构和力学性能变化的检测和表征，并进而对其特定应用性进行评价的技术。

二、超声波工作的原理

超声波工作的原理主要是基于超声波在试件中的传播特性。

(1)声源产生超声波,采用一定的方式使超声波进入试件。

(2)超声波在试件中传播并与试件材料及其中的缺陷相互作用,使其传播方向或特征被改变。

(3)改变后的超声波通过检测设备被接收,并可对其进行处理和分析。

(4)根据接收的超声波的特征,评估试件本身及其内部是否存在缺陷及缺陷的特性。

三、超声波检测的优点

(1)适用于金属、非金属和复合材料等多种制件的无损检测。

(2)穿透能力强,可对较大厚度范围内的试件内部缺陷进行检测,如对金属材料,可检测厚度为1～2 mm的薄壁管材和板材,也可检测几米长的钢锻件。

(3)缺陷定位较准确。

(4)对面积型缺陷的检出率较高。

(5)灵敏度高,可检测试件内部尺寸很小的缺陷。

(6)检测成本低、速度快,设备轻便,对人体及环境无害,现场使用较方便。

四、超声波检测的局限性

(1)对试件中的缺陷进行精确的定性、定量仍须做深入研究。

(2)对具有复杂或不规则外形的试件进行超声检测有困难。

(3)缺陷的位置、取向和形状对检测结果有一定影响。

(4)材质、晶粒度等对检测有较大影响。

(5)以常用的手工A型脉冲反射法检测时,结果显示不直观且检测结果无直接见证记录。

五、超声检测的适用范围

(1)从检测对象的材料来说,可用于金属、非金属和复合材料。

(2)从检测对象的制造工艺来说,可用于锻件、铸件、焊接件、胶结件等。

(3)从检测对象的形状来说,可用于板材、棒材、管材等。

(4)从检测对象的尺寸来说,厚度可小至1 mm,也可大至几米。

(5)从缺陷部位来说,既可以是表面缺陷,也可以是内部缺陷。

第一章　超声检测物理基础

第一节　声波的本质

一、振动与波

波有两种类型:电磁波(如无线电波、X射线、可见光等)和机械波(如声波、水波等)。声波的本质是机械振动在弹性介质中传导形成的机械波。声波的产生、传播和接收都离不开机械振动,如人体发声是声带振动的结果;声音从声带传播到人耳,是声带引起空气振动的结果;人能听见声音是因为空气中的振动引起了人耳鼓膜的振动的结果。所以,声波的实质就是机械振动。

1. 机械振动

质点不停地在平衡位置附近往复运动的状态称为机械振动,如钟摆的运动、气缸中活塞的运动等。

(1)谐振动

如图1-1所示的质点—弹簧振动系统,在静止状态下往下轻拉一下装在弹簧上的小质点,松手后质点便在平衡点附近进行往复运动。如空气阻力为零,则质点—弹簧振动系统自由振动的位移随时间的变化符合余弦(或正弦)规律,即

$$y=A\cos(\omega t+\varphi) \tag{1-1}$$

式中　y——质点的位移,m;

A——质点的振幅,m;

t——时间,s。

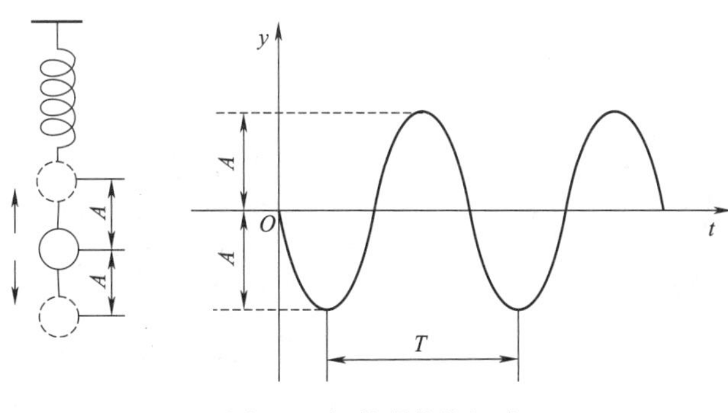

图1-1　加载弹簧的振动

这种位移随时间的变化符合余弦规律的振动称为谐振动。谐振动是一种周期振动,质点在平衡位置往复运动一次所需的时间称为周期,用T表示,单位为s;单位时间(即1 s)内完成的振动次数称为频率,用f表示,单位为Hz。二者之间的关系为

$$T=\frac{1}{f} \tag{1-2}$$

谐振动是一种振幅和频率始终保持不变的、自由的、周期振动,因而是最基本、最简单、最理想的机械振动,其振动频率是由系统本身决定的,称为固有频率。如质点—弹簧振动系统的固有频率是由质点的质量和弹簧的弹性决定的。所有复杂的周期振动都是多个不同频率的谐振动的合成。

(2)阻尼振动

与谐振动不同,实际的振动系统总是存在阻力的。如上述的质点—弹簧振动系统,由于存在空气阻力,使质点的振幅随时间不断减小直至为零,即振动完全停止,如图 1-2 所示。所以,阻尼损耗了振动系统的能量,但阻尼振动也有可用之处,如在制作超声检测用的探头时,在晶片的背面浇注的阻尼块,正是为了增加振动的阻力,使晶片在电脉冲的激励下的振动迅速停止,以缩短超声脉冲宽度,提高检测分辨率。

(3)强迫振动

强迫振动是指在周期外力的作用下物体所作的振动。这种振动的特点是振动系统的振动频率由外力的频率决定;振幅取决于外力频率与系统的固有频率间的差异,二者差异越小,振幅越大,当外力频率等于系统的固有频率时,振幅达到最大值,这种现象称为共振。系统发生共振时,振动效率最高。

超声检测时,探头在发射和接收超声波过程中,压电晶片所作的振动即为阻尼振动和强迫振动。发射超声波时,晶片在发射电脉冲的作用下作强迫振动,产生超声波;同时又因阻尼块的影响作阻尼振动,缩短超声脉冲宽度。当电脉冲的频率与晶片的固有频率越接近时,晶片的电声转换效率越高,二者相同时转换效率最高。超声检测所使用探头的固有频率各不相同,为使超声检测仪能与不同频率的探头匹配,达到最佳的转换效率,仪器的发射电路所产生的发射电脉冲信号必须有很宽的频带,亦即发射信号的脉冲必须很窄。

2. 机械波和声波

机械振动在介质中传播形成机械波。有一种特别的介质,由以弹性力保持平衡的各个质点所构成,称为弹性介质,其简化的模型称为弹性体模型,如图 1-3 所示。当某一质点受到外力作用时,便在其平衡位置附近振动。因为所有质点都是彼此联系的,该质点的振动会引起周围质点的振动,使机械振动传播出去。这种在弹性介质中传播的机械振动称为弹性波,即声波。

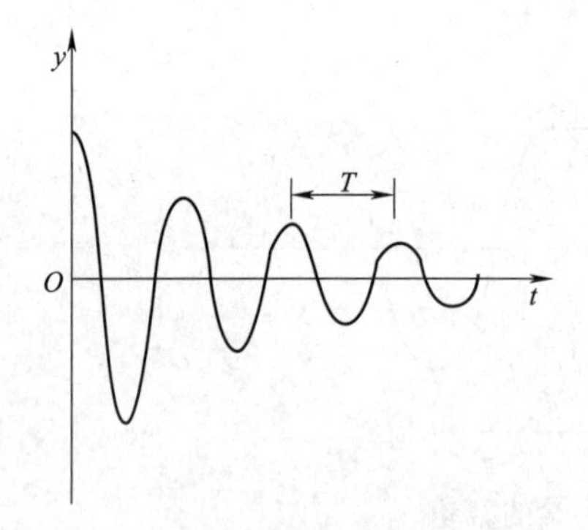

图 1-2 阻尼振动

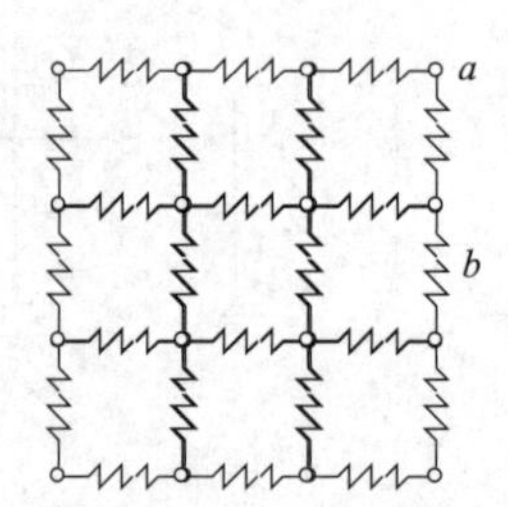

图 1-3 弹性体模型

可见,声波的产生需要两个条件:振动源和弹性介质。

当振动源作谐振动时,所产生的波称为简谐波,这是最简单、最基本的声波。简谐波在无限大均匀理想介质中传播时,介质中任意一点在任意时刻的位移为

$$y=A\cos(\omega t-kx) \tag{1-3}$$

式中　y——质点的位移，m；

A——质点的振幅，m；

ω——角频率，Hz，其值为：$\omega=2\pi f$；

k——波数，其值为：$k=\frac{\omega}{c}=\frac{2\pi}{\lambda}$；

x——离振动源的距离，m；

t——时间，s。

波长是波在一个完整周期内所传播的距离，用 λ 表示，单位为 m。简谐波的波长如图 1-4 所示。

波长与声波传播速度与振动频率之间的关系为

$$\lambda=\frac{c}{f}=\frac{c}{\frac{1}{T}}=c\cdot T \tag{1-4}$$

式中　λ——波长，m；

c——声波传播速度，m/s；

f——振动频率，Hz；

T——振动周期，s。

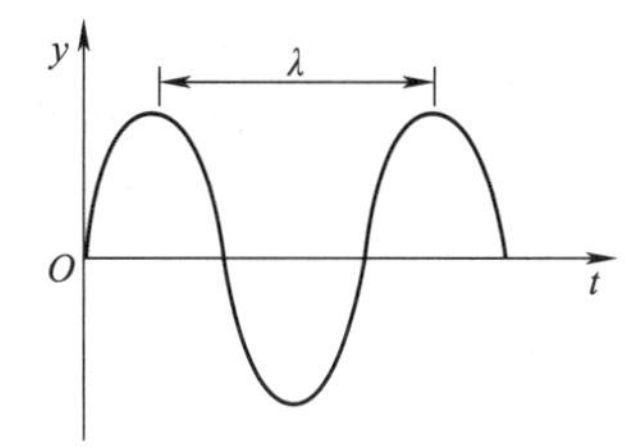

图 1-4　简谐波的波长示意图

二、声波的分类

1. 次声波、可闻声波和超声波

根据声波的振动频率，可将声波分为不同的种类。通常人类可听见的声波的频率范围为 20 Hz～20 kHz，称为可闻声波；频率低于 20 Hz 的声波称为次声波；频率高于 20 kHz 的声波称为超声波。对人类而言，次声波和超声波均不可闻。

2. 波形

根据质点的振动方向与声波的传播方向之间的关系，可将声波分为以下不同的波形。

(1)纵波（压缩波、疏密波）

声波的传播方向与质点的振动方向一致的波称为纵波，如图 1-5 所示。当弹性介质受到交变的拉应力和压应力作用时，会产生交替的伸缩变形，从而产生振动并在介质中传播。在波的传播方向上，质点的密集区和疏松区是交替存在的，所以纵波也称疏密波、压缩波。

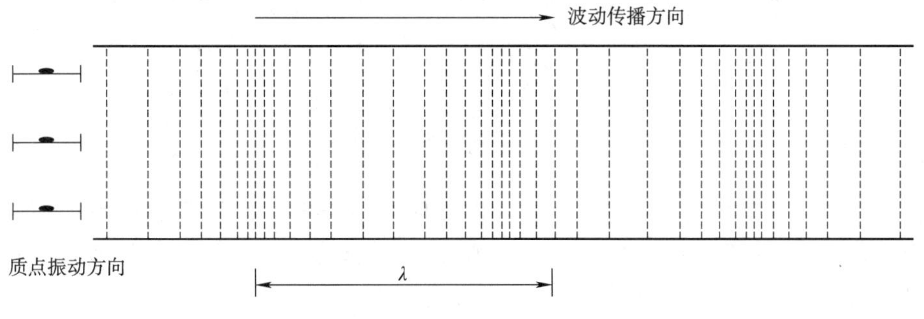

图 1-5　纵波传播示意图

纵波可在气体、液体、固体中传播。纵波是超声检测中最常用、最基本的波形，在锻件、铸件、板材等的检测中应用广泛，常用于检测与工件表面平行的不连续性。由于纵波的激励最容易实现，常利用纵波通过波形转换得到所需波形，再进行其他波形的超声检测。

(2)横波(剪切波、切变波)

声波的传播方向与质点的振动方向垂直的波称为横波，如图1-6所示。横波传播时介质会产生剪切变形，故又称剪切波、切变波。

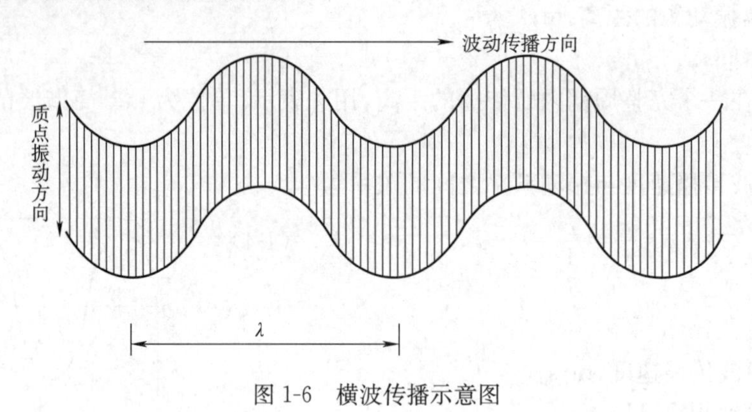

图1-6 横波传播示意图

由于气体和液体中不能传播剪切力，故横波不能在气体和液体中传播，只能在固体介质中传播。横波也是超声检测中最常用的波形之一，一般由纵波经波形转换激励出与工件表面成一定角度的横波，所以特别适合于检测与工件表面倾斜的不连续性。常用于焊缝、管材等结构的检测。

(3)瑞利波

在半无限大的固体介质的界面及其附近传播的波形统称为表面波。瑞利波为在半无限大的固体介质与气体或液体介质的界面及其附近传播的波形，所以它是表面波的一种。瑞利波传播如图1-7所示。质点的振动轨迹为椭圆，椭圆的长轴与传播方向垂直；短轴与传播方向一致。椭圆振动可视为纵向和横向振动的合成，即纵波和横波的合成，所以，瑞利波也只能在固体介质中传播。

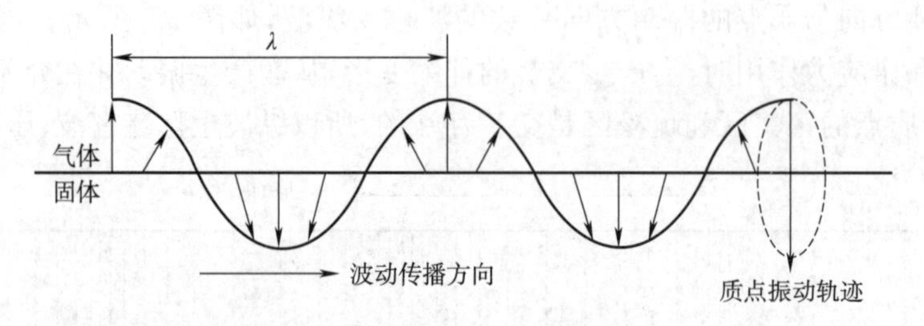

图1-7 瑞利波传播示意图

超声检测所用的表面波主要是瑞利波。由于瑞利波传播时随着穿透深度的增加，质点能量迅速衰减，其穿透深度约为一个波长左右，所以，瑞利波被用于检测工件的表面和近表面的不连续性。瑞利波对表面裂纹尤为敏感，所以在检测中应用广泛。

(4)板波(兰姆波)

如果固体物质尺寸进一步受到限制而成为板状，并且其板厚与波长相当时，则纯表面波不会存在，此时产生各种类型的波为板波。

最重要的板波是兰姆波，兰姆波传播时，整个板厚内的质点都在振动。兰姆波有两种基本类型：对称型（S型）和非对称型（A型），如图 1-8 所示。兰姆波在薄板检测中应用广泛。

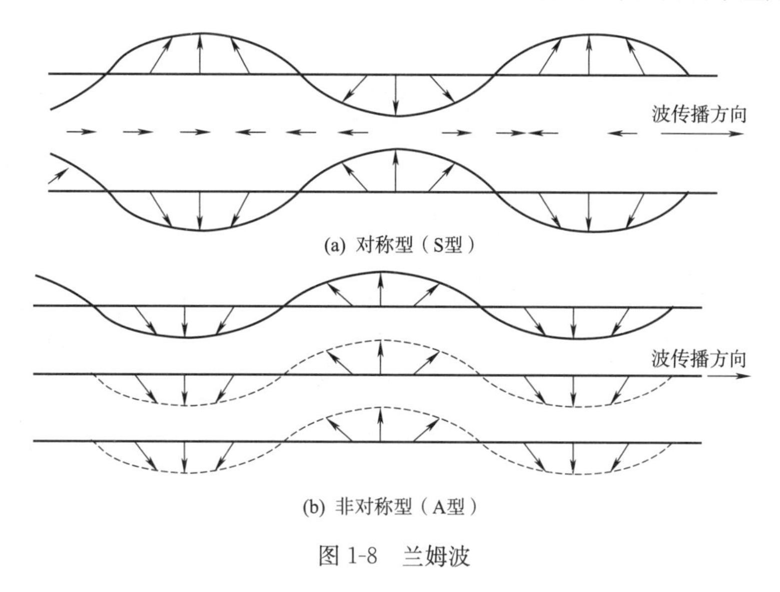

图 1-8 兰姆波

3. 波形

所谓波形，是指声波的波阵面的形状。波阵面是指在同一时刻介质中振动相位相同的所有质点所构成的面。

(1)平面波

波阵面为平面的声波称为平面波。一个作谐振动的无限大平面在无限大的弹性介质中振动所产生的声波为平面波。如果介质是各向同性、无损耗的，即均匀、理想的，则平面波质点的振幅不随与声源的距离 x 的增加而衰减。理想平面波的波动方程为

$$y=A\cos\omega\left(t-\frac{x}{c}\right) \tag{1-5}$$

这种理想的平面波并不存在，当声源的长宽尺寸远大于声波的波长时，该声源所发射的声波可近似看作平面波。在超声检测中，探头向工件中辐射超声波时，离探头表面附近的区域内的超声波近似为平面波。

(2)球面波

波阵面为球面的声波称为球面波。当声源为点状球体时，在无限大的弹性介质中振动所产生声波的波阵面是以声源为中心的同心圆球面。单位面积上的能量会随与声源的距离的增加而减小。球面波中质点的振幅与距声源的距离 x 成反比。在无限大、均匀理想的弹性介质中球面波的波动方程为

$$y=\frac{A}{x}\cos\omega\left(t-\frac{x}{c}\right) \tag{1-6}$$

当观察点与声源距离远大于点状声源尺寸时，声波可近似看作球面波，所以在超声检测大尺寸工件中，探头所激励的超声波在足够远处近似为球面波。

(3)柱面波

波阵面为柱面的声波称为柱面波。当声源为一个无限长的线状直柱时，在无限大、均匀理

想的弹性介质中振动所产生的声波波阵面是以声源为中心的同心圆柱面，且柱面波各质点的振幅与距声源的距离 x 的平方根成反比。在无限大、均匀理想的弹性介质中柱面波的波动方程为

$$y=\frac{A}{\sqrt{x}}\cos\omega\left(t-\frac{x}{c}\right) \tag{1-7}$$

以上三种波形如图 1-9 所示。

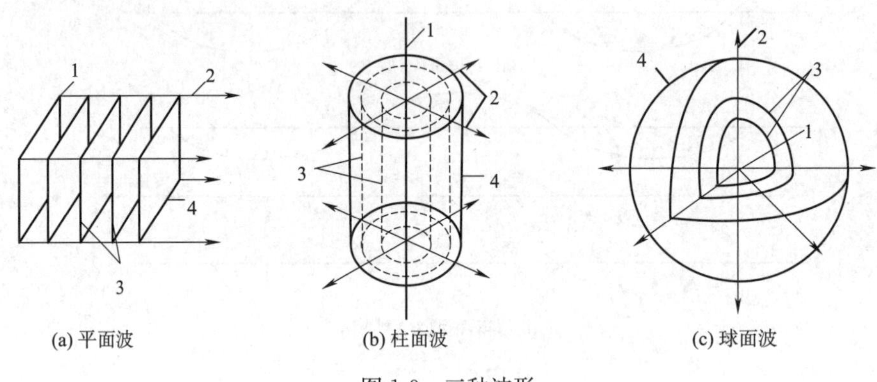

图 1-9　三种波形

1—波源；2—波线；3—波阵面；4—波前

(4)活塞波

在超声检测中，声源(即产生超声波的探头)尺寸既不能看成很大，也不能看成很小，所以，其产生的超声波既不是平面波也不是球面波，而是介于二者之间的波形，称为活塞波。在离声源较近处，波阵面较复杂，质点的位移难以简单描绘；在离声源较远处，波阵面为近似球面，质点的位移可近似用球面波的波动方程描绘，使计算极为简单。这正是超声检测中用计算法进行灵敏度调整和对不连续性进行当量评定的理论基础。

4. 连续波与脉冲波

如图 1-10 所示，连续波是质点振动时间为无穷的波，最常见的连续波是正弦波。脉冲波是质点振动持续时间很短的波，短到只有一到几个周期。

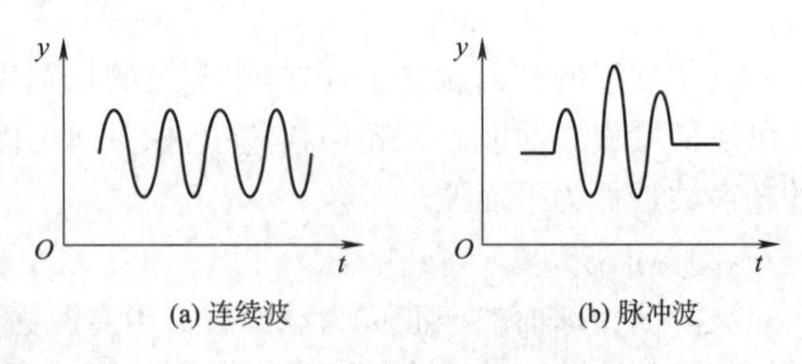

图 1-10　连续波与脉冲波

超声检测中应用最广的是脉冲超声波，因为与连续波相比，脉冲超声波的瞬间功率高、平均功率低，所以超声波的穿透力强，又不会损害被检对象及探头；脉冲超声波的脉冲宽度窄，所以检测分辨率高。当然连续波也有特殊的用途，如共振法检测等。

一个时域中的超声脉冲可分解为多个不同频率的简谐波，并可根据不同频率的幅度绘制出频率—幅度曲线，称为频谱，这就是频谱分析法。如图 1-11 所示，通常以峰值两侧幅度下降 6 dB 对应的两点频率之差称为频带宽度。该两点频率的中央对应的频率称为中心频率，用 f_c 表示；频谱曲线最高点对应的频率称为峰值频率，用 f_p 表示。可见，单一频率的连续波的频谱为 δ 函数；宽度越窄的脉冲信号的频带越宽；反之，宽度越宽的脉冲信号的频带越窄。

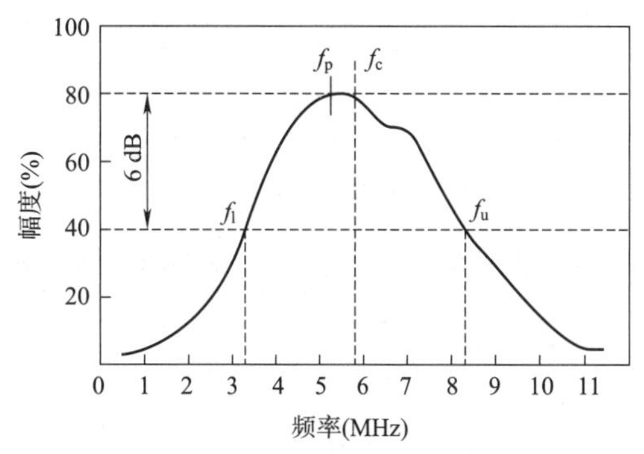

图中：f_l—波幅下降6 dB的低截止频率；
f_u—波幅下降6 dB的高截止频率

图 1-11　频谱分析示意图

三、声波的速度

声波在介质中的传播速度即为声波速度，简称声速，用 c 表示。声速是介质的重要声学参数，取决于介质的性质（密度、弹性模量），声速还与波形有关。

1. 纵波声速 c_L

在无限大固体介质中传播时，纵波速度为

$$c_L=\sqrt{\frac{E}{\rho}\cdot\frac{1-\sigma}{(1+\sigma)(1-2\sigma)}} \tag{1-8}$$

在无限大液体和气体介质中，纵波声速为

$$c_L=\sqrt{\frac{K}{\rho}} \tag{1-9}$$

2. 横波声速 c_S

在无限大固体介质中传播时，横波的速度为

$$c_S=\sqrt{\frac{G}{\rho}}=\sqrt{\frac{E}{\rho}}\cdot\sqrt{\frac{1}{2(1+\sigma)}} \tag{1-10}$$

3. 表面波声速 c_R

在半无限大固体介质表面传播的表面波的速度为

$$c_R=\frac{0.87+1.12\sigma}{1+\sigma}\cdot\sqrt{\frac{E}{\rho}\cdot\frac{1}{2(1+\sigma)}} \tag{1-11}$$

式中　E——介质的弹性模量，等于介质承受的拉应力（F/S）与相对伸长（$\Delta L/L$）之比，即 $E=\dfrac{F/S}{\Delta L/L}$；

ρ——介质的密度，等于介质的质量 M 与其体积 V 之比，即 $\rho=M/V$；

σ——介质的泊松比，等于介质横向相对缩短ε_1［即（$\Delta d/d$）］与纵向相对伸长 ε 即［（$\Delta L/L$）］之比，即 $\sigma=\varepsilon_1/\varepsilon$；

K——气体、液体介质的体积弹性模量。

可见，即使在相同的固体介质中，以上三种波形的声速各不相同，每种波形的声速是由介质的弹性性质、密度决定的，即给定波形的声速是由介质材料本身的性质决定的，而与声波的频率无关。不同的材料，声速也不同。对给定的材料和波形，声波的频率越高，波长越短。

对同一固体材料，纵波的声速大于横波声速；横波声速大于表面波声速，即

$$c_L > c_S > c_R \tag{1-12}$$

以钢为例，$c_L \approx 1.8\ c_S$，$c_R \approx 0.9\ c_S$，即$c_L : c_S : c_R \approx 1.8 : 1 : 0.9$。

几种常见材料的声速和 5 MHz 时的波长见表 1-1。

表 1-1　几种常见材料的声速和 5 MHz 时的波长

材料	密度 (g/cm³)	纵波		横波	
		c_L(m/s)	λ(mm)	c_S(m/s)	λ(mm)
铝	2.69	6 300	1.3	3 130	0.63
钢	7.8	5 900	1.2	3 200	0.64
有机玻璃	1.18	2 700	0.54	1 120	0.22
甘油	1.26	1 900	0.38	—	—
水(20 ℃)	1.0	1 500	0.30	—	—
油	0.92	1 400	0.28	—	—
空气	0.001 2	340	0.07	—	—

4. 兰姆波声速

与无限大均匀介质中传导的纵波和横波不同，在薄板中传导的兰姆波的传播速度与板厚和频率有关。这种速度随频率变化的现象称为频散。对特定的板厚和频率，又有对称和非对称模式的兰姆波，不同模式兰姆波的声速也不相同。

兰姆波在板中传播的速度有相速度和群速度之分。所谓相速度是沿传导方向上相位移动的速度；群速度则是声能的传播速度。在无限大均匀介质中传导的纵波和横波，其相速度与群速度相同；而对板中传导的兰姆波，相速度和群速度相差很大。

由此可见，兰姆波的声速与频率、厚度和模式有关。

5. 声速的变化

介质的温度变化时，其物理和力学性能也将变化，导致声速改变。在温度升高情况下，两种材料的纵波声速在降低，如有机玻璃、聚乙烯的声速随着温度的升高而降低，如图 1-12 所示。在使用有机玻璃斜楔探头检测时，如温度发生变化，应注意由声速变化引起折射角的变化，因为这将引起不连续性定位误差。

当介质存在各向异性时，由于不同方向的性能不同，因而声速也不同。如超声检测粗晶粒奥氏体不锈钢时，超声波沿不同角度传导时，其声速也不同。

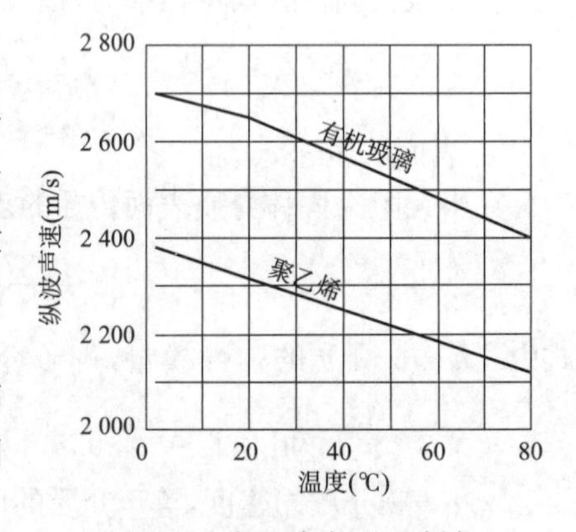

图 1-12　有机玻璃、聚乙烯与温度的关系

四、声压、声强和声阻抗

介质中有声波传播的区域称为声场，声场的特性可用声压、声强和声阻抗三个参量来描绘。

1. 声压

当声波在介质中传导时，介质中某点在某时刻的压强与没有声波传导时该点的静压强之

差，称为声压，用 P 表示，单位 Pa。声场中的声压是时间和位置的函数。对无限大均匀理想介质中传导的谐振平面波，声压 P 为

$$P=P_0\sin(\omega t-kx)=\rho cu \tag{1-13}$$

式中　P_0——声压幅度，$P_0=\rho cA\omega$；

ρ——介质密度；

c——介质声速；

ω——角频率；

k——波数。

衡量声波的强弱的主要参数是声压幅度，所以通常将声压幅度称为声压。超声检测仪的显示屏上显示的信号高度与信号的声压幅度成正比，所以两信号的高度之比等于其声压之比。

2. 声强

在垂直于声波传导方向上，单位面积单位时间内通过的声能，称为声强，亦称声的能流密度，用 I 表示，单位为 W/m^2。对于谐振波，将一个周期内能流密度的平均值作为声强，即

$$I=\frac{P_0^2}{2\rho c} \tag{1-14}$$

3. 声阻抗

超声场中任一点的声压与该处质点振动速度之比称为声阻抗，常用 Z 表示。

$$Z=P/u=\rho cu/u=\rho c \tag{1-15}$$

声阻抗的单位为[$g/(cm^2\cdot s)$]或[$kg/(m^2\cdot s)$]。

由式(1-15)可知，声阻抗的大小等于介质的密度与波速的乘积。由 $u=P/Z$ 不难看出，在同声压下，Z 增加，质点的振动速度下降。因此，声阻抗 Z 可理解为介质对质点振动的阻碍作用，这类似于电学中的欧姆定律 $I=U/R$，电压一定，电阻增加，电流减小。

在描述超声波的反射特性及解释不同类型不连续性的检测灵敏度的差异时，声阻抗是一个重要的概念。

五、声波幅度的分贝表示

通常规定引起听觉的最小声强 I_1 即(10^{-16} W/cm^2)为声强的标准，某声强 I_2 与标准声强 I_1 之比的常用对数为声强级，单位为 B，即

$$\Delta=\lg\frac{I_2}{I_1}\quad(B) \tag{1-16}$$

单位贝[尔]太大，故取其 1/10 作单位，即分贝(dB)，则

$$\Delta=10\lg\frac{I_2}{I_1}=20\lg\frac{P_2}{P_1}\quad(dB) \tag{1-17}$$

式中　P_1——规定的引起听觉的最小声强对应的声压。

P_2——某声强对应的声压。

在超声检测中，比较两个波的大小时，可以二者的波高之比 $\frac{H_2}{H_1}$ 的常用对数的 20 倍表示，单位为 dB，因为对垂直线性良好的仪器，波高之比等于声压之比。

$$\Delta=20\ \lg\frac{P_2}{P_1}=20\ \lg\frac{H_2}{H_1}\quad(\text{dB})\tag{1-18}$$

几个常用的波高或声压之比对应的分贝值见表 1-2。

表 1-2 几个重要的分贝值

P_2/P_1	100	10	8	4	2	1	1/2	1/4	1/8	1/10	1/100
dB	40	20	18	12	6	0	−6	−12	−18	−20	−40

第二节 超声波的传播

声波传播时，如遇到不同介质组成的异质界面，将发生能量重新分布、传播方向改变和波形转换等现象。

一、超声波的波动特性

1. 波的叠加

同时在介质中传导的几列声波在某时刻、某点处相遇，则相遇处介质质点的振动是各列声波引起的振动的合成。合成声场的声压为各列声波声压的矢量和，这就是声波的叠加原理。

2. 波的干涉

当两列传播方向相同、频率相同、相位差恒定的声波相遇时，声波叠加的结果会发生干涉现象。合成声场的声压在某些位置始终加强，最大幅度为两列声波声压幅度之和；而另一些位置始终减弱，最小幅度为两列声波声压幅度之差。

合成声波的频率与这两列声波相同。

3. 波的共振

两列频率相同、振幅相同的波沿相反方向传播时，声波干涉的结果形成驻波，产生共振，如图 1-13 所示。在波线上某些点始终静止不动，振幅为零，称为波节；另一些点则波幅始终最大，称为波腹。相邻两波节和波腹之间的距离为波长的一半。

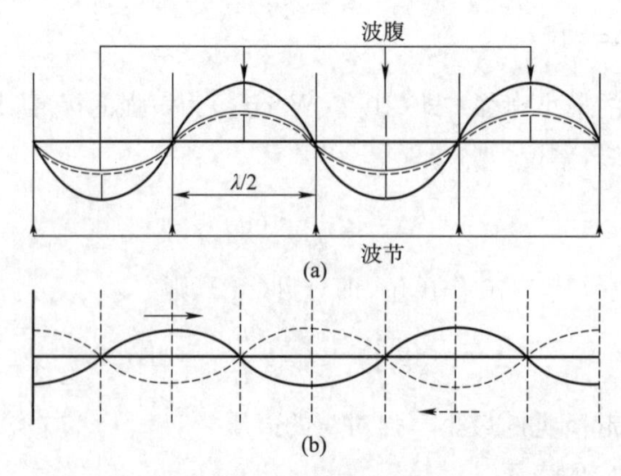

图 1-13 驻波形成示意图

当连续超声波垂直入射于两互相平行界面时，会产生多次反射。当两界面间的距离为半波长的整数倍时，形成强烈的驻波，产生共振。超声探头就是基于共振原理工作的。当晶片的厚度为半波长的整数倍时，晶片就发生共振，以最高的效率向工件中激励超声波。此时的频率即为晶片的固有频率。超声测厚的方法之一也是基于共振原理，利用共振时工件厚度与波长的关系测厚。

4. 惠更斯原理

对于连续弹性介质，任何一点的振动将引起相邻质点的振动，波前在介质中达到的每一点都可以看作是新的波源向前发出球面子波，这就是惠更斯原理，如图 1-14 所示。

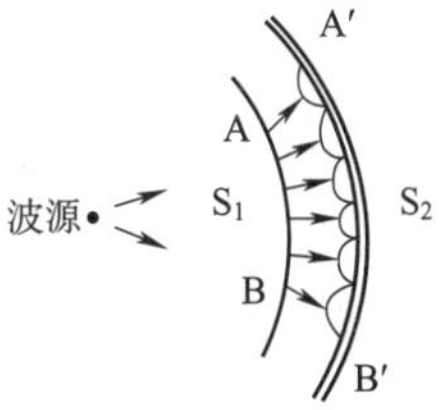

图 1-14　惠更斯原理示意图

5. 衍射

声波在弹性介质中传播时，如遇到障碍物，当障碍物的尺寸与波长大小相当时，声波将绕过障碍物，但波阵面将发生畸变，这种现象叫衍射或绕射，如图 1-15 所示。

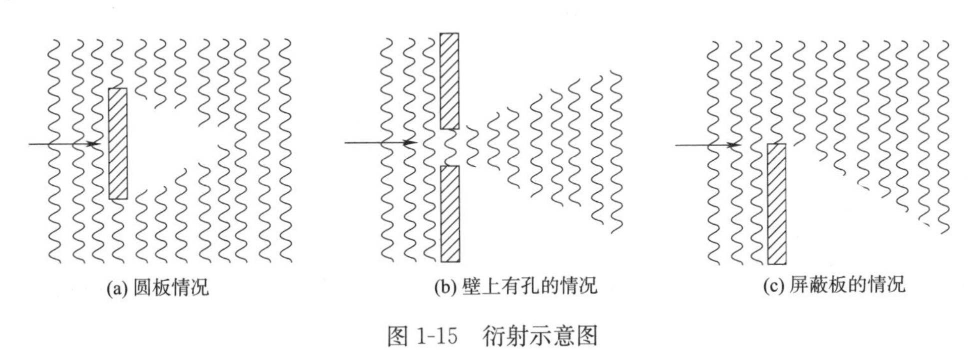

(a) 圆板情况　(b) 壁上有孔的情况　(c) 屏蔽板的情况

图 1-15　衍射示意图

二、超声波垂直入射到异质界面时的反射和透射

本节及下节讨论超声波在几种不同介质形成的界面(即异质界面)上的传播特性。超声波的入射方向有垂直和倾斜之分；界面的形状有平面和曲面之分；界面的数量有单层和多层之分。为简单起见，以平面波为例。本节所称界面为大平面。

1. 单层界面

由两种介质形成的界面称为单层界面。图 1-16 为声波垂直入射到大平界面时的反射和透射。

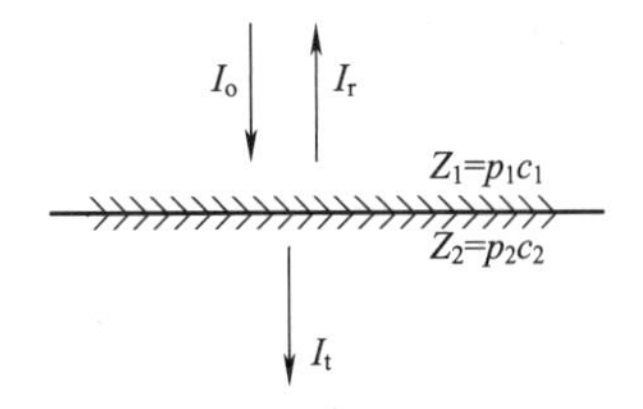

图 1-16　声波垂直入射到大平界面时的反射和透射

I_o—入射波声强；I_r—反射波声强；I_t—透射波声强；Z_1—第一种介质的声阻抗；Z_2—第二种介质的声阻抗

入射声波从介质 1 垂直入射到由介质 1 和介质 2 构成的大平异质界面时，将发生反射和透射现象，即部分声能被反射形成反射波，沿与入射波相反的方向在介质中传导；部分声能透过界面，沿与入射波相同方向在介质中传播，形成透射波。

根据平面波的传播规律，对于理想弹性介质可推导如下描述反射和透射程度的关系式。

声压反射率 r_P 表示反射波声压 P_r 与入射波声压 P_o 之比：

$$r_P=\frac{P_r}{P_o}=\frac{Z_2-Z_1}{Z_2+Z_1} \tag{1-19}$$

声压透射率 t_P 表示透射波声压P_t与入射波声压 P_o 之比，即

$$t_P=\frac{P_t}{P_o}=\frac{2Z_2}{Z_2+Z_1} \tag{1-20}$$

两者间的关系为

$$1+r_P=t_P \tag{1-21}$$

声强反射率 R_I 表示反射波声强I_r与入射波声强 I_o 之比，即

$$R_I=\frac{I_r}{I_o}=\left(\frac{Z_2-Z_1}{Z_2+Z_1}\right)^2=r_P^2 \tag{1-22}$$

声强透射率 T_I 表示透射波声强I_t与入射波声强 I_o 之比，即

$$T_I=\frac{I_t}{I_o}=\frac{\dfrac{P_t^2}{2Z_2}}{\dfrac{P_o^2}{2Z_1}}=\frac{Z_1}{Z_2}\times\frac{P_t^2}{P_o^2}=\frac{4Z_1Z_2}{(Z_2+Z_1)^2} \tag{1-23}$$

二者符合：

$$T_I+R_I=1 \tag{1-24}$$

即入射波的声能等于反射波的声能和透射波的声能之和，符合能量守恒定律。

根据两种介质的特征声阻抗 Z 的大小对比，分三种情况讨论：

(1)$Z_1\approx Z_2$，则 $r_P\approx 0$，$t_P\approx 1$

即当两种介质的声阻抗很接近时，几乎全透射，极少反射。如碳素钢[$Z_{碳素钢}=4.6\times 10^7$ kg/(m^2·s)]和不锈钢[$Z_{不锈钢}=4.57\times 10^7$ kg/(m^2·s)]制成的复合板，假设二者结合完美，从碳素钢一侧检测时：

$$r_P=\frac{Z_{不锈钢}-Z_{碳素钢}}{Z_{不锈钢}+Z_{碳素钢}}=-0.003 \tag{1-25(a)}$$

$$t_P=\frac{2Z_{不锈钢}}{Z_{不锈钢}+Z_{碳素钢}}=0.997 \tag{1-25(b)}$$

该界面的声压反射率很低、声压透射率接近 1，所以界面反射回波非常低、几乎全透射。

(2)$Z_1\gg Z_2$则 $r_P\approx -1$，$t_P\approx 0$

即当第一种介质的声阻抗远大于第二种介质时，几乎全反射，极少透射。如钢[$Z_{钢}=4.6\times 10^7$ kg/(m^2·s)]和水[$Z_{水}=1.5\times 10^6$ kg/(m^2·s)]形成的界面，超声波从钢中垂直入射到钢/水界面时，可得：

$$r_P=\frac{Z_{水}-Z_{钢}}{Z_{水}+Z_{钢}}=-0.935 \tag{1-26(a)}$$

$$t_P=\frac{2Z_{水}}{Z_{水}+Z_{钢}}=0.065 \tag{1-26(b)}$$

可见，该界面的声压反射率的绝对值接近 1，声压透射率很低，所以界面透射波非常低，几乎全反射。

(3)$Z_1\ll Z_2$，则$r_P\approx 1$，$t_P\approx 2$

即当第一种介质的声阻抗远小于第二种介质时，几乎全反射，极少透射。以水和钢为例：声波从水中垂直入射到水/钢的界面，则

$$r_P=\frac{Z_{钢}-Z_{水}}{Z_{水}+Z_{钢}}=0.935$$

$$t_P=\frac{2Z_{钢}}{Z_{钢}+Z_{水}}=1.935 \tag{1-27}$$

与上述情况类似，区别在于上述情况的声压反射率为负数，表示反射波与入射波反相，这种情况的声压反射率为正数，表示反射波与入射波同相；这种情况的声压透射率虽然大于1，但是由于声强与声阻抗成反比，而钢的声阻抗远大于水，所以从能量分布的角度看，透射波还是很低。

可见，两介质的特征声阻抗差别越大(即材质差别越大)，声压反射率越大，因而反射波信号越强，所以越容易被检测；当两种介质的特征声阻抗差别接近无穷大时，声压反射率就接近最大值1，即全反射，这时，反射波信号最强，因而也最容易被检测。这就是金属材料中的气孔和裂纹类不连续性在合适的入射方向时容易被检测的道理。

对反射法检测技术，声压往返透过率更有意义，如图1-17所示。超声波入射到两介质的界面后透过界面，然后被反射体全部反射，沿相反的方向再次透过界面，被探头接收。所谓声压往返透过率 $T_{往}$ 就是反向透射波声压 P_t 与入射波声压 P_o 之比，即

$$T_{往}=\frac{P_a}{P_o}=\frac{P_t}{P_o}\times\frac{P_a}{P_t}=\frac{4Z_1Z_2}{(Z_1+Z_2)^2} \tag{1-28}$$

式中　$T_{往}$——声压往复透射率；

P_a——回波声压；

P_o——入射波声压；

P_t——透射波声压。

2. 多层界面

在超声检测中，还会遇到两个或两个以上界面的情况，下面以三种介质形成互相平行的两个平界面为例进行讨论。在介质层上垂直入射时的反射和透射如图1-18所示，当声波从第一种介质依次垂直入射到两个界面时，将依次在这两个界面上发生反射和透射现象。这里重点考虑薄介质层的情况，即介质2的厚度较薄。

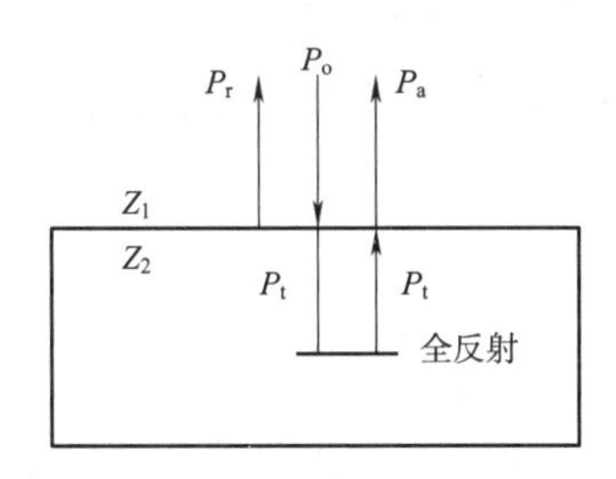

图1-17　声压往返透射率

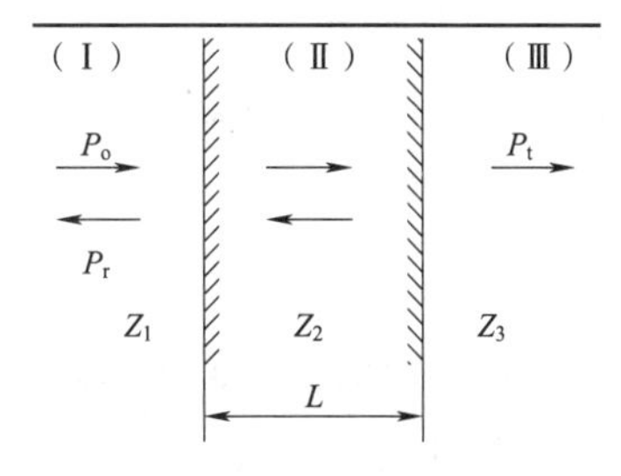

图1-18　在介质层上垂直入射时的反射和透射

(1) $Z_1=Z_3\neq Z_2$，即均匀介质中的异质薄层

这种情况在检测均匀材料中的分层、裂纹等不连续性时会遇到。经推导，总的声压反射率和透射率分别为

$$r_P=\sqrt{\frac{\frac{1}{4}\left(m-\frac{1}{m}\right)^2\sin^2\frac{2\pi d_2}{\lambda_2}}{1+\frac{1}{4}\left(m-\frac{1}{m}\right)^2\sin^2\frac{2\pi d_2}{\lambda_2}}} \tag{1-29}$$

$$t_P=\sqrt{\frac{1}{1+\frac{1}{4}\left(m-\frac{1}{m}\right)^2\sin^2\frac{2\pi d_2}{\lambda^2}}} \tag{1-30}$$

式中　m——两种介质声阻抗之比，$m=\frac{Z_1}{Z_2}$；

d_2——异质薄层厚度；

λ_2——异质薄层中的波长。

①当 $d=n\cdot\frac{\lambda_2}{2}$（$n$ 为整数）时，$r_P\approx0$；$t_P\approx1$

即当不连续性的厚度为半波长的整数倍时，几乎全透射而无反射，理论上会被漏检。但实际上不太可能，因为不连续性的厚度不一定均匀；加之超声波有多个频率（亦即多个波长）成分，不连续性的厚度正好等于半波长的整数倍的情况很难出现。

②当 $d=\frac{2n-1}{4}\cdot\lambda_2$（$n$ 为整数）时，$r_P\approx1$；$t_P\approx0$

即当不连续性的厚度为1/4波长的奇数倍时，几乎全反射而无透射，因而极易检测。

③当 $d\ll\lambda_2$ 时，$r_P\approx0$；$t_P\approx1$

即当不连续性的厚度很薄时，几乎全透射而无反射，因而容易出现漏检。

(2) $Z_1\neq Z_3\neq Z_2$，即介质层两侧介质不同

声强透过率为

$$T_I=\frac{4Z_1Z_3}{(Z_1+Z_3)^2\cos^2\frac{2\pi d_2}{\lambda_2}+\left(Z_2+\frac{Z_1Z_3}{Z_2}\right)\sin^2\frac{2\pi d_2}{\lambda_2}} \tag{1-31}$$

①$d=n\frac{\lambda_2}{2}$，($n=1,2,3,\cdots$)时，$T_I=\frac{4Z_1Z_3}{(Z_1+Z_3)^2}$

即当介质层的厚度为超声波在其中的半波长的整数倍时，声强透过率仅取决于介质层两侧介质的声阻抗，与介质层性质无关，如同介质层不存在一般。

②当 $d=\frac{2n-1}{4}\lambda_2$，($n=1,2,3,\cdots$)且 $Z_2=\sqrt{Z_1Z_3}$（称为阻抗匹配）时，$t_P=1$

即当介质层的厚度为声波1/4波长的奇数倍，并且阻抗匹配时，超声波完全透射。直探头保护膜便是依据这一原理设计。

③当 $d\ll\lambda_2$ 时，$T_I=\frac{4Z_1Z_3}{(Z_1+Z_3)^2}$

即当介质层的厚度很薄时，声强透过率仅取决于薄层两侧介质的声阻抗，与介质层性质无关，如同介质层不存在一般。基于这一原理可知，在平表面工件超声检测时，耦合剂的厚度应尽量薄，以便提高声能的透射率。

三、超声波倾斜入射到异质界面时的反射和折射

当超声波以与入射点处界面的法线成一定角度倾斜入射到两种声速不同介质形成的异质界面时，将在界面上发生反射、折射和波形转换现象。

1. 平面界面上的反射和折射

先考虑平面界面的情形。入射声波与入射点出界面法线间的夹角称为入射角，用 α 表示；反射声波与法线间的夹角称为反射角，用 α' 表示；折射声波与法线间的夹角称为折射角，用 β 表示。

(1)反射

超声波倾斜入射到界面上的反射、折射和波形转换如图1-19所示。

如图1-19所示，当介质1中超声波以入射角 α 倾斜入射到异质界面时，将会在界面处发生反射和波形转换，即产生反射纵波和反射横波，而且符合以下规律：

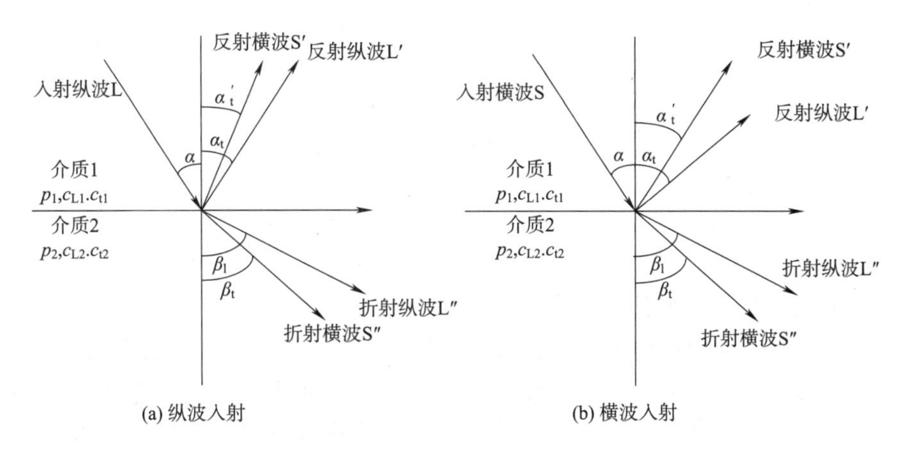

图 1-19　超声波倾斜入射到界面上的反射、折射和波形转换

①入射波和反射波分处法线的两侧。

②入射波和反射波在同一平面。

③入射角与反射角之间符合施耐尔定律。

纵波入射时：
$$\frac{\sin\alpha_L}{c_{L1}}=\frac{\sin\alpha'_L}{c_{L1}}=\frac{\sin\alpha'_S}{c_{S1}} \tag{1-32}$$

横波入射时：
$$\frac{\sin\alpha_S}{c_{S1}}=\frac{\sin\alpha'_S}{c_{S1}}=\frac{\sin\alpha'_L}{c_{L1}} \tag{1-33}$$

式中　α_L——纵波入射角；

α_S——横波入射角；

α'_S——横波反射角；

α'_L——纵波反射角；

c_{L1}——介质 1 的纵波声速；

c_{S1}——介质 1 的横波声速。

可见，纵波入射时，对反射纵波，$\alpha_L=\alpha'_L$，即入射角等于反射角；对反射横波，因为 $c'_S<c_L$，即横波声速小于纵波声速，所以 $\alpha'_S<\alpha'_L$，即横波反射角小于纵波反射角。

横波入射时，对反射横波：$\alpha_S=\alpha'$，即入射角等于反射角；对反射纵波，因为 $c_S<c'_L$，即横波声速小于纵波声速，所以 $\alpha'_S<\alpha'_L$，即横波反射角小于纵波反射角。

总之，与入射波相同波形的反射角等于入射角，与入射波不同波形的反射角不等于入射角，反射波的声速越快，其反射角越大，且纵波和横波声速差异越大，角度变化也越大。

(2)折射

如图 1-19 所示，当介质 1 中超声波以入射角 α 倾斜入射到异质界面时，同时还会在界面处发生折射和波形转换，即产生折射纵波和折射横波，而且符合以下规律：

①入射波和折射波分处法线的两侧。

②入射波和折射波在同一平面。

③入射角与折射角之间符合施耐尔定律：

纵波入射时：
$$\frac{\sin\alpha_L}{c_{L1}}=\frac{\sin\beta_L}{c_{L2}}=\frac{\sin\beta_S}{c_{S2}} \tag{1-34}$$

横波入射时：
$$\frac{\sin\alpha_S}{c_{S1}}=\frac{\sin\beta_L}{c_{L2}}=\frac{\sin\beta_S}{c_{S2}} \tag{1-35}$$

式中　β_L——纵波折射角；

β_S——横波折射角；

c_{L2}——介质 2 的纵波声速；

c_{S2}——介质 2 的横波声速。

折射波的声速越快，折射角也越大。两种介质的声速差异越大，角度变化也越大。因为 $c_L>c_S$，即纵波声速大于横波声速，所以在相同入射角的 $\beta_L>\beta_S$，即纵波折射角大于横波折射角。

以上只考虑了固体/固体情况，所以介质中可能存在纵波和横波。如果介质 1 为液体，则不会出现横波入射及横波反射情况；如果介质 2 为液体，则不会出现横波折射情况。

(3)临界角

从以上两式可知，如果折射波声速大于入射波声速，则折射角一定大于入射角，当入射角达到一定程度时，折射角达到 90°，这时的入射角就是临界角。

①第一临界角 α_{I}

如果入射波为纵波，且 $c_{L2}>c_{L1}$，则当纵波折射角达到 90°时的纵波入射角，称为第一临界角，用 α_{I} 表示，并可得

$$\alpha_{\text{I}}=\arcsin\frac{c_{L1}}{c_{L2}} \tag{1-36}$$

当纵波入射角达到第一临界角时，在介质 2 中只有横波而无纵波。

②第二临界角 α_{II}

如果入射波为纵波，且 $c_{S2}>c_{L1}$，则当横波折射角达到 90°时的纵波入射角，称为第二临界角，用 α_{II} 表示，并可得

$$\alpha_{\text{II}}=\arcsin\frac{c_{L1}}{c_{S2}} \tag{1-37}$$

当纵波入射角达到第二临界角时，在介质 2 中既没有纵波也没有横波。

在超声检测中，临界角是个非常重要的概念。例如在接触法横波斜探头的楔块角度的设计中，为使斜探头在钢中激励出纯横波，务必使楔块中的纵波入射角在第一临界角和第二临界角之间，对有机玻璃($c_{L1}=2\ 720$ m/s)和钢($c_{L2}=5\ 850$ m/s，$c_{S2}=3\ 230$ m/s)的界面，第一临界角和第二临界角分别为：$\alpha_{\text{I}}=27.6°$，$\alpha_{\text{II}}=57.8°$，即有机玻璃中纵波的入射角度应在 27.6°～57.8°之间。

③第三临界角 α_{III}

当横波从固体介质中倾斜入射到固体与空气界面时，由于纵波声速大于横波声速，纵波反射角一定大于横波入射角，当横波入射角达到一定程度时，纵波反射角达到 90°，这时的横波入射角称为第三临界角，用 α_{III} 表示，计算方法为

$$\alpha_{\text{III}}=\arcsin\frac{c_{S1}}{c_{L1}} \tag{1-38}$$

当横波入射角达到第三临界角时，在固体介质中只有横波而无纵波，因而对横波检测十分有利。对钢/空气而言，$\alpha_{\text{III}}=33.2°$。

（4）反射率和透射率

超声波倾斜入射时的声压反射率和透射率的计算比较复杂，重点观察反射率和透射率随入射角的变化关系，对反射法超声检测，尤其注意声压往复透过率随入射角的变化关系。

①纵波斜入射到水/铝界面，如图 1-20 所示。

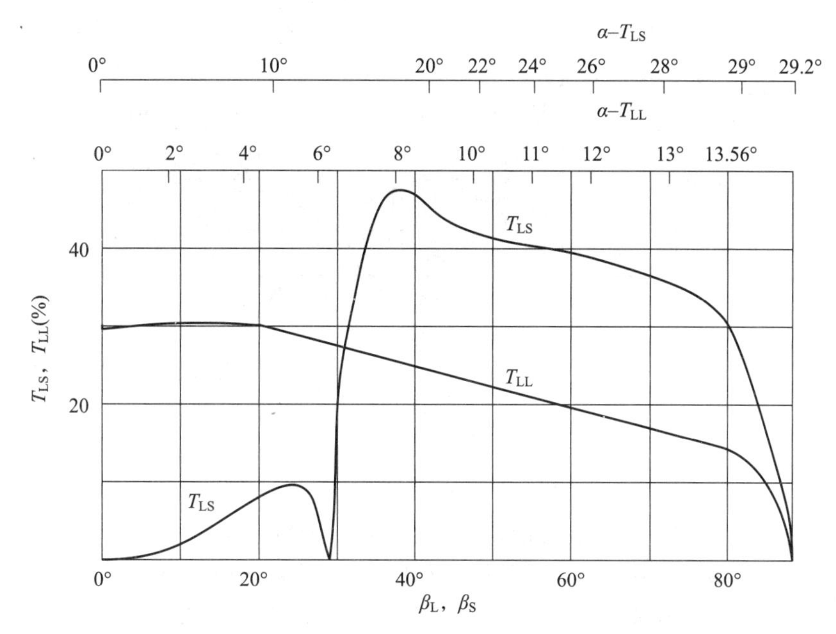

图 1-20　纵波斜入射到水/铝界面时的声压往返透过率

T_{LL}—折射纵波的往复透射率；T_{LS}—折射横波的往复透射率；

α—纵波入射角；β_L—纵波折射角；β_S—横波折射角

②纵波斜入射到有机玻璃/钢界面，如图 1-21 所示。

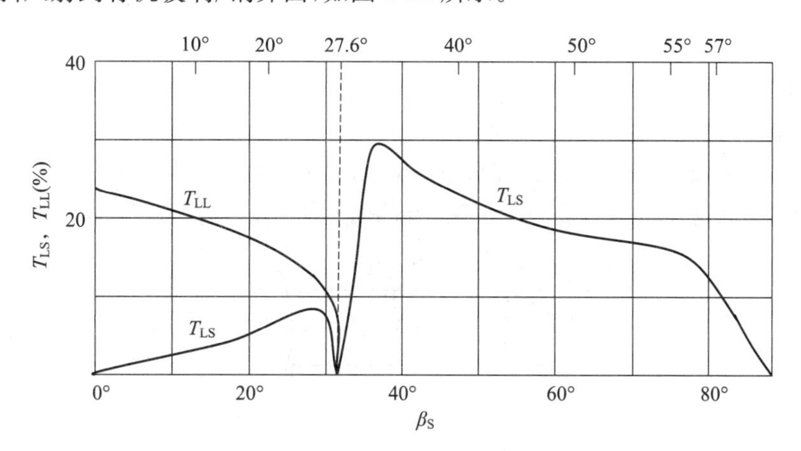

图 1-21　纵波斜入射到有机玻璃/钢界面时的声压往返透过率

T_{LL}—折射纵波的往复透射率；T_{LS}—折射横波的往复透射率；

α—纵波入射角；β_S—横波折射角

③纵波横波入射到钢/空气界面,如图 1-22 所示。

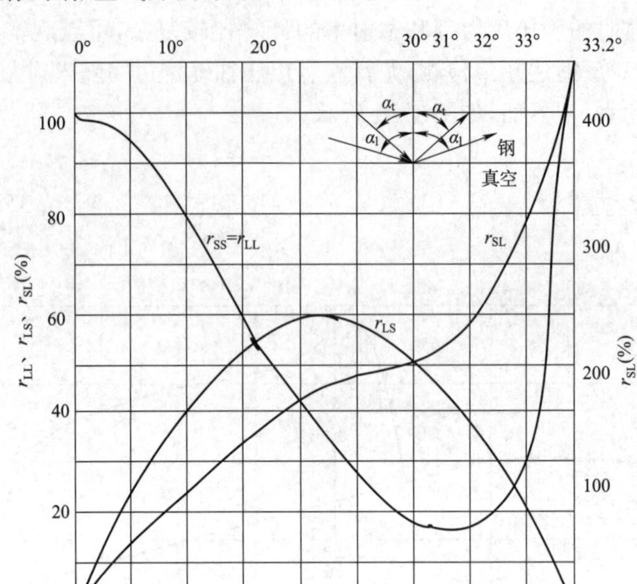

图 1-22 纵波、横波在钢/空气界面斜入射时的反射率

纵波入射时:r_{LL}—纵波声压反射率;r_{LS}—横波声压反射率;

横波入射时:r_{SL}—纵波声压反射率;r_{SS}—横波声压反射率

2. 曲面界面上的反射和折射

与超声波在平面界面上的行为相似,当超声波入射到曲面界面时,也会发生反射、折射和波形转换现象。为简单起见,这里忽略波形转换,只讨论平面波在曲界面上的反射和折射现象。超声波在这种曲面上的反射和折射,将发生超声波的聚焦和发散现象。而究竟是发生聚焦还是发散,则取决于曲界面是凸面还是凹面及两介质的声速的大小。

(1)超声波在曲面界面上的反射

超声平面波入射到曲面界面时,不同声线的入射角不同,通过圆曲面中心的声线,其入射角为 0°,根据反射定律,反射角也为 0°,声波沿原路反射,称为声轴。离声轴越远声线的入射角越大,因而反射角也越大。这样,如图 1-23 所示,声波在凸面上发生发散现象;在凹面上发生聚焦现象。

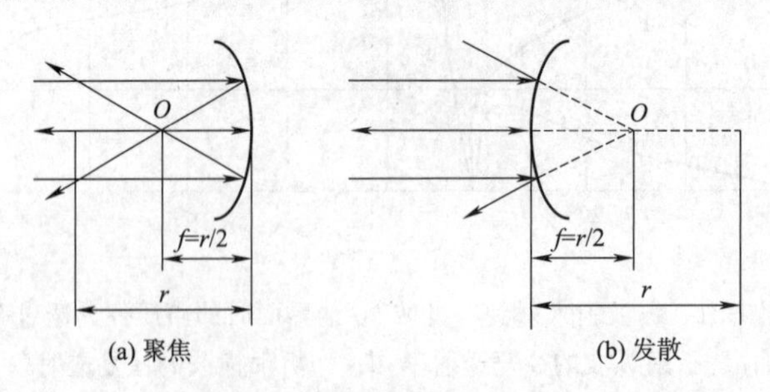

图 1-23 平面超声波入射到球凹面和球凸面时的反射现象

f—焦距;$f=r/2$;r—曲率半径

(2)超声波在曲面界面上的折射

超声平面波入射到曲面界面时，同样，通过曲面中心的声线，其入射角为 0°，根据折射定律，折射角也为 0°，超声波按原方向继续前进；与之平行的其他声线，则因凸面和凹面、两介质的声速大小不同，发生聚焦或发散：对于凸面，如$c_1>c_2$，则聚焦；如$c_1<c_2$，则发散；对于凹面，如$c_1>c_2$，则发散；如$c_1<c_2$，则聚焦，如图 1-24 所示。

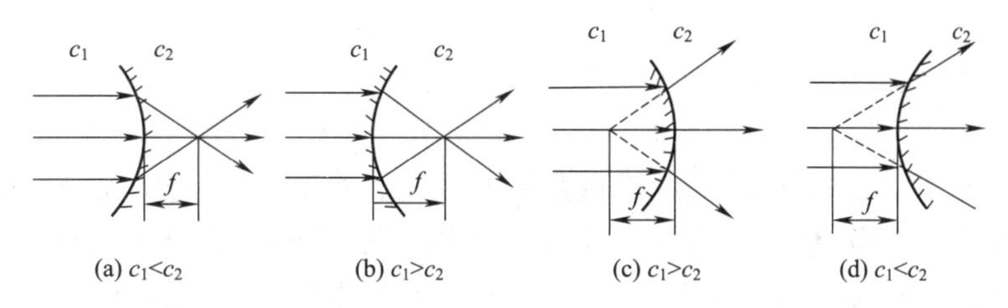

(a) $c_1<c_2$　(b) $c_1>c_2$　(c) $c_1>c_2$　(d) $c_1<c_2$

图 1-24　平面波在曲面上的折射

(3)声透镜

超声检测时为使声能更集中以提高检测灵敏度和定位精度，常使用声透镜。声透镜利用超声波在曲面界面上折射的原理，使超声波产生聚焦。液浸法超声检测中常用的声透镜为平凹透镜，即透镜的一面为平面，与直探头连接；另一面为凹面(多为球面或圆柱面)，与液体接触平凹型球面声透镜，如图 1-25 所示。

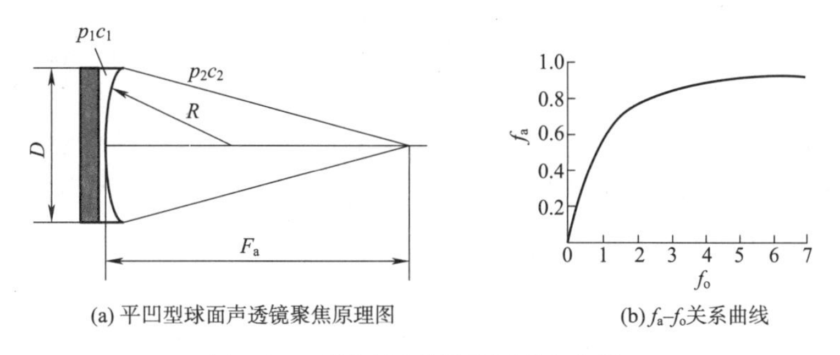

(a) 平凹型球面声透镜聚焦原理图　(b) f_a-f_o关系曲线

图 1-25　平凹声透镜聚焦原理和焦距

F_o—声透镜的光学焦距；f_o—归一化光焦距；

F_a—球面声透镜的声焦距；f_a—归一化声焦距

根据几何声学的原理，可推导出这种球面声透镜的光学焦距F_o为

$$F_o=\frac{R}{1-\frac{c_2}{c_1}} \tag{1-39}$$

可见，焦距与球面声透镜的曲率半径成正比，同时还与透镜及液体介质的声速有关。用有机玻璃制作声透镜以水浸法检测为例，可得：$F_o=2.2R$，由此可见，焦距与透镜的曲率半径成正比，只要球面声透镜的曲率半径足够大，其焦距也就足够大；焦距的大小不存在极限，焦距与晶片的直径、探头频率无关。

这个结论是不正确的。其实上述焦距的计算是根据类似于光学原理的几何声学原理推导的，因而计算的结果可称为声透镜的光学焦距，用F_o表示。这个计算公式仅在探头直径和球面的曲率半径均较小时才成立，曲率半径越大，误差越大。

球面声透镜的真正焦点应是其声轴线上声压(亦即声能)最高点,即为声焦点。该点距探头表面中心的距离才是球面声透镜真正的焦距,称为声焦距,用F_a表示。

根据波动声学的原理,通过推导球面声透镜声轴线上的声压分布规律,找到声压的最高点和声焦距。为方便计算,先将焦距作归一化处理:

归一化声焦距:$f_a = F_a/N$,归一化光焦距:$f_o = F_o/N$,N 为直探头在液体介质中的近场长度。

通过计算并经数值拟合,二者归一化焦距之间的关系为

$$f_a = 0.025 f_o^5 - 0.207 f_o^4 + 0.66 f_o^3 - 1.163 f_o^2 + 1.324 f_o - 0.037 \tag{1-40}$$

由图 1-26(b)可见,球面声透镜的声焦距除与球面的曲率半径、透镜及液体介质的声速有关外,还与直探头的直径、频率有关;声焦距的大小存在极限,该极限就是直探头在液体介质中的近场长度。探头的直径越大,声焦距 F_a 也越大,而且频率越高,焦距越长。

四、超声波的衰减

声波在介质中传播时,声压和声能随距离的增加逐渐减小的现象称为超声波的衰减。超声波衰减的主要原因有三个:扩散、吸收和散射,由此引起的衰减分别称为扩散衰减、吸收衰减和散射衰减,其中,扩散衰减是由声场本身的特性引起的;吸收和散射衰减则是由介质材料引起的,与声场特性无关。

1. 声波的扩散衰减

扩散衰减是由于声束扩散,即随着离声源的距离增加声束的截面不断增大,使单位面积上的声能不断减少造成的。扩散衰减仅取决于波阵面的形状,与介质的性质无关。在无穷大均匀理想介质中,球面波的声压与离声源距离成反比;柱面波的声压与离声源距离的平方根成反比;平面波声压不随距离变化,所以不存在扩散衰减。

2. 声波的吸收衰减

声波在介质中传播时,将发生吸收现象并造成吸收衰减。吸收衰减主要来自三个方面:一是由热传导引起的声吸收;二是介质的内摩擦引起的声吸收;三是弹性损失。吸收衰减用吸收衰减系数表示,吸收衰减系数 α_a 与频率 f 成正比,即

$$\alpha_a = c_1 f \tag{1-41}$$

式中 c_1——常数。

3. 声波的散射衰减

当声波传播中遇到障碍物时,如果障碍物的尺寸远比声波的波长大,则将发生反射和折射;如果障碍物的尺寸与波长大小相当或比波长小时(如金属晶粒),声波将发生显著的绕射现象,造成能量损失,称为散射衰减。超声波被散射后向多个方向辐射,其中一部分被探头接收,形成杂波信号(即噪声),降低了检测信噪比。散射取决于晶粒平均尺寸与声波波长的相对比值:

$$d < \lambda, \alpha_S = C_2 F d^3 f^4 \tag{1-42}$$

$$d \approx \lambda, \alpha_S = C_3 F d f^2 \tag{1-43}$$

$$d > \lambda, \alpha_S = C_4 F \frac{1}{d} \tag{1-44}$$

式中 C_2、C_3、C_4——常数;

f——超声波频率；

α_S——散射衰减系数；

d——介质的晶粒直径；

λ——波长；

F——各向异性系数。

吸收衰减和散射衰减都是由材质的因素引起的，综合二者，由材质引起的衰减系数为

$$\alpha=\alpha_S+\alpha_a$$

为此，对平面波，如考虑材质衰减的因素，则声压的表达式为

$$P_x=P_0\mathrm{e}^{-\alpha x} \tag{1-45}$$

式中　x——至波源的距离；

P_0——波源的起始声压；

P_x——至波源距离为 x 处的声压；

α——介质衰减系数。

可见，超声波在介质中传导时，由于材质衰减的原因，其声压随着传导距离的增加而以指数规律衰减。

第三节　超声波的声场

超声换能器向介质中辐射超声波的区域称为声场，通常用声压分布来描绘。超声波的声场是了解声束形状和远场规则反射体的反射回波声压计算，以及用计算法调整灵敏度和不连续性定量评定的理论基础。

一、超声纵波声场

1. 圆形声源辐射的连续纵波声场

(1)声轴线上声压分布

圆形晶片在连续波信号均匀激励下，向无限大均匀理想液体介质中辐射超声波建立的声场，是最简单、最基本的声场。晶片中心处的法线称为声轴线。声轴线上每一点的声压是晶片每个微小单元辐射的声波在该点处的合成。声轴线上的声压 $P(x)$的表达式为

$$P(x)=2P_0\sin\left[\frac{\pi}{\lambda}\left(\sqrt{\frac{D^2}{4}+x^2}-x\right)\right] \tag{1-46}$$

式中　P_0——声源的初始化声压；

λ——波长；

D——圆形声源的直径；

x——声轴线上某一点距声源的距离，即声程。

声轴线上声压随与声源距离的变化规律可用如图 1-26 表示。

可见，声轴线上的声压在极大值($2P_0$)和极小值(0)间起伏变化。最后一个极大值点处与声源的距离称为近场长度，用 N 表示。经推导可得：

$$N=\frac{D^2-\lambda^2}{4\lambda} \tag{1-47}$$

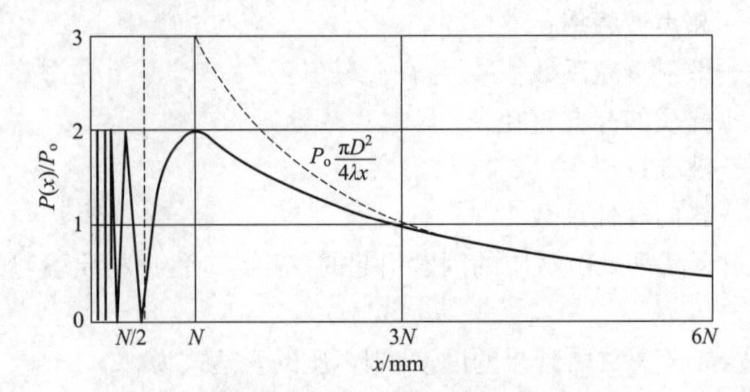

图 1-26　声轴线上声压随与声源距离的变化规律

当 $D\gg\lambda$ 时，可得用于工程实际中计算近场长度的简化公式，即

$$N=\frac{D^2}{4\lambda} \tag{1-48}$$

在近场长度以内的区域称为近场区，也叫菲涅尔区。在近场区内声束不扩散，但因干涉的原因，声轴线上声压起伏变化；在近场长度以外的区域称为远场区，也叫夫琅和费区。在远场区声束扩散，声轴线上的声压随距离单调下降。在足够远（$x>3N$）处，式(1-48)可简化为

$$P(x)=P_0\frac{\pi D^2}{4\lambda x}=P_0\frac{A}{\lambda x} \tag{1-49}$$

式中　A——晶片的面积，$A=\frac{\pi D^2}{4}$；

　　D——圆形声源的直径。

可见，在足够远处，声轴线上的声压与距离成反比，这正是球面波的扩散衰减规律，也正是规则反射体反射回波声压的计算、用计算法进行灵敏度的调整和不连续性当量评定计算的理论依据。

(2)指向性

同样根据叠加原理，可推导出在足够远（$x>3N$）处声场中任意一点的声压分布为

$$P(r,\theta)=\frac{P_0A}{\lambda r}\left[\frac{\alpha J_1(KR_s\sin\theta)}{KR_s\sin\theta}\right] \tag{1-50}$$

式中　K——波数，$K=2\pi/\lambda$；

　　P_0——声源的起始声压；

　　J_1——声源

声压分布如图 1-27 所示。可见在足够远处，在与声源等距离的圆弧上，声轴线上的声压（也反映能量）最高，声场能量主要分布在以声轴线为中心的一定角度内，即主声束，也称主瓣；随着偏离声轴线角度的增加声压在 0 与极大值之间起伏变化，并且能量很低，称为副瓣。这种声束集中向一个方向辐射的性质称为声场的指向性，用指向角或半扩散角θ_0表示，远场中第一个声压为零对应的半扩散角θ_0为

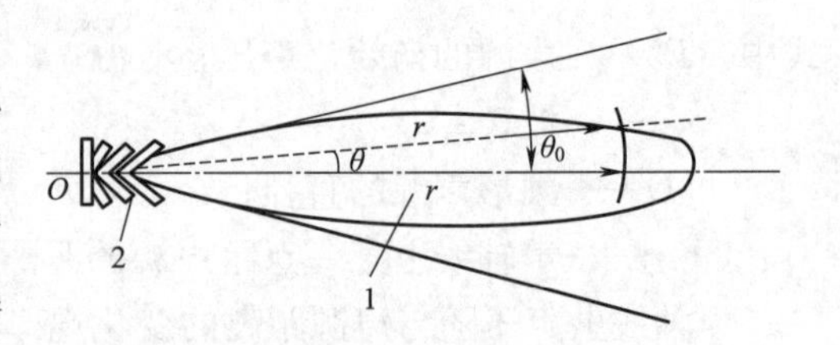

图 1-27　声场指向性示意图(圆盘形声源)

1—主声束；2—副瓣声束。

$$\theta_0=\arcsin\left(1.22\frac{\lambda}{D}\right) \tag{1-51}$$

半扩散角表示声场主声束的集中程度。超声检测时正是利用主声束探测不连续性的。半扩散角越大，声束扩散越严重，声场指向性越差，横向检测分辨率越差，不连续性定位误差越大；半扩散角越小，声束扩散越小，声场指向性越好，横向检测分辨率越好，不连续性定位误差越小。

从半扩散角表达式可知，检测频率越高，探头晶片越大，则半扩散角越小。

2. 脉冲纵波声场

以上是在理想液体介质中晶片在连续波的均匀激励下产生的纵波声场的理论计算结果，因而计算简单，结果清晰。但实际超声检测中大多数应用的是脉冲波法，即激励晶片的信号是脉冲波而不是连续波；激励时往往是非均匀激励，中间幅度大，边缘幅度小，而不是均匀激励；被检材料大多数为固体介质，而不是液体介质。经研究发现，实际的脉冲纵波声场与理论的连续波声场相比，远场基本相同，近场有差别。与连续波声场近场因干涉使声压剧烈起伏变化的情形不同，脉冲声场近场的声压分布较均匀，幅度变化较小，极大值点的数量也少。

经分析，其主要原因有：激励脉冲包含了许多频率成分，每个频率的信号激励晶片所产生的声场相互叠加，使总声压分布趋于均匀；声源的激励非均匀，中间幅度大，边缘幅度小，而干涉主要受边缘的影响大，所以非均匀激励时产生的干涉比均匀激励时小得多。

二、超声横波声场

在超声检测中，通常利用折射和波形转换原理制作探头以获得横波，即晶片在发射信号的激励下产生纵波，该纵波在探头斜楔中传播并倾斜入射到斜楔与工件的界面，产生折射和波形转换，在工件中激励出横波声场。

1. 近场长度

假设晶片的直径为 D，则在斜楔中纵波声场的近场长度为

$$N_L=\frac{D^2}{4\lambda_{L1}}=\frac{A}{\pi\lambda_{L1}} \tag{1-52}$$

式中　λ_{L1}——斜楔中纵波波长；

　　A——晶片面积。

由于折射造成声波传播方向的改变，工件中横波的声束轴线与斜楔中的纵波声轴线不一致，可将横波声场想象成工件中的一个虚声源产生的，此虚声源的声轴线即为横波的声轴线如图 1-28 所示。

根据投影关系，虚声源为椭圆，且长轴为 D，短轴 D' 为 $\frac{\cos\beta}{\cos\alpha}D$，则此椭圆形虚声源的面积 A' 为

$$A'=\frac{\cos\beta}{\cos\alpha}A \tag{1-53}$$

这样，在工件中虚声源产生的横波声场的近场长度为

$$N_S=\frac{A'}{\pi\lambda_{S2}} \tag{1-54}$$

式中　λ_{S2}——工件中横波波长。

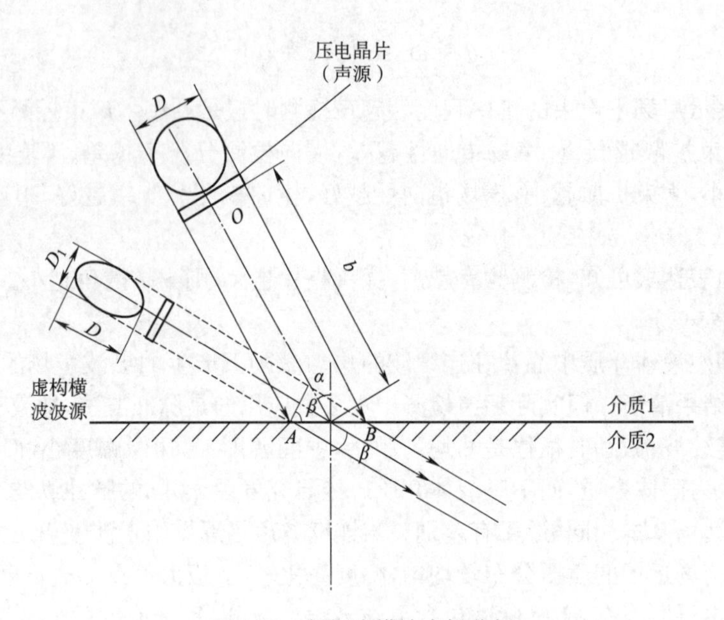

图 1-28　斜探头横波声场分析

根据两种不同介质声场的等效折算方法，斜楔中的纵波声程x_1可折算成工件中横波声程x_2，即

$$\frac{x_1}{N_1}=\frac{x_2}{N_2} \qquad x_2=x_1\frac{N_2}{N_1}$$

$$x_2=x_1\frac{\tan\alpha}{\tan\beta} \tag{1-55}$$

假设斜楔中的纵波声程为 b，则工件中的横波近场长度应为斜楔中的纵波近场长度的剩余部分的等效折算，即

$$N=(N_L-b)\frac{\tan\alpha}{\tan\beta} \tag{1-56}$$

当然，如果声程 b 大于近场长度N_L，则在工件中已是横波的远场了。

2. 指向性

在图 1-28 所示的平面内，声束不再对称；在与之垂直且包含声束轴线的平面内，声束对称于其轴线，半扩散角为

$$\theta_0=\arcsin\left(1.22\frac{\lambda_{t2}}{D'}\right) \tag{1-57}$$

第四节　规则反射体的反射回波声压计算

脉冲反射法是超声检测最常用的检测技术，它利用反射体的反射回波出现的位置、幅度和动态特征来评定不连续性的位置、大小和性质。所以，研究反射体的回波声压对不连续性的检测和评定十分重要。尤其在大尺寸工件的检测中，在一定的条件下可以不必使用试块，只根据回波声压的计算结果便可调整检测灵敏度及评定不连续性的当量大小。

规则反射体的回波声压计算的前提是反射体所处的声程必须足够远（一般规定为声程不小于 $3N$）；计算的理论基础是圆形晶片连续纵波声场声轴线上的声压分布规律，即在声场的

足够远处声轴线上的声压分布符合球面波的规律。同时忽略工件材质对声能的衰减，假设反射体表面光滑，声压反射率为 1。

实际反射体的形状千姿百态，作为理论分析，以大平底、平底孔、长横孔和大圆柱面等几种规则反射体来模拟。

一、大 平 底

大平底是指与声波传播方向垂直，面积远大于声束有效截面的平面，常用来模拟大的平面型的不连续性。在超声纵波检测中，与工件扫查面相对的平行表面即为典型的大平底。大平底对超声波的反射如图 1-29 所示。

在图 1-29 中，设大平底距探头的距离为 x，且 $x \geqslant 3N$，则根据式(1-48)可知，纵波声场声轴线上在大平底处的声压为

$$P_x = P_0 \frac{A}{\lambda x} \tag{1-58}$$

式中 A——探头晶片面积。

假设声波传播距离 x 到达大平底后被完全反射，则被探头接收的大平底的反射回波声压相当于声波传播 $2x$ 距离处的声压，由此可计算大平底的反射回波声压 P_B 为

$$P_B = P_0 \frac{A}{2\lambda x} \tag{1-59}$$

可见，大平底的反射回波声压与距离成反比。

二、平 底 孔

平底孔通常指将孔底加工成平面的圆柱孔，且孔径小于声束的有效直径，声波的传播方向与孔底反射声波垂直。平底孔是试块中常见的人工反射体，在纵波和横波检测中被用来模拟小的平面型不连续性。

平底孔对超声波的反射如图 1-30 所示，设平底孔的孔底离探头距离为 x，则声波到达孔底处的声压为

$$P_x = P_0 \frac{A}{\lambda x} \tag{1-60}$$

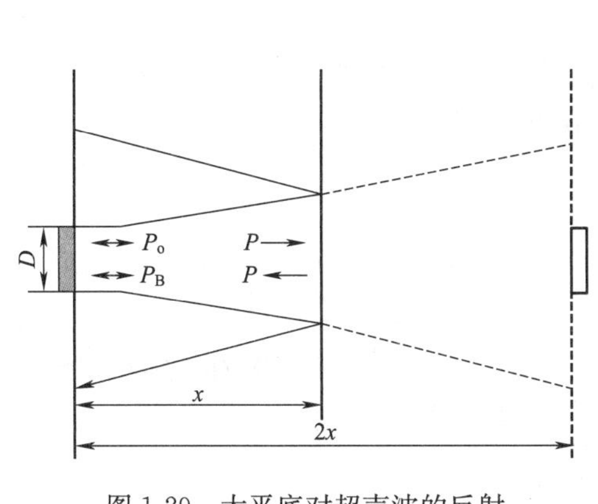

图 1-29 大平底对超声波的反射

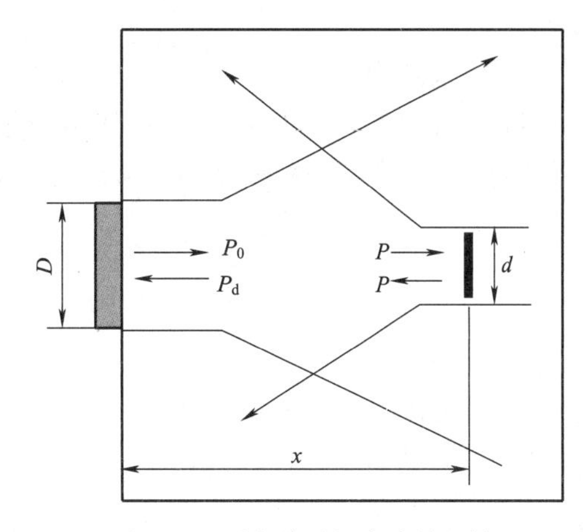

图 1-30 平底孔对超声波的反射

由于孔径很小，可以近似认为孔底上各点的声压都相同。根据惠更斯原理，孔底可看成是新的声源，其表面声压即为以上计算的平底孔处的声压。该新声源辐射到扫查面处的声压即为平底孔的反射回波声压：

$$P_{\mathrm{d}}=P_x\frac{A'}{\lambda x}=P_0\frac{AA'}{\lambda^2 x^2} \tag{1-61}$$

式中　A——探头晶片面积，$A=\frac{\pi D^2}{4}$；

A'——平底孔孔底的面积，$A'=\frac{\pi d^2}{4}$；

x——平底孔距探头的距离。

可见，平底孔的反射回波声压与其面积成正比，与其距探头距离的平方成反比。

三、长 横 孔

长横孔通常指长度远大于声束有效直径，而孔径则远小于声束有效直径的圆柱孔，声波的传播方向与孔的轴线垂直，以孔的圆周面反射声波。长横孔也是试块中常见的人工反射体，在横波检测中被用来模拟小的线性不连续性。

如图 1-31，当声波入射到长横孔后，被孔的圆柱面反射，探头接收到的反射波声压为

$$P_d=P_0\frac{A}{\lambda x}\sqrt{\frac{d}{8x}} \tag{1-62}$$

式中　d——长横孔孔径。

可见，长横孔的反射回波声压与孔径的平方根成正比，与距离的2^3成反比。

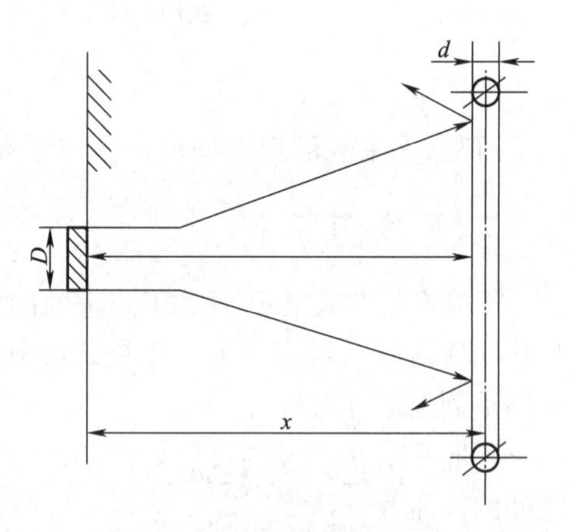

图 1-31　长横孔回波声压

四、大直径圆柱体

大直径圆柱体通常指长度和孔径都远大于声束有效直径的圆柱体，声波的传播方向与孔的轴线垂直。超声检测中有实心圆柱体和空心圆柱体两种情形。

1. 实心圆柱体

实心圆柱体的反射如图 1-32(a)所示，探头稳定耦合在圆柱表面，声波沿径向入射，若圆柱体直径 $D\geqslant 3N$，则实心圆柱体的凹圆柱面的反射回波声压为

$$P_D=P_0\frac{A}{2\lambda D} \tag{1-63}$$

与式(1-52)比较可知，实心圆柱体的圆柱面的反射回波声压与相同声程的大平底相同。

2. 空心圆柱体

空心圆柱体的反射如图 1-32(b)所示，假设壁厚 $x>3N$，空心圆柱体的检测有两种扫查位置。

探头在外圆周面扫查时，则内圆周凸面的反射回波声压为

$$P_d=P_0\frac{A}{2\lambda x}\sqrt{\frac{d}{D}} \tag{1-64}$$

式中　d——空心圆柱体内径；

D——空心圆柱体外径。

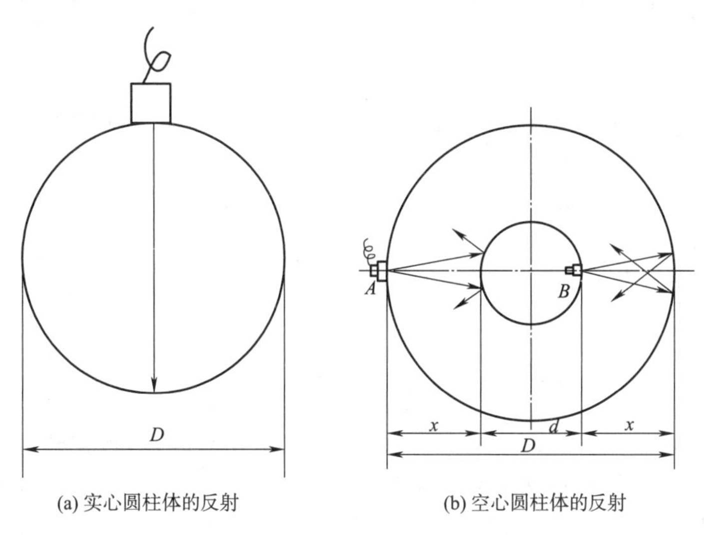

(a) 实心圆柱体的反射　　(b) 空心圆柱体的反射

图 1-32　大直径圆柱体的反射

探头在内圆周面扫查时，则外圆周凹面的反射回波声压为

$$P_D = P_0 \frac{A}{2\lambda x}\sqrt{\frac{D}{d}} \tag{1-65}$$

比较以上两式可知，外周面扫查时，内周面的反射回波声压小于大平底的声压，这是因为凸面发散的结果；内周面扫查时，外周面的反射回波声压大于平底孔的声压，这是因为凹面聚焦的结果。

第五节　AVG 曲线

AVG 曲线是德国人首先提出的，它是经过计算和实测得到的一组描述声程(A)、波幅(V)和当量大小(G)之间的关系曲线。利用 AVG 曲线可以调整灵敏度和当量评定不连续性的大小。

一、理论 AVG 曲线

理论 AVG 曲线包含两部分，声程大于或等于 $3N$ 部分由计算法推导，其依据是圆形晶片连续纵波声场远场声轴线上声压分布规律，以及平底孔的反射回波声压计算方法，同时假设材料对声能的衰减可以忽略；声程小于 $3N$ 部分则由实测得到。

在 $x \geqslant 3N$ 的远场区，大平底 P_x 和平底孔 P_d 的反射回波声压分别为

$$P_x = P_0 \frac{\pi D^2}{8\lambda x} \tag{1-66}$$

$$P_d = P_0 \frac{\pi D^2}{4\lambda x} \cdot \frac{\pi d^2}{4\lambda x} \tag{1-67}$$

将声程作归一化处理，归一化距离 X 为

$$X=\frac{x}{N} \tag{1-68}$$

将平底孔的直径作归一化处理，归一化缺陷当量大小 G 为

$$G=\frac{d}{D} \tag{1-69}$$

假设仪器的垂直线性很好，则反射体的回波波高与其声压成正比，大平底和平底孔的回波与探头表面回波的高度差分别为

大平底：

$$V_x=20\ \lg\frac{P_x}{P_0}=20\ \lg\frac{\pi}{2}-20\ \lg X \tag{1-70}$$

平底孔：

$$V_d=20\ \lg\frac{P_d}{P_0}=40\ \lg\frac{\pi G}{X}=40\ \lg\pi+40\ \lg G-40\ \lg X \tag{1-71}$$

以对数横坐标表示归一化声程，以算术纵坐标表示相对波幅，根据式(1-59)即可得到大平底的波幅与归一化声程间的关系，即图 1-33 中的 B 线；根据式(1-60)即可得到一组尺寸不同的归一化平底孔波幅与归一化声程之间的关系。在 $x<3N$，即 $A<3\ \text{mm}^2$ 的区域，由于声压分布不符合球面波的规律，所以不能用计算法得到，用实测的方法绘出，如图 1-33 所示。

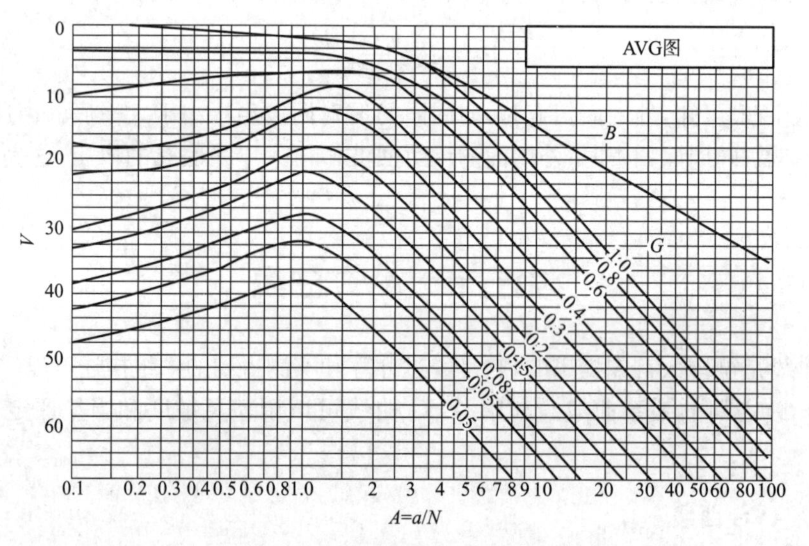

图 1-33　纵波平底孔理论 AVG 曲线

二、实用 AVG 曲线

理论 AVG 曲线由于采用了归一化的声程和平底孔尺寸，所以适合于不同的探头，具有较好的通用性。但使用时要反复进行归一化计算，很不方便。因此，又用一种以声程为横坐标，以平底孔或长横孔的直径表示反射体大小的实用 AVG 曲线，如图 1-34 所示。

通常这种 AVG 曲线用某特定的探头在试块上以实测法绘制，与理论 AVG 曲线不同，实用曲线只适用于特定的探头(频率和直径)和试块材料。实用 AVG 曲线简单明了、实用方便。

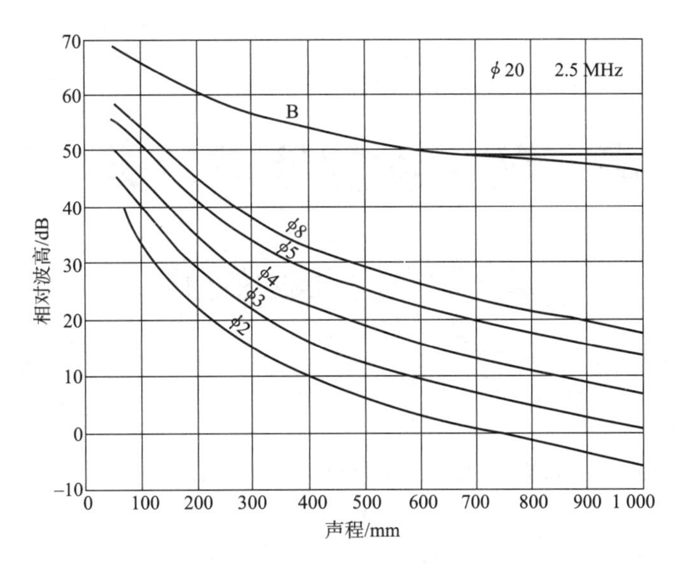

图 1-34　实用 AVG 曲线

第二章　超声检测技术分类与特点

第一节　检测技术的分类

一、按原理分类

1. 脉冲反射法

脉冲反射法是根据反射波情况来检测试件缺陷的方法。

(1)缺陷回波法

缺陷回波法是根据仪器示波屏上显示的缺陷波形进行判断的方法，该方法是反射法的基本方法，如图 2-1 所示。

缺陷回波法的基本原理是：当试件完好时，超声波可顺利传播到达底面，探伤图形中只有表示发射脉冲 T 及底面回波 B 两个信号，如图 2-1(a)所示。若试件中存在缺陷，底面回波前有表示缺陷的回波 F，如图 2-1(b)所示。

(2)底波高度法

底波高度法是根据底面回波的高度变化判断试件缺陷情况的探伤方法，如图 2-2 所示，其特点在于同样投影大小的缺陷可以得到同样的指示，而且不出现盲区，但是要求被探试件的探测面与底面平行，耦合条件一致。由于该方法检出缺陷定位定量不便，灵敏度较低，因此，实用中很少作为一种独立的探伤方法，而经常作为一种辅助手段，配合缺陷回波法发现某些倾斜的和小而密集的缺陷。

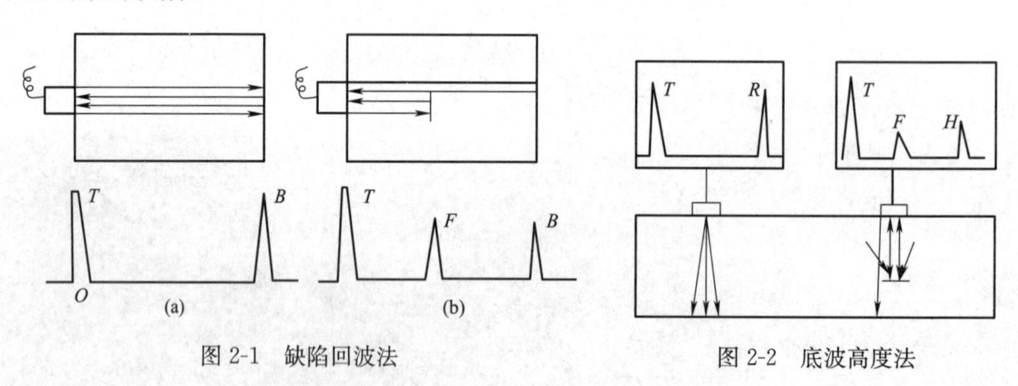

图 2-1　缺陷回波法　　图 2-2　底波高度法

(3)多次底波法

多次底波法是依据底面回波次数，而判断试件有无缺陷的方法。多次底波法主要用于厚度不大、形状简单、探测面与底面平行的试件探伤，缺陷检出的灵敏度低于缺陷回波法。

2. 穿透法

穿透法是根据脉冲波或连续波穿透试件之后的能量变化来判断缺陷情况的一种方法。

3. 共振法

共振法是根据试件的共振特性，来判断缺陷情况和工件厚度变化情况的方法。共振法常用于试件测厚。

二、按波形分类

1. 纵波法

纵波法就是使用直探头发射纵波，进行探伤的方法。纵波法又分为单晶探头反射法、双晶探头反射法和穿透法。常用的是单晶探头反射法。它主要用于铸造、锻压、轧材及其制品的探伤，该法对与探测面平行的缺陷检出效果最佳。由于盲区和分辨力的限制，其中反射法只能发现试件内部离探测面一定距离以外的缺陷。

2. 横波法

将纵波通过楔块、水等介质倾斜入射至试件探测面，利用波形转换得到横波进行探伤的方法，称为横波法。由于透入试件的横波束与探测面成锐角，所以又称斜射法。它主要用于管材、焊缝的探伤。其他试件探伤时，则作为一种有效的辅助手段，用以发现垂直探伤法不易发现的缺陷。

3. 表面波法

表面波法是使用表面波进行探伤的方法。这种方法主要用于表面光滑的试件。表面波波长比横波波长还短，因此衰减也大于横波。同时，它仅沿表面传播，对于表面上的复层、油污、不光洁等，反应敏感，并被大量地衰减。利用此特点可以通过手沾油在声束传播方向上进行触摸并观察缺陷回波高度的变化，对缺陷定位。

4. 板波法

板波法就是使用板波进行探伤的方法，主要用于薄板、薄壁管等形状简单的试件探伤，板波充塞于整个试件，可以发现内部和表面的缺陷。但是检出灵敏度除取决于仪器工作条件外，还取决于波的形式。

5. 爬波法

爬波法是指表面下纵波，它是当第一介质中的纵波入射角位于第一临界角附近时，在第二介质中产生的表面下纵波。这时第二介质中除了表面下纵波外，还存在折射横波。这种表面下纵波不是纯粹的纵波，还存在有垂直方向的位移分量。爬波对于检测表面比较粗糙的工件的表层缺陷，如铸钢件、有堆焊层的工件等，其灵敏度和分辨力均比表面波高。

第二节　按探头数目分类

一、单探头法

使用一个探头兼作发射和接收超声波的探伤方法。

单探头法操作方便，大多数缺陷可以检出，是目前最常用的一种方法。

单探头法探伤，对于与波束轴线垂直的片状缺陷和立体型缺陷的检出效果最好。与波束轴线平行的片状缺陷难以检出。当缺陷与波束轴线倾斜时，则根据倾斜角度的大小，能够受到部分回波或者因反射波束全部反射在探头之外而无法检出。

二、双探头法

使用两个探头(一个发射,一个接收)进行探伤的方法称为双探头法,主要用于发现单探头法难以检测的缺陷。双探头又可根据两个探头排列方式和工作方式进一步分为并列式、交叉式、V 形串列式、K 形串列式、串列式等。

1. 并列式

两个探头并列放置,探伤时两者做同步向移动。但直探头作并列放置时,通常是一个探头固定,另一个探头移动,以便发现与探测面倾斜的缺陷,如图 2-3(a)所示。分割式探头的原理,就是将两个并列的探头组合在一起,具有较高的分辨能力和信噪比,适用于薄试件、近表面缺陷的探伤。

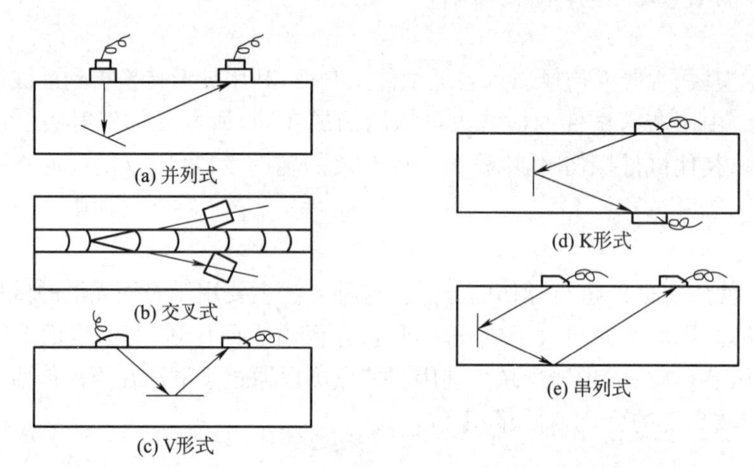

图 2-3 双探头的排列方式

2. 交叉式

两个探头轴线交叉,交叉点为要探测的部位,如图 2-3(b)所示。此种探伤方法可用来发现与探测面垂直的片状缺陷,在焊缝探伤中,常用来发现横向缺陷。

3. V 形串列式

两探头相对放置在同一面上,一个探头发射的声波被缺陷反射,反射的回波刚好落在另一个探头的入射点上,如图 2-3(c)所示。此种探伤方法主要用来发现与探测面平行的片状缺陷。

4. K 型串列式

两探头以相同的方向分别放置于试件的上、下表面上。一个探头发射的声缺陷反射,反射的回波进入另一个探头,如图 2-3(d)所示。此种探伤方法主要用来发现与探测面垂直的片状缺陷。

5. 串列式

两探头一前一后,以相同方向放置在同一表面上,一个探头发射的声波被缺陷反射的回波,经底面反射进入另一个探头,如图 2-3(e)所示。此种探伤方法用来发现与探测面垂直的片状缺陷(如厚焊缝的中间未焊透)。两个探头在一个表面上移动,操作比较方便,是一种常用的探测方法。

三、多探头法

使用两个以上的探头成对地组合在一起进行探伤的方法，称为多探头法。多探头法的应用，主要是通过增加声束来提高探伤速度或发现各种取向的缺陷。通常与多通道仪器和自动扫描装置配合，如图 2-4 所示。

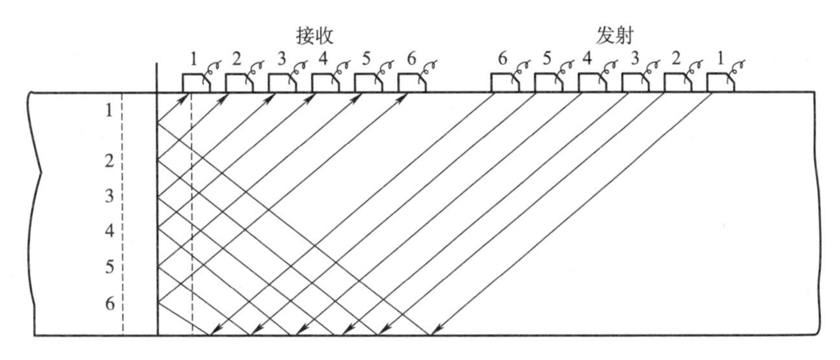

图 2-4　与多通道仪器和自动扫描装置配合的多探头法

第三节　按探头接触方式分类

依据探伤时探头与试件的接触方式，可以分为直接接触法和液浸法。

一、直接接触法

探头与试件探测面之间，涂有很薄的耦合剂层，因此可以看作为两者直接接触，这种探伤方法称为直接接触法。

（1）此方法操作方便，探伤图形较简单，判断容易，检出缺陷灵敏度高，是实际探伤中用得最多的方法。

（2）直接接触法探伤的试件，要求探测面光洁度较高。

二、液 浸 法

将探头和工件浸于液体中以液体作耦合剂进行探伤的方法，称为液浸法。耦合剂可以是水，也可以是油。当以水为耦合剂时，称为水浸法。

液浸法探伤，探头不直接接触试件，所以此方法适用于表面粗糙的试件，探头也不易磨损，耦合稳定，探测结果重复性好，便于实现自动化探伤。

液浸法按探伤方式不同又分为全浸没式和局部浸没式。

（1）全浸没式：被检试件全部浸没于液体之中，适用于体积不大，形状复杂的试件探伤。

（2）局部浸没式：把被检试件的一部分浸没在水中或被检试件与探头之间保持一定的水层而进行探伤的方法，使用于大体积试件的探伤。局部浸没法又分为喷液式、通水式和满溢式。

①喷液式：超声波通过以一定压力喷射至探测表面的液流进入试件。

②通水式：借助于一个专用的有进水、出水口的液罩，以使罩内经常保持一定容量的液体。

③满溢式:满溢罩结构与通水式相似,但只有进水口,多余液体在罩的上部溢出,这种方法称为满溢式。

根据探头与试件探测面之间液层的厚度,液浸法又可分为高液层法和低液层法。

第四节　脉冲反射式测厚仪

一、测厚原理

脉冲反射式测厚仪是通过测量超声波在工件上下底面之间往返一次传播的时间 t 来求得工件的厚度 δ,其计算公式为

$$\delta=\frac{1}{2}ct$$

式中　δ——工件厚度;

c——工件中的波速;

t——超声波在工件中往返一次传播的时间。

二、检测方法

发射电路发出脉冲很窄的周期性电脉冲,通过电缆加到探头上,激励探头压电晶片产生超声波。该超声波在工件上下底面多次反射。反射波被接收,转为电信号经放大器放大后输入计算电路,由计算电路测出超声波在工件上下底面往返一次传播时间,再换算成工件厚度显示出来。

测量往返时间 t 有以下两种方法:

(1)测量发射脉冲 T 与第一次底波 B_1 之间的时间。这种方法发射脉冲宽度大,盲区大,一般测量学度下限受到限制,约 1～1.5 mm。但这种方法仪器原理简单,成本低廉。

(2)测量第一次底波 B_1 与第二次底波 B_2 之间的时间或任意两次相邻底波之间的时间。这种方法底波脉冲宽度窄,盲区小,测量下限值小,最小可达 0.25 m。但这种方法仪器线路复杂,成本较高。

第三章　衍射时差(TOFD)技术

第一节　TOFD 技术的背景

在焊缝和母材中最严重的缺陷类型是平面状的裂纹，因为它们很可能扩展并导致材料失效，由于超声可以对这种缺陷进行定位和定量分析，所以超声是比较适用的检测技术。在 20 世纪 60 年代，与常规超声相比，TOFD(Time Of Flight Diffraction)在缺陷定量方面有了很大的发展，尤其是在核工业和化工方面。在那个时候，在有些设备上即使发现缺陷，返修也是非常困难的，或者是根本不可能的，要想在焊接之后进行必要的热处理也是非常困难的。在核工业中也存在同样的问题，原因是存在非常强的辐射，很难接近，如果关闭和更换这些设备，代价是非常昂贵的。

塑性力学科学的发展使得预测缺陷扩展速度成为可能，用这门技术可以确定设备安全运行下危害的临界尺寸。通常因为计算必需的所有特征数据很难确定(例如断裂韧性)，因此评估不得不非常保守，导致对一些缺陷危害性不大的设备进行返修。

如果通过连续的超声检测证实了缺陷没有扩展，或者是缺陷的扩展速度比预期的要慢，这样的结果对于设备的使用者来说非常重要；如果缺陷是比较稳定的，并且是在临界尺寸之内，那么这个设备就能正常的运行；如果缺陷的扩展速度不快，设备可以保持很长的使用寿命。同样的，如果能对缺陷的扩展速度进行精确测量，那么对设备的维修和更换也是非常有益的，这样可以节约设备使用者很大一笔费用，意外的设备停工和没有计划的抢修都是设备使用者所不愿意看到的。

为了测量裂纹的扩展速度，我们必须精确测定缺陷的尺寸，在图 3-1 中我们可以看出，常

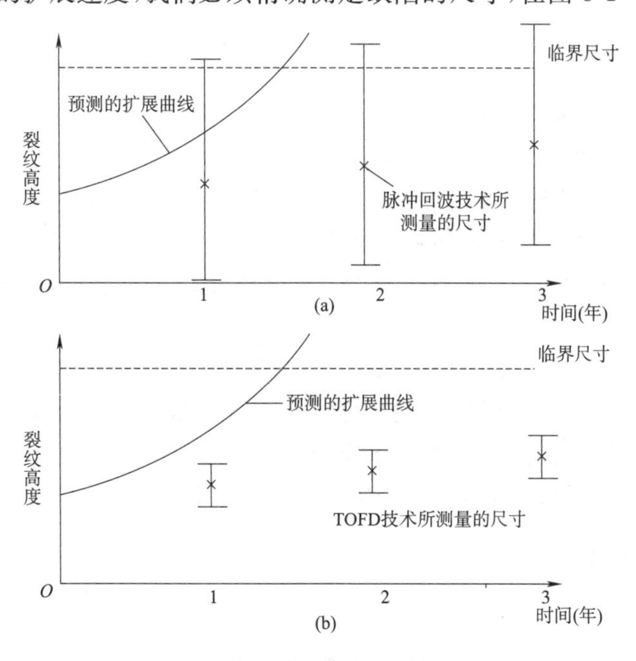

图 3-1　图示说明精确定量的重要性

规超声在缺陷定量方面是非常不充分的，这两个图给出了特定缺陷的预期寿命曲线，它们都估计出达到临界尺寸大约需要 1.5 年，在图 3-1(a)中给出了常规超声测量裂纹高度的结果，由于在裂纹长度测量上面的误差，夸大了此裂纹的扩展危害，因此得出的预期寿命比真实寿命要短；图 3-1(b)中给出了使用 TOFD 测量的结果，由于误差比较小，而测量的结果也说明了裂纹实际的延伸比预期的延伸要慢，所以设备的使用寿命是比较长的。

精确的测量尺寸有利于减少伪缺陷的数量，如果探测到了密集型的气孔，我们要精确地测量它们的尺寸，而常规的脉冲回波测量这样尺寸的能力是非常低的，原因是常规脉冲回波在尺寸定量上存在很大的误差，实际测量的尺寸比真实的尺寸要大，从而在报告中得到的尺寸是不真实的，这样就夸大了很多良性的缺陷。

在原理上可以看出 TOFD 的定量是很准确的，因此可以降低检测的误判率。

第二节　TOFD 原理

一、衍射过程

当超声波作用于一条长裂纹缺陷时，将从裂纹缝隙产生衍射。另外还会在裂纹表面产生超声波反射。在常规超声检测中，衍射波比镜面反射弱得多，但是在同一平板中各个方向的裂隙都可以产生衍射波。图 3-2 即为裂纹产生衍射波的过程。

衍射现象没有任何新的原理，任何波都可以产生衍射现象，比如光波和水波。当光波通过裂隙或经过边缘时，通过光学显微镜或其他光学仪器可以看到光波经过衍射后的波束。

常规超声的衍射现象属于尖端衍射的另一类技术。尖端衍射信号通常用于脉冲回波的尺寸检测中，因为这种衍射可以提高信号强度。这种方法称为最大波幅技术或逆分散尖端衍射技术，用于探头与缺陷末端方向相反的情况。

二、衍射信号的随角度的变化

图 3-3 解释了衍射波幅随角度的变化。原图读者可参考 1989 年 Charlesworth 和 Temple 做出的精确角度变化分析。一个位于两个 TOFD 探头中间的垂直缺陷的上尖端和下尖端的信号变化，被作为与波束法线夹角的一个函数。在钢材中，波幅最大时的角度为 65°，裂缝下尖端的信号略大于上尖端的信号，但是整个波幅基本相似。在 45°～80°之间，波幅变化小于 6 dB。在 38°时，裂缝下尖端的信号下降很大，而在 20°时波幅又有所回升。典型的检测角度是 45°、60°和 70°。

在钢材中，横波在上尖端的最佳角度是 45°，在下尖端的最佳角度是 57°。对于缺陷与平板不垂直的情况，两个探头的计算方法更复杂，1989 年 Charlesworth 和 Temple 对这种情况进行了研究分析，相对大的角度对波幅影响很小。

因此，与脉冲回波不同，TOFD 最大的优点是衍射信号与角度和缺陷方向无关。

三、TOFD 基本构件

1. 探头类型和波形

TOFD 技术是一种裂纹尺寸检测技术，其原理是通过超声波衍射后能量重新发射计算裂纹的位置。TOFD 技术由两个探头组成,一个探头起发射作用,另一个探头起接收作用。这种设计可进行大量尺寸材料的检查,而且能够得到反射体确定的位置和深度。

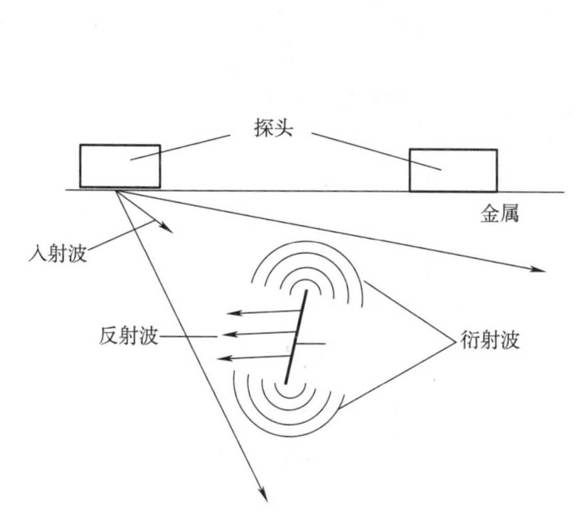

图 3-2　裂纹产生衍射波的过程示意图

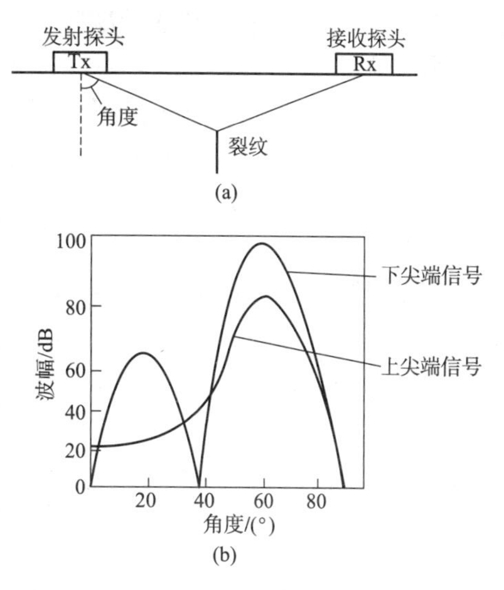

图 3-3　衍射波随着角度变化的波幅计算法则

采用一个探头也可以进行缺陷检测,但不推荐使用这种方法,原因是这种方法降低了缺陷定位的准确度。图 3-4 是典型的探头,一个压电传感器安装在有机玻璃或其他相似材料的楔块上组成了一个探头。探头需要选择合适的窄脉冲长度以便于检测深度具有较高的分辨率。为了在金属中产生的一定的压缩波,楔块典型的角度是 45°、60°和 70°。探头一般都有螺纹,便于和不同的楔块连接。为了使超声波能够在探头和楔块中进行传播,需要在二者间添加耦合剂。这种设计的缺点是耦合剂变干后需要重新添加。

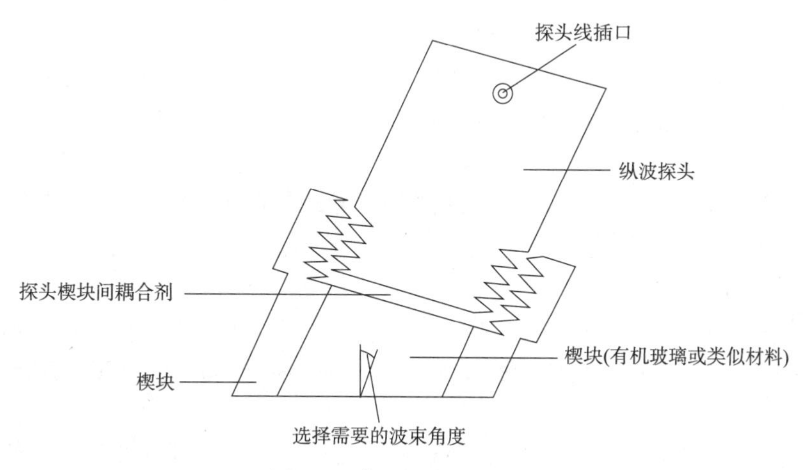

图 3-4　典型探头的横截面

在金属材料中采用纵波的原因是这种波的传播速度几乎是横波的两倍,从而能够最先到达接收探头。知道了波速才能计算出缺陷的深度,如果信号具有纵波的波速,那么深度的计算将更容易。任意一种波都可以通过一部分波形转换成为其他种类的波形。如果一束横波通过裂隙进行衍射后可能产生纵波,那么这束纵波先到达接收探头。如果是这种情况,那么横波的波速是正确的,但将算出错误的缺陷深度。

纵波通过楔块后,将在合适的角度一部分分裂成需要的纵波,另一部分在纵波角度的一半处转换成横波。因此,横波也存在于金属材料中,只是其信号产生在纵波信号之后。所以,TOFD 检测所得的波形信号包括有:自始至终的纵波和自始至终的横波。

波形转换后的一半声程是纵波;一半声程是横波。

2. 检测所得信号

图 3-5 为 TOFD 技术的波传播路径。

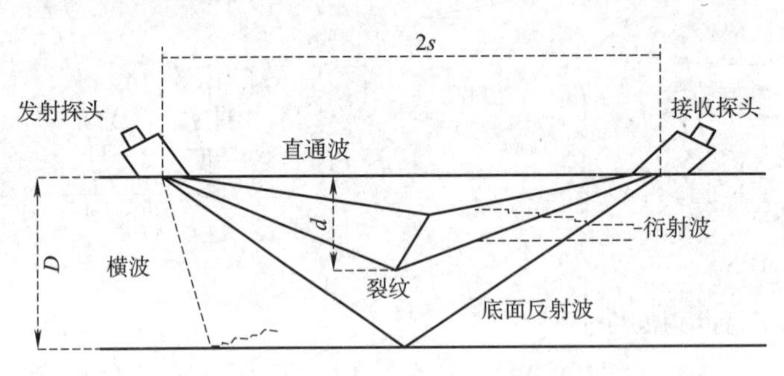

图 3-5　TOFD 技术的波传播路径

主要的波形种类如下:

(1)直通波

通常,首先看到的是在金属材料表面下传播的纵波,这种波在两个探头之间以纵波速度进行传播。它遵循了两点之间波束直线传播最快的 Fermat′s 理论。读者在后面的学习中将发现,在金属曲表面直通波仍然是在两探头之间进行直线传播。如果材料表面有涂层,则绝大部分波束都在涂层下面的材料中进行传播。直通波并不是真正的表面波,在其波束的边缘有一束散射波存在。直通波的频率比中心波束的频率低(波束频率与其扩散范围有关,越低的频率成分,波束扩散得越宽)。真正的表面波波幅随着扫查距离的变化呈指数衰减。

探头中心间距(Probe Centre Separation,PCS)如果很大,则直通波的信号比较微弱,甚至识别不到。

由于探头基本形式的发射—接收形式布置,使得近表面区域的信号产生较大的压缩,因此这些信号可能隐藏在直通波信号下。

(2)底面反射波

由于传播距离的增大,在直通波后面出现了一个反射或衍射的底面波。如果探头只能发射到金属材料的上部或者没有合适的底面进行反射和衍射,则底面波可能不存在。

(3)缺陷信号

如果在金属材料中存在一个二维的缺陷,则通过缺陷顶部裂隙和底部裂隙探头将产生衍射信号,这两束信号在直通波和底面反射波之间出现。这些信号比底面反射信号要弱得多,但比直通波信号强。如果缺陷高度较小,则上尖端信号和下尖端信号可能互相重叠。因此,为了提高上尖端信号和下尖端信号的分辨率,减少信号的周期很重要。

由于衍射信号比较弱,在 A-Scan 中难以总是清晰得看出来,而且 A-Scan 只是 B-Scan 的连续显示图,因此还采用清晰显示衍射信号的 B-Scan。这时信号平均很重要,因为这样能提高信噪比。

这就是为什么用只有 A-Scan 的一般模拟探伤仪做 TOFD 很困难的原因。

(4)横波信号或波形转换信号

在底面纵波反射信号之后将出现一个相当大的信号,这种信号是底面的横波反射信号。它通常被误认为是底面纵波反射信号。在这两个信号之间还会产生由于缺陷而进行波形转换后形成的横波,这个信号到达接收探头需要较长的时间。

这个区域所收集到的信号通常很有价值,因为经过较长的时间后,真正的缺陷会再次出现,而且经过横波的扩散后近表面的缺陷信号变得更加清晰。

(5)声束路径

图 3-6 所表示声束线路径恰好是简单地连接了探头与裂纹。但是这并不代表只有在特定的角度才能产生波束衍射。任何角度都可以产生衍射现象,如果波束恰好遇到裂纹,则会产生衍射波,并被探头接收。

3. 相位关系

图 3-6 显示的是无缺陷的 A-Scan 产生的直通波和底面反射波。当波束由一个高阻抗的介质传播到一个低阻抗的介质中时,在界面经过反射后的波束相位改变 180°(例如,从钢中到水中或从钢中到空气中)。所以,如果一个波束在碰到界面之前是以正向周期开始传播的,那么在通过界面反射后将变成以负向周期开始传播。

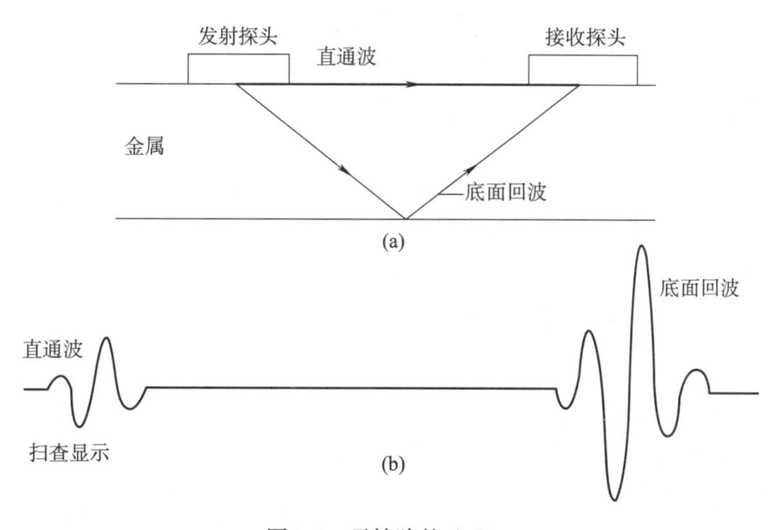

图 3-6 无缺陷的 A-Scan

图 3-7 显示的是有缺陷的 A-Scan。上尖端的缺陷信号就像底面反射信号一样相位变化了 180°,比如上尖端的缺陷信号与底面反射信号相似,相位从负向周期开始。下尖端的缺陷信号就像波束在底部环绕,相位不发生改变,其相位与直通波信号的相似,比如二者的相位都是从正向周期开始。有理论表明,如果两个衍射信号的相位相反,在信号之间一定存在一个连续不间断的缺陷,只有几种特殊的情况是上下尖端的衍射信号相同。因此,识别相位变化非常重要,识别了相位变化才能分析信号并算出更准确的缺陷尺寸。比如工件中的缺陷是两个夹渣而不是一个裂纹,则这时信号没有相位变化。夹渣和气孔的尺寸都太小,一般不会产生分离的上下尖端信号。

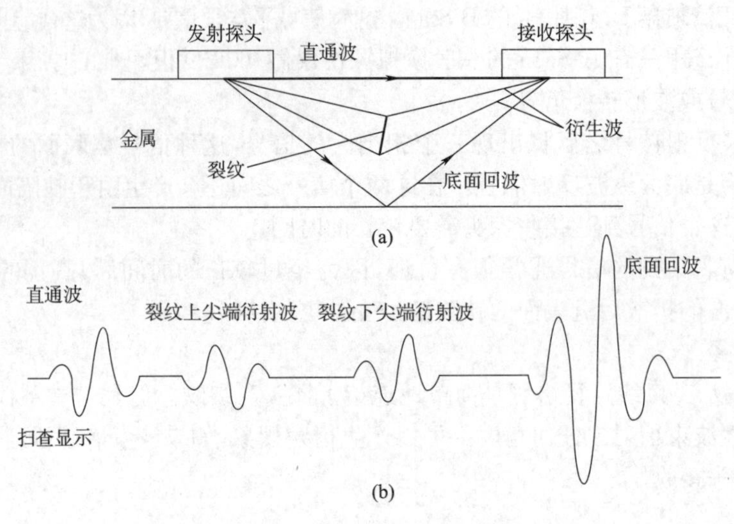

图 3-7　有缺陷的 A-Scan 信号

由于信号可观察到的周期数很大程度上取决于信号的波幅，因此通常很难识别出信号的相位。对于底面回波情况更是如此，它由于饱和而更难得出其相位。在这种情况下，需要先将探头放置在试样上或校准试块上，调低增益，使底面回波和其他难识别相位的信号都像缺陷信号一样具有相同的屏高，然后增加增益并记录随着相位的变化信号发生怎样的变化。一般这种变化最易集中在某两个或三个周期内进行。信号的相位对于 TOFD 来说非常重要，因此必须采集不检波信号。

4. 深度计算

采用脉冲的到达时间并结合简单的三角函数关系可以计算出反射体的深度，无须测量波幅。根据信号的位置可以得出准确的缺陷尺寸、高度及距扫查面的深度。

图 3-8 为 TODF 基本参数，由于两探头的信号是对称的，则在两探头之间的信号长度可以用下式计算：

$$距离=2\sqrt{s^2+d^2} \tag{3-1}$$

式中　s——两探头中心距的一半，mm；

　　　d——反射信号的深度，mm。

可以计算出时间：

$$t=2\sqrt{s^2+d^2}/c \tag{3-2}$$

式中　c——波的传播速度，mm/μs。

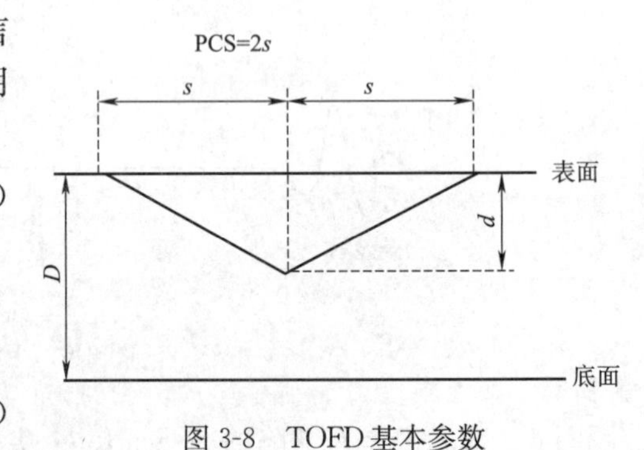

图 3-8　TOFD 基本参数

这样，通过式(3-2)可以计算出其深度：

$$d=\sqrt{(ct/2)^2-s^2} \tag{3-3}$$

总结上式表明，如果裂纹在两探头之间对称的位置上，则通过观察到的信号可以计算出缺陷的深度。但是通常情况下裂纹并不在两探头对称位置上，这样算出的深度可能有误差(对沿着焊缝进行非平行扫查而言)。在大多数情况中，V 形坡口的焊缝里面偏离轴线的缺陷深度误差很小，因此对上下尖端信号的定位可以忽略偏离轴带来的误差影响。在平行扫查中，不存在偏离轴线的误差。

误差的范围一般在±1 mm之间,但采用相同的探头和其他装置时,监测裂缝扩展情况的误差在±0.3 mm之间。

由于在发射和接收探头设置中,深度和时间的关系并不是线性的,而是呈平方关系的,所以软件需要经过线性化计算得出B-Scan和D-Scan的线性深度图。这样B-Scan和D-Scan在深度方向上是线性的,这对于分析十分有用。在进行原始数据的分析时,时间轴上显示的数据对分析十分有利。在近表面区域中,反射信号在时间上的微小变化转化成深度可能变化较大,这样,转化成线性的深度可以延伸近表面的信号,直通波的信号则可能在比例范围之外。进行深度测量时可以将指针放在需要测量的位置,即可读出曲线所在位置的深度。

深度方向非线性导致的其他影响给予详细的阐述,主要的影响是在上侧近表面深度测量的误差变化更大。这是由于表面存在直通波和不断增大的深度误差,因此TOFD很难检测到近表面的缺陷,如果只做一种扫查,甚至会使得10 mm深度范围内的缺陷都难以检测。但是,减小PCS或采用高频探头能够减少近表面的影响范围,不过覆盖面会减小。例如,采用15 MHz的探头和较小的PCS,可以检测到工件表面1 mm深左右缺陷。

5. 时间测量和初始化PCS

(1)深度校准

实际应用中,深度的计算需要考虑其他的延时时间,包括在楔块中的延时,这个延时表示为$2t_0$(μs),总的传播时间可以用公式表示为

$$t=2\sqrt{(s^2+d^2)}/c+2t_0 \tag{3-4}$$

深度的公式为

$$d=\left[\frac{c(t-2t_0)}{2}\right]^2-s^2 \tag{3-5}$$

已知波速、PCS和探头的延时,就可以算出从反射体得到的信号的传播时间。如果是通过直通波和底面反射波的位置来得到波速和探头延时。这个过程有助于减小任何因系统引起的误差,包括PCS误差。

直通波出现的时间公式表示如下:

$$t_l=2s/c+2t_0 \tag{3-6}$$

底面反射波出现的时间公式可以表示为

$$t_b=\frac{2\sqrt{s^2+D^2}}{c}+2t_0 \tag{3-7}$$

式中　D——工件厚度。

将以上两个公式进行转换,得到探头的延时和波的传播速度(其中PCS=$2s$),即

$$c=(2\sqrt{s^2+D^2}-2s)/(t_\mathrm{b}-t_\mathrm{L}) \tag{3-8}$$

$$2t_0=\frac{2\sqrt{s^2+D^2}}{c} \tag{3-9}$$

因此,推荐在扫查前,将测得的PCS和工件厚度值作为文件的标题,以便于计算深度。采用B-Scan和D-Scan测量深度时,首先用相关的软件计算出直通波和底面反射波出现的时间,计算机自动算出探头延时和波速,则在每一点的深度可以计算得出。显然,如果直通波或底面反射波的信号只有其中一个可以利用,波速或探头延时就必须输入到程序中。

在两个探头的入射点进行PCS的测量。

(2)测量各种信号的到达时间

由于不同信号的相位不同,为了得到最准确的深度值,必须考虑各种信号出现的位置处的相位,这主要取决于几个参数的测量值。一个是信号的峰值,由于底面反射波通常处于饱和,其峰值测量较难。测量时间的点建议选在周期从正变成负时的过程中。B-Scan 和 D-Scan 的曲线指针可以显示数值,因而从正到负的点可以读出其数值,反之亦然。一般选择的点是幅值最接近零点的一点。

图 3-9 是用来测量时间的各种波可选择的测量位置。如果直通波从正周期开始,那么选择起始点作为测量位置。相应的时间点在底面反射波上也选择起始周期测量,因为底面反射波从负周期开始,相位与直通波相反。但是在图 3-10 中,底面反射波从第二个负周期开始测量,因为第二个周期的波幅更高,周期更多。第二个负周期在这点的时间被认为与直通波的时间相对应。对于裂纹的衍射信号,上尖端信号从第一个负周期开始测量,下尖端信号从第一个正周期开始测量。

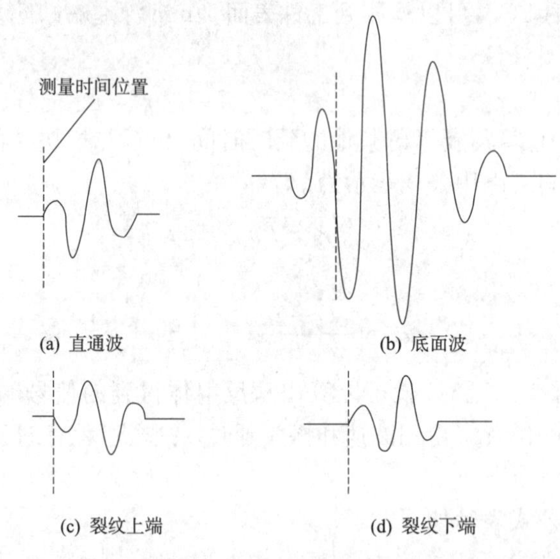

图 3-9 各种信号的相应测量时间

上面介绍的是理想状态下或以前老式仪器中的测量方式。现在实际应用中,由于噪声信号等的影响,很难准确找到起始的零点位置,所以一般测量第一个峰或谷的位置。在图 3-10 中为直通波的第一个波峰、底面波的第一个波谷、缺陷上端的第一个波谷、下端的第一个波峰。

(3)检测时 PCS 的初始化

对于一个新的非平行扫查,PCS 的最佳选择是超声波束打在工件厚度的 2/3 处。这样一般能够覆盖焊缝的大部分区域。如果波束在金属中的中心角度是 θ,则

$$\tan\theta = s/d \tag{3-10}$$

聚焦深度 s 在 2/3 处,则 PCS 为

$$2s = (4/3)D\tan\theta$$

其中,D 是工件的厚度。聚焦在某一个特定的深度 d 的情况在以后的章节将会做出说明,例如,平行扫查的 PCS 为

$$2s = 2d\tan\theta \tag{3-11}$$

(4)检查并正确采集 A-Scan 信号

直通波的信号非常弱,而横波的底面反射波比纵波的底面反射波还要强,因此在直通波和底面反射纵波之后极易出现底面反射横波。通常要检查信号中直通波和底面反射波出现的时间,例如:

直通波为

$$t_l=2s/c+2t_0 \tag{3-12}$$

底面反射波为

$$t_b=2\sqrt{s^2+D^2}/c+2t_0 \tag{3-13}$$

6. 表面开口缺陷的显示

表面开口的缺陷将改变 TOFD 的 B-Scan 和 D-Scan。如果缺陷破坏了上表面,则对应的直通波信号会消失,如图 3-10 所示,或波幅有很大的减小。如果缺陷的长度不是很长,直通波的信号将在缺陷的部分产生圆形显示。

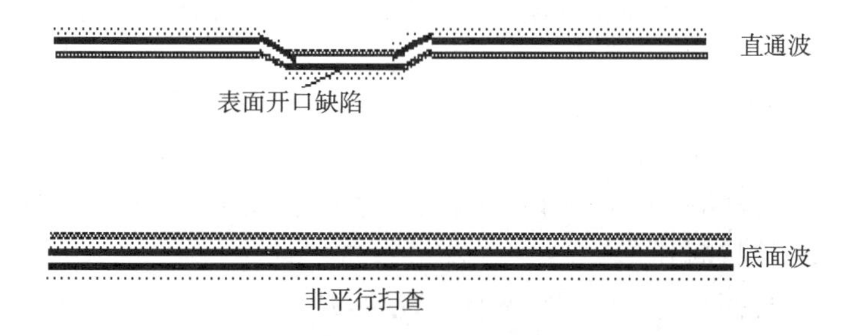

图 3-10 非平行扫查所得的表面开口裂纹缺陷

底面开口裂纹的 D-Scan 如图 3-11 所示。裂缝对底面的影响取决于裂纹的高度和探头覆盖的区域。

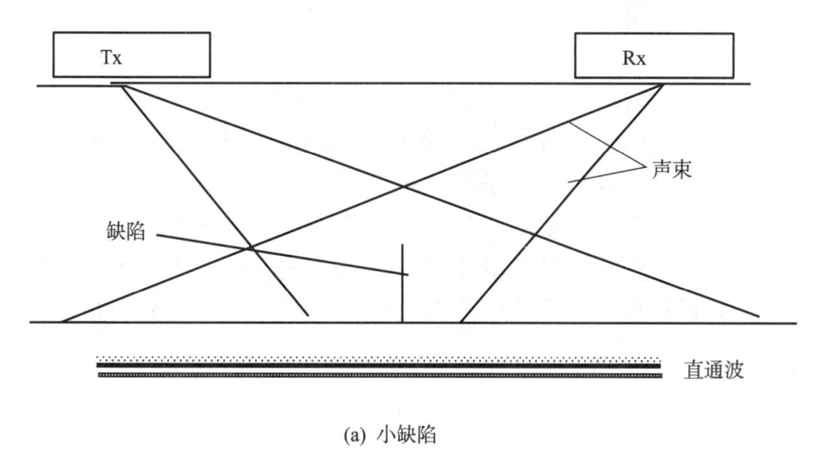

(a) 小缺陷

图 3-11

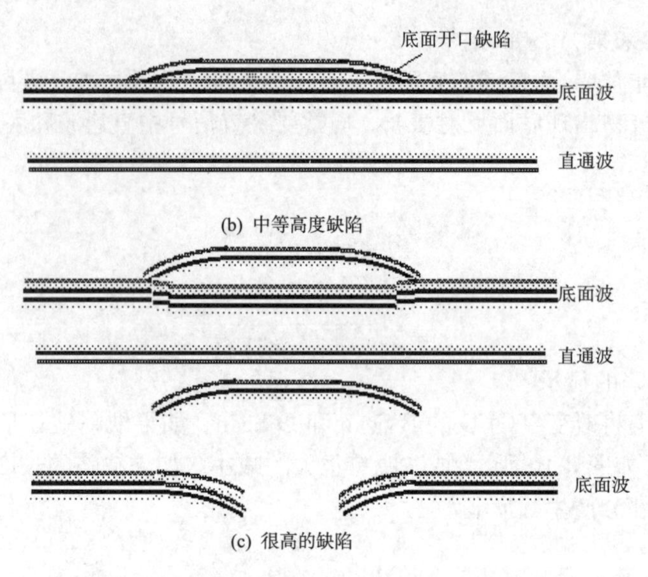

(b) 中等高度缺陷

(c) 很高的缺陷

图 3-11　非平行扫查所得的底面开口裂缝缺陷

在底面的缺陷如果深度方向尺寸较小，则底面波的信号几乎不发生变化。因为大部分的超声波束都从裂纹附近通过，如果裂缝离底面较远，该处底面波信号的波幅将减小，并产生下沉。下沉的原因是波束的末端产生较长的反射路径并被接收探头所接收。最终，如果裂纹足够高，那么该处底面反射波将断开。

在扫查过程中，易出现探头与表面接触不良的现象，从而丢失信号。如果 A-Scan 中有两种信号丢失，则需删除信号重新检测(包括直通波和底面反射波)，但是如果只是丢失一部分的信号，则可以继续进行分析检测。没有直通波只有底面反射波代表表面有开口裂缝，同样地，没有底面反射波而有直通波代表工件背面有开口缺陷。

第三节　TOFD 检测通用技术

TOFD 检测通常需要根据被测材料厚度来选择探头角度、频率、晶片尺寸和通道数。探头角度小，直通波与底面回波的时间间隔大，分辨率高，深度测量精度高；探头角度大，扫查覆盖范围大。检测薄板工件时应采用大角度探头，而检测厚板工件时应采用小角度探头。在检测更厚的工件时需要多个 TOFD 探头组，此时可能看不到表面波或底面回波，需要通过计算对壁厚进行合理分区，不同区域分别采用 TOFD 探头组扫查。因此，如何根据检测对象对 TOFD 检测的工艺参数进行正确的选择是确定 TOFD 检测工艺的重要内容。

一、探头声束扩散

1. 探头声束扩散角

在 TOFD 检测中，为了保证声束截面能够覆盖整个被检工件，需要采用具有较宽声束截面范围的探头，因此探头声束的扩散角成为一个重要的影响因素。在进行检测工艺的制定时，应该在保证灵敏度的前提下，力求使用尽可能少的扫查次数来检测待检区域。因此计算声束的覆盖范围非常重要。探头晶片发出的波束的半扩散角 γ 可根据下式计算：

$$\sin\gamma = F\lambda/D \tag{3-14}$$

式中　λ——介质中的波长；

　　D——晶片直径；

　　F——因子，根据不同的扩散声束截面范围，取不同的值(通常，计算 6 dB 声束范围扩散角时，F=0.51；计算 20 dB 声束范围扩散角时，F=1.08)。

图 3-12 为探头晶片声束扩散的示意图。声束在近场区的声压分布比较复杂，因此下面所做的计算均假定在远场区域，即 3 倍近场区以外。这是由于在近场区，处于声压极小值的较大缺陷回波可能较低，而处于声压极大值处的较小缺陷回波可能较高，容易引起漏检；远场区轴线上的声压随距离增加单调减少。当 $x>3N$ 时，声压与距离成正比，近似于球面波的规律。

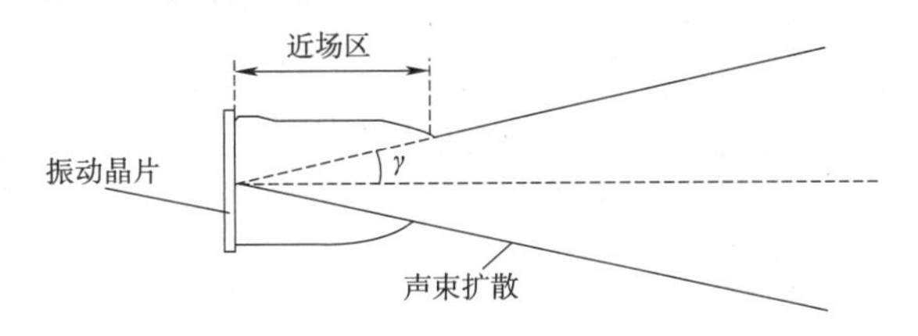

图 3-12　探头晶片声束扩散示意图

表 3-1 是声波在不同频率下，探头楔块中的波长和波束扩散角的计算列表。其中，声束在楔块材料中的传播速度为 2.4 mm/s，F 取 0.7)。

表 3-1　探头楔块中的声束传播

探头频率(MHz)	楔块中波长 λ(mm)	楔块中的半扩散角 γ		
		D=15 mm	D=10 mm	D=6 mm
3	0.8	2.14	3.21	5.35
5	0.4	1.28	1.92	3.21
10	0.24	0.64	0.96	1.6

从半扩散角的计算公式及表 3-1 可以看出，获得较大声束扩散角的方法有两个：

(1)选择较低的探头频率。

(2)选择较小的晶片尺寸。

在金属材料的 TOFD 检测中，为了得到 45°、60°、70°的纵波折射角，通常需要在探头晶片的前端附加有机玻璃或聚苯乙烯透声楔块。声束在异质界面上的折射角满足斯涅耳(SNELL)定理，折射角按以下公式计算：

$$c_1/c_2 = \sin\theta_1/\sin\theta_2 \tag{3-15}$$

如果钢中声速是 5.95 mm/s，楔块中的声速是 2.4 mm/s，则可得钢中纵波折射角等于 45°、60°、70°时，有机玻璃楔块中的声束入射角，见表 3-2。

表 3-2　不同钢中折射角对应的楔块入射角

楔块中的角度(°)	钢中的角度(°)
16.57	45
20.44	60
22.27	70

根据以上公式，则可以按以下步骤计算声束在钢中的扩散角：

(1)通过声束在钢中的折射角，计算声束在楔块中的入射角。

(2)计算声束在楔块中的扩散角。

(3)计算上扩散角和下扩散角。

(4)通过楔块中的上下扩散角，运用SNELL定理，计算声束在钢中的扩散角。

2. 探头声束覆盖范围

前文已述，TOFD检测中，要求声束的覆盖范围要大，其计算可通过SNELL定理来得到。表3-3为当钢中声束折射角中心角度为60°时的探头的声束覆盖范围。

表3-3　中心声束角度为60°的不同探头的声束扩散角

频率(MHz)	钢中折射角为60°的声束扩散		
	D=6 mm	D=10 mm	D=15 mm
3	40.2～90	47.3～84.0	51.1～72.2
5	47.3～84	51.9～70.6	54.5～66.5
10	53.2～68.5	55.8～64.8	57.1～63.1

从表3-3中可以看出，当探头频率为3 MHz、晶片直径为6 mm时，其声束的覆盖范围最大，其最大声束正好沿上表面传播，即扩散角为90°。根据SNELL定理，探头声束的扩散并不是以声束轴线中心对称的。随着探头频率和晶片直径的增大，探头声束的扩散角变小，其声束覆盖范围有效减小。图3-13为探头钢中纵波折射角为60°时，探头频率为10 MHz，晶片直径为15 mm和探头频率为3 MHz，晶片直径为6 mm的两组TOFD探头，通过将PCS(两探头入射点间的距离)设定为声束聚焦深度为2/3倍的工件壁厚时的声束覆盖示意图。

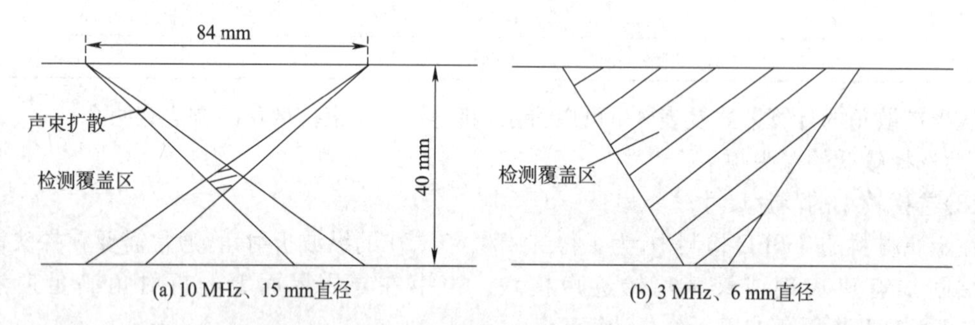

图3-13　聚焦深度2/3倍工件厚度，折射角为60°时不同探头的声束覆盖

从图3-13中可以看出，选择频率高、晶片尺寸大的探头，声束扩散较小，声束窄，有利于提高系统的分辨力和声束强度；但是，其声束的覆盖范围较小，不能对工件截面进行有效的声束覆盖，因此，在缺陷的检测过程中，应当优先考虑声束对被检工件的覆盖，而获得较大的声束覆盖这又趋向于选择低频和小直径的探头。因此，在实际的检测工作中，对探头的选择要综合考虑各种因素，在满足灵敏度要求的前提下，尽量选择声束覆盖范围大的探头。此外，对于已经发现并确定了位置的缺陷，还可以通过优化设置，针对性地选择探头，进行进一步扫查以确定缺陷的精确尺寸。

受几何尺寸及衍射振幅与折射角的关系的影响，折射角变化，衍射信号幅度也随之变化，但在45°～80°区间范围内，衍射信号幅度与折射角关系不大，因此通常钢中的有效声束角度范围为45°～80°。该角度范围定义为：在通过声束轴的垂直平面中，声束交叉所形成的一个四边形区域。45°～80°的角度范围是基于一个对称平面的垂直条状裂纹计算的修正衍射范围确定的。它没有考虑探头实际的声束特征所产生的声束与轴线间的夹角和有限大小的辐射面。同时，它也忽略了探头的入射点随着对称平面变化的影响。图3-14为一对直径为15 mm、钢中折射角为60°、两探头入射点间距PCS为100 mm的探头的声束分布函数。可以被看作一个来自衍射源的信号振幅的分布图，假设衍射系数为常数，则信号振幅最大允许范围为24 dB时，在四边形所包含范围内的一些部位幅值较低，尤其是在近表面区域。在45°～74°之间的声束范围，满足合理的计算精度。覆盖面积减少的主要原因是受探头声束宽度的限制。因此，可以选择用更小晶片直径的探头扩大有效的声束覆盖区域。同样，也可以采用更大角度的探头，使声束的上扩散角更加偏向于工件的近表面区域。例如，采用折射角为70°的探头来代替60°的探头。

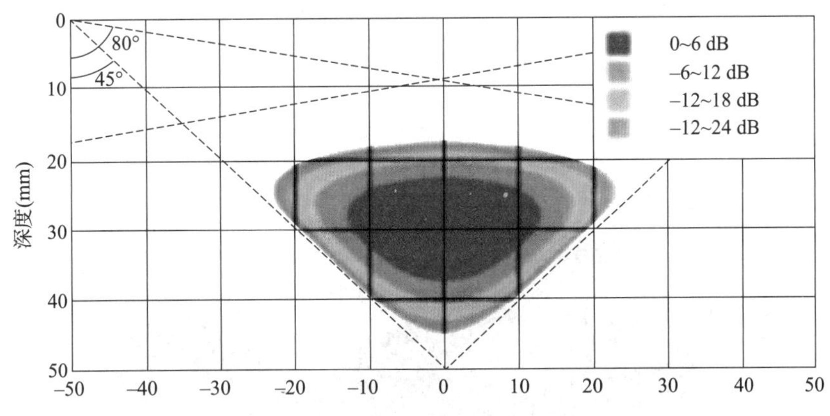

图3-14　3.5 MHz、直径15 mm、角度为60°、间距100 mm探头的声束传播

图3-15为平直裂纹缺陷边缘的衍射信号强度校正后的角度范围，该计算忽略了吸收作用的影响。由此可以推断：

(1)在声束覆盖范围的计算时，假设一个不变的衍射系数是不合理的。

(2)当缺陷倾斜45°或更大倾斜时，没有较大的信号强度损失。

(3)当68°的探头被应用时，能达到最佳的灵敏度。

3. 扫查次数的选择

从图3-13可以看出，用一次扫查很难实现对整个焊缝的全覆盖检测。一旦一对已知探头的覆盖区被确定后，覆盖设计的下一步就是确定整个检测区域怎样才能被一对或更多的探头扫查到。对于TOFD检测来说，探头组的个数取决于要检测工件的厚度和检测需要覆盖的范围。显然，用一组探头进行一次扫查，检测效率最高。但是，一次扫查有时无法对近表面区域进行有效覆盖。因此，确定几组不同距离的探头对覆盖不同深度区域非常必要。较小间距的探头用于检测近表面区域，较小的声束覆盖宽度则意味着需要沿检测区域放置更多的不同距离的探头对。有的缺陷可能非常靠近底面，但是却偏移中心线，则其缺陷回波有可能被误认为底面的反射回波，这就需要增加一个横向位移的探头对。在进行扫查布置时，既要考虑探头对的数量，还要考虑扫查的次数，所选择的布置取决于数据采集通道、扫查仪器的性能及检测周期。

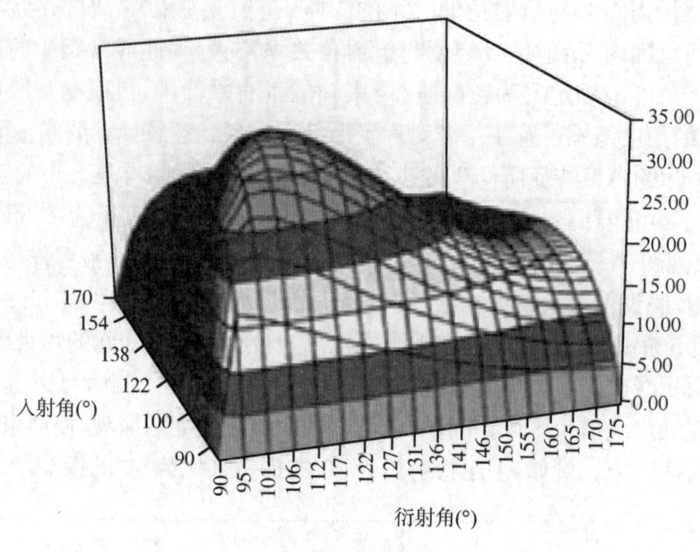

(a) 缺陷的上边缘

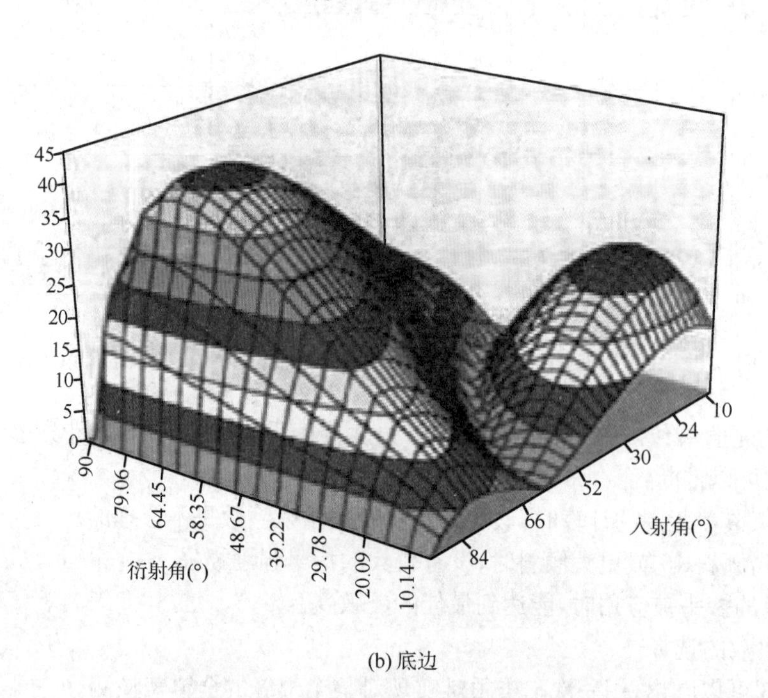

(b) 底边

图 3-15　远场条件下忽略吸收的直裂纹边的校正范围灵敏度

以检测 40 mm 厚工件、检测范围为焊缝中心左右各 40 mm 为例，假定探头频率为 5 MHz、F 值取 0.7、声束焦点设在 $2/3T$ 处，图 3-16(a)是 45°探头的声束覆盖范围，图 3-16(b)是 60°探头的声束覆盖范围。从图中对比可以看出 45°探头的声束扩散较小，没有实现对检测区域的全覆盖，检测中能够获得较好的分辨力。表 3-4 列出了中心频率为 5 MHz 的探头在不同晶片尺寸及不同折射角下的扩散角范围。

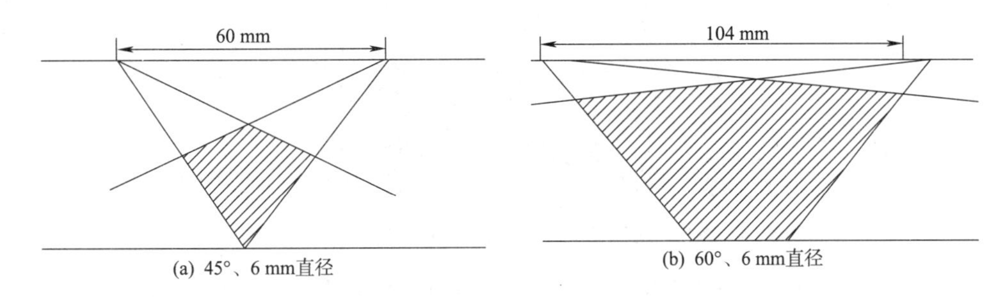

图 3-16　45°探头和 60°探头的声束覆盖范围

表 3-4　5 MHz 的探头在不同晶片尺寸及不同折射角下的扩散角范围

折射角(°)	钢中声束范围(°)		
	D=6 mm	D=10 mm	D=15 mm
45	34.0～57	38.8～51.8	40.8～49.9
60	47.3～84	51.9～70.6	54.5～66.5
70	54.0～90	59.6～90.0	62.6～82.1

折射角为 45°的探头,即使晶片直径较小为 6 mm 时,它的覆盖范围也很小,如图 3-16(a)所示。折射角为 60°、晶片尺寸为 6 mm 的探头,则可以覆盖 2/3 焊缝区域,如图 3-16(b)所示。折射角为 70°的探头一般不采用,因为它将时间压缩很多,从而造成分辨率很低。

如图 3-16 所示,60°探头扫查遗漏的区域需要一对聚焦深度在这个区域的探头来扫查,如图 3-17 所示。

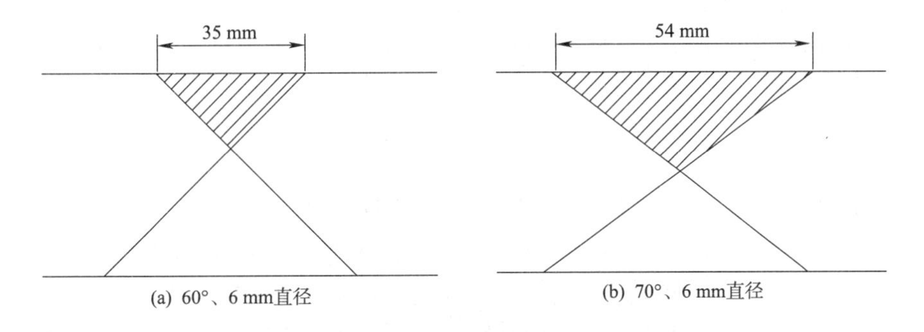

图 3-17　近表面区域的 60°、70°探头的覆盖范围

由图 3-17 看到,近表面区域用 70°探头能很好地覆盖。在实际应用中,两种探头的扩散角度基本相同。60°探头可以获得较好的分辨力,而 70°探头有更大地覆盖范围,应根据实际情况综合考虑。

最后,为了完全地覆盖焊缝中心两侧 40 mm 范围,需要每对探头进行三次扫查,即 60°探头聚焦深度在 0.66 工倍件厚度及 60°或 70°探头聚焦在 0.25 倍速倍件厚度。这就需要进行 6 次扫查或 2 对探头同时采集数据,扫查 3 次,如图 3-18 所示。

因此,只用一次扫查是不够的,应仔细设计合适的探头和扫查次数。如有可能,在与被测工件厚度相同的内部有反射体的试块上进行试验。

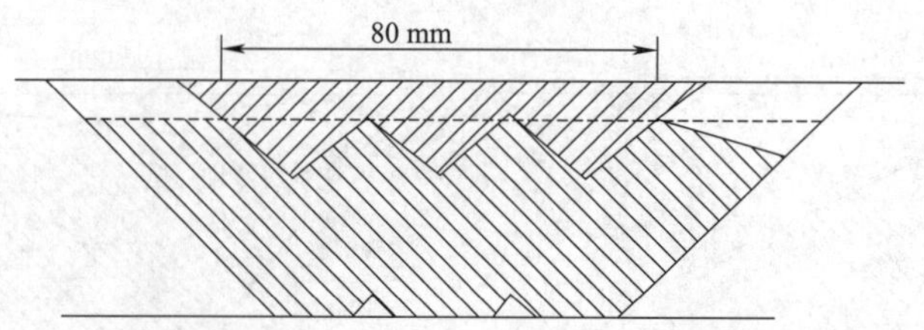

图 3-18　焊缝中心两侧 40 mm 范围，探头同时采集数据，扫查 3 次

另外，对于不同的工件结构应采用不同的扫查布置，对简单的工件结构进行扫查，如板材的对接焊缝或圆柱容器的环焊缝，制定出一个探头布置或扫查次序来实现足够的覆盖是相当简单的，但是在更复杂的几何体中，如喷嘴外壳焊缝、K 节点等，这可能是个复杂的过程。在这些几何体中，除非探头布置安装，探头位置和扫查模式精心分析，否则就会而因探头倾斜产生覆盖不足，因声束重叠或敏感区域从其期望位置位移而引起灵敏度下降的问题。在需要高角度入射角的检测过程中，通常需要用数学来模拟此几何形状以证明所有的检查部位都已覆盖。另外，也可以用带有人工缺陷的几何体校准试块来进行验证能否达到覆盖区域。

二、被检材料的检查

在实施一项检验之前，有一些提高检验质量和有助于解释超声信号的工作需要进行，如：

(1)了解焊缝的冶金参数，如焊缝结构形式、焊接方法、现场条件；了解历史数据和需要检测的裂纹的类型。

(2)检查焊缝两边的母材，确定是否有分层和撕裂。这有助于解释 D-Scan/B-Scan 中面状信号。

(3)检查焊缝两边的母材的厚度突变。这能引起多个底面波。

(4)检查材料衰减和粗糙度的影响。高频波在通过金属材料时能引起剧烈衰减，当长距离传播时衰减更为剧烈。

三、探头的选择

在 TOFD 检测中，通常选用纵波直探头来进行检测。这是由于：使用斜探头时，从晶片上发出的纵波传入斜楔后，在检测工件中产生折射纵波和折射横波；直通波和底面反射波均为纵波；由于纵波声速最大，在时间轴上的直通波和底面反射波之间只存在纵波入射时缺陷引起的衍射纵波；而横波入射到底面引起的反射纵波和纵波入射到底面引起的反射横波都在底面反射波之后，横波入射到缺陷两端引起的衍射波和变型波通常也在缺陷波之后。

1. 探头角度的选择

先考虑直通波与底面波的时间范围，因为这个区间是需重点记录的区域。两者之间的时间间隔计算在前文已述，这个时间范围是不同的，例如：时间范围$=2\sqrt{s^2+D^2}/c-2s/c$。

表 3-5　直通波与底面波的时间范围

检测参数 \ 金属中的角度(°)	45	60	70
PCS(mm)	48	83.2	132.0
直通波(μs)	8.1	13.0	22.2

续上表

检测参数＼金属中的角度(°)	45	60	70
底面波(μs)	15.7	19.4	25.9
时间范围(μs)	7.6	5.42	3.8

表 3-5 以壁厚 40 mm 工件为例，探头聚焦深度在(2/3)T，一般来说，最深角度探头时间范围最大，这在表中可以看出，45°探头可以获得最大的时间范围。时间越分散，沿时间轴的信号的分辨率越高，深度测量的精度越高。然而，正如图 3-12 看到的大角度探头能够覆盖更大的范围，从这方面看，应用大角度探头。

由此可以看出，在进行探头角度选择时，有两个因素必须考虑：60°～70°之间选择最优的衍射角度；对厚工件，为了大角度扩散需要大的 PCS，但这又引起信号的幅度衰减和扫查困难。因此，通常选择原则为：探头角度小，直通波与底面回波的时间间隔大，分辨率高，深度测量精度高；探头角度大，扫查覆盖范围大。检测薄板工件时应采用大角度探头，而检测厚板工件时应采用小角度探头。在检测更厚的工件时需要多个 TOFD 探头组，此时可能看不到表面波或底面回波，应通过计算对壁厚进行合理分区，不同区域分别采用 TOFD 探头组扫查。在检测奥氏体或高衰减的材料时，应适当降低探头频率，加大晶片尺寸。探头角度对各种参数的影响见表 3-6。

表 3-6 探头角度对检测参数的影响

检测参数＼调整探头角度	减小探头角度	增大探头角度
分辨率	提高	降低
深度误差	减小	加大
波束扩散	减小	增大
PCS	减小	增大
衍射信号波幅	增大	减小

2. 探头频率的选择

一般地，PCS 的选择是为了获得预定的覆盖范围，它决定了直通波和底面波的时间范围窗口。为了获得在直通波和底面波之间的缺陷信号，每个缺陷信号必须有几个周期的时间，这样直通波和底面回波信号在时间上充分地分离，才能够比较好地分辨缺陷信号。时间范围计算见表 3-5。以 60°探头检测 40 mm 厚的工件为例，直通波和底面反射波之间的时间差 5.4 μs。对于 1 MHz 的探头，一周期的时间是 1 μs，这意味着直通波和底面回波之间的时间间隔内只能显示 5 个信号周期，无法获得较好的分辨率。而对于 5 MHz 的探头，一周期的时间是 0.2 μs，在该时间间隔内有 27 个周期，可以获得满意的效果。

因此，在直通波和底面回波之间时间间隔内的回波信号周期数越多，对于缺陷的深度分辨率就越高。当周期数约为 30 周期时，就可以获得较好的分辨率。而在实际的检测应用中，最少也要达到 20 个周期，周期数越多，获得的分辨率越好。通过增加探头的频率可以很容易增加周期数，但衰减和散射也随之而来，激发能量也随之减小，声束扩散也减小。

表 3-7 为不同频率的探头，在 PCS 聚焦在(2/3)T 时得到的不同时间间隔。表 3-8 列出推荐的探头选择。在母材或焊缝中衰减高于正常值时，选择的探头频率可能需要降低。

表 3-7 直通波与底面波之间的周期数

板厚(mm)	直通波-底面波(μs)	1 MHz	3 MHz	5 MHz	10 MHz	20 MHz
10	1.25	1.3	3.8	6.3	12.5	25.1
25	3.13	3.1	9.4	15.7	31.3	62.7
50	6.265	6.3	18.8	31.3	62.7	125.3
100	12.53	12.5	37.6	62.7	125.3	250.7

表 3-8 不同厚度工件推荐探头频率

壁厚(mm)	中心频率(MHz)	名义探头角(°)	晶片单元尺寸(mm)
0<10	10～15	50～70	2～6
10～30	5～10	50～60	2～6
30～70	2～5	45～60	6～12

在实际应用中,6 mm 厚工件可以选用 15 MHz 频率的探头,25 mm 厚度以上工件可以选用 5 MHz 频率的探头。发射探头和接收探头的频率差别应在 20%内。

上述推荐值在衰减较大的材料和焊缝中应予以修正。特殊情况下,可以减小。探头频率对检测参数的影响见表 3-9。

表 3-9 探头频率对检测参数的影响

调整探头频率 / 检测参数	提高探头频率	降低探头频率
波长	变短	变长
分辨率	提高	降低
波束扩散角	减小	增大
晶粒噪声	增大	减小
穿透能力	降低(衰减加大)	增加(衰减小)
近场长度	增加	减小

3. 探头晶片尺寸的选择

在非平行扫查的时候,通常选用较小尺寸的探头以便获得较大的覆盖范围。但是晶片的尺寸小,发出的超声脉冲能量也就会相应变小,因此在探测厚的焊缝的时候通常选用大晶片的探头,只是在扫查薄板焊缝或者厚壁焊缝的最上一层时使用小晶片探头。但是小晶片探头的小尺寸可以与被测工件有良好的接触,因此在有弧度的工件检测时,比如管道焊缝检测,使用小晶片探头会好一些。探头晶片尺寸变化产生的影响见表 3-10。

表 3-10 探头晶片尺寸变化产生的影响

调整探头晶体尺寸 / 检测参数	减小探头晶片尺寸	增加探头晶片尺寸
输出能量	降低	增加
波束扩散角度	增加	减小
近场长度	降低	增加
与工件接触面积	减小	增加

四、PCS的选择

TOFD探头中心距的选择遵循以下3个原则:使被检区声能得以充分覆盖,即声透射最佳;保证从裂纹端部获得足够的衍射能量;保证声波在被检区有一定的分辨力。通常增大TOFD探头间距可增大声束覆盖范围,而减小间距则可改善声束分辨力。

PCS的选择采用$2T/3$原则,发射和接收探头波束中心的直线汇于工件壁厚2/3处,即

$$\mathrm{PCS}=2s=2\times 2d/3\times \tan\theta=4d/3\times \tan\theta \tag{3-16}$$

如果不能完全覆盖待检工件,需要多组探头扫查时,PCS要根据每一组探头来调整,从而达到最佳效果。在平行扫查或扫查特定区域(如焊缝根部)时,可以把PCS设置为某一数值,使焦点位于指定深度。假设深度是d mm,探头角度是θ,则

$$2s=\mathrm{PCS}=2d\tan\theta \tag{3-17}$$

第四节　检测校准和增益设置

在TOFD检测中,衍射信号来自缺陷尖端,由于衍射信号的幅值和缺陷大小没有对应关系,因此,TOFD检测不能像在常规脉冲回波法检测中,采用平底孔、横孔或开槽等标准反射体的反射信号来进行增益设置。

如果对一标准横通孔进行TOFD扫查,假设横孔的直径足够大。则在B-Scan图像中会产生两个能够区分开的信号。这两个信号中,位于上边的信号主要是声波在孔的上端点经过反射后被接收探头接收的反射信号,信号幅度很强,而位于下边的信号主要是声波沿孔的底部传播所形成的爬波。

通常情况下,衍射信号的幅值较弱,仅为底面反射波的20%。但是由于底面反射波主要是多种因素形成的反射波,因此不能用来作为可靠的参考依据。通常增益设置通过采用一端开口槽的衍射波信号或采用晶粒噪声及草状回波来进行调节。当以上两种方法都不适用时,则把底面反射波调到满屏高度,然后再增益10 dB。

一、用开槽的衍射波来设置增益

采用一系列窄槽底部的信号来设置增益,这种槽必须是上表面开口的,而不是底面开口。这是因为底部开槽信号的幅值非常类似于疲劳裂纹的衍射信号,而开槽上端点的信号主要是反射波。在与检测工件厚度相近的校准试块上的1/3厚度处和2/3厚度处开槽,试块的材质尽可能与检测工件相同或相近。或者,也可以选用能够满足扫描范围需求的带开槽的试块。设置增益时,在信噪比满足要求的情况下把最深处槽的信号波高调到满屏的60%(FSH)。此时,底面反射波信号通常都会饱和。在A-Scan中,如果PCS不是太宽,可以看到幅值很低的直通波LW信号能够超过噪声信号。

二、用晶粒噪声或草状回波来设置增益

此外,还可以采用晶粒噪声或草状回波来设置增益,在相关标准中也有描述。在这种方法

中，需要从校准试块上得到 TOFD 信号，然后调节增益，使晶粒噪声可见，并超过满屏的 5%，在直通波之前的电噪声要低于晶粒噪声。一般情况下，要扫查的焊缝中的噪声可能比试块中的噪声弱很多，这时，采用待测工件中的典型噪声来调节增益则更为合适。这种设置增益的方法将会确保缺陷信号能够检测到。如果增益设置过高，在 B-Scan 或 D-Scan 图像中的信号就会很亮，会使得数据分析比较困难。如果采用这种方法，就必须要保证所有 A-Scan 的参数都是正确的，例如，能从被测试件或试块的底面反射波中得出材料的厚度，与实际厚度的误差要在 0.25 mm 之内。

三、增益设置中衰减和粗晶噪声的影响

在 TOFD 检测中，如果能够观察到直通波和底面反射波信号，人们通常会忽略超过正常范围的衰减所造成的影响。但是，为了确保所有焊缝都得到有效扫查，就要考虑衰减和晶粒散射的影响，这一内容在后续章节会有详细说明。在采用试块开槽来设置检验增益的情况下，如果被检式样中的衰减大于或等于 2 dB，那么扫查时应增加补偿。

无论采用哪种方法，通常都应该把扫查增益设置到在 D-Scan 和 B-Scan 图像中呈现灰色背景。这种灰色背景的强度应该在焦点深度处比较强(声束中心通过这一点)。为了确保能够有效扫查被检工件的所有检验区域，扫查区域边界处的晶粒噪声或背景灰度的波幅与焦点处晶粒噪声相比不要少于 12 dB。检验区域的边界通常刚好是在直通波之下到底面反射波之上。如果噪声差大于 12 dB，那么就应该把工件在厚度上分成几个区域扫查，或者采用不同角度的探头扫查，也可以两者同时进行，从而使扫查区域的晶粒噪声保持在合理的水平。另外，选择较低的扫查频率也可能解决这个问题。如果把工件在深度上分成不同区域来扫查，则可以考虑选用大晶片直径的探头，因为这样可以减小声束扩散角，使声波能够在更小的区域内聚焦。

四、扫查设置的校准或校核

扫查设置的校准或校核应该是作为检验过程的一个组成部分。对于第一种增益设置方法而言，检验之前和检验之后在校准槽上扫查一遍，进行扫查设置的校准或校核，来保证检测数据的准确性。对于第二种增益设置方法而言，待检试样或相近厚度试块的厚度的测量值与实际值的误差则必须小于 0.25 mm。因此，通过校准或校核，可以确保检测过程中参数设置和探头使用在正确且深度范围内进行检查。校准要对以下几项进行核对：

(1)探头、导线、所有电子器件、计算机及其外围设备。

(2)在检验前减小误差，例如改正 PCS。

(3)校准确保扫查的有效性。如果发现异常，则重新进行扫查，或者在报告中做出说明。

校准也可以用来确定其他 TOFD 参数，包括对于近表面缺陷可达到的精度(例如由直通波和底面反射波形成的近表面和底面盲区)，或者底面盲区对非平行扫查中能够发现的底面开口型缺陷最小尺寸的影响。为了测量盲区尺寸，要在近表面和底面开 2 mm、4 mm、8 mm 的槽，在确定盲区的时候，要在底面距扫描中心线 0 mm、10 mm、20 mm、30 mm 处开槽，槽的深度就是要扫查到的最小裂纹的深度。

第五节　数据采集相关设置

一、数字化频率和脉冲重复频率

前文中已述，对于TOFD数据来说，峰值幅度的测量不是非常重要，因为一个信号的深度与信号到达时间有关，不取决于幅度。为了精确地测量深度，必须要保证时间的精确测量，即数据采集时需要有足够的采样点数量。通常数字化频率至少是探头频率的2倍时才能避免采集信号的失真问题。为了获得合理的重构信号，数字化频率至少应该是探头频率的5倍。深度的精确性与不同信号传输时间测量的准确性相关，采样数量越多，重构的波形越精确。要得到理想的波形，每周期需要采10个或更多个点(例如，对5 MHz探头来说，这就意味着数字化频率应该是50 MHz或者更高)。但是，数字化频率越高，表示TOFD检测中A-Scan所需的采样点的数量越大，存储空间越大，扫描速度也就越低。TOFD检测中，一般所使用的典型的探头频率有2 MHz、5 MHz、10 MHz和15 MHz，所使用的数字化频率至少是10 MHz、25 MHz、50 MHz和75 MHz。现在大多数数字超声波系统的最大数字化频率超过了60 MHz，并可以选择最大值的几个分数值。

脉冲重复频率是激发探头的频率，脉冲或者发射探头发射的频率，这些内容在前文已述。所以，无论是手动扫描还是编码器/自动扫描，都要设置prf。如果使用手动采集数据，则实际的prf应该设置的与探头移动速度相匹配，以便沿着扫描方向每隔大约1 mm采集一个A-Scan。计算机无法获得探头位置信息时，它只能以所选择的prf来采集A-Scan数据。如果扫查器附带一个编码器，或者扫查器是电机驱动，则prf并不是非常重要，因为计算机可以计算出探头位置，只在规定的A-Scan采样间隔采集数据。如果扫描速率相对较快，为了保证在到达需要采样地点和采用的触发脉冲之间没有时间损失，则prf不得不设置为尽可能高，即保证在所需扫描速率下有足够的时间采集数据。

二、数字化处理的A-Scan长度

为了细致地划分尺寸，A-Scan被数字化并做记录的时间窗应该从直通波刚刚开始处到刚刚超过纵波底面反射信号处。从检出缺陷的目的出发，建议把时间窗设置在刚刚超过第一个底面波波形转换处。一般路径中完全是纵波的信号很难观察到(例如近表面的显示)，这可能会在底面纵波信号之后得到更好的显示(假设探头中心距合适时)。这是因为它们的路径有一部分是由声速大约是纵波一半的横波组成。这对于校验这些信号是重复出现的变型波也是很有用处的。

如果没有直通波或底面反射波，就必须计算时间窗口，并在试块上校核。

三、信号的平均化处理和脉冲宽度

如前文所述，要得到缺陷尖端的衍射波，就应该有最好的信噪比，这就意味着要设置放大滤波器、脉冲宽度和信号平均化处理次数。从裂纹尖端得到的TOFD衍射信号是非常弱的，需要较高水平的放大倍数，因此由于信号中的噪声影响经常难以发现衍射信号。噪声通常是由系统获取的随机电信号造成的，因此可以通过信号平均来减少噪声。如果N个连续A-Scan相加，并将结果除以N，则真正信号的信噪比增强了N的平方根倍。

应当指出，这种形式的信号平均不会对改善晶粒散射噪声的比率起到任何作用。当晶粒散射非常强的时候，需要更复杂的信号处理技术。

第六节 TOFD 扫查类型及方式

一、平行扫查和非平行扫查

TOFD 有两种基本的扫查类型。最初的扫查通常用于探测，图 3-19 称为非平行或纵向扫查，因为扫查方向与超声波束方向成直角。扫查结果称为 D-Scan，因为扫查是沿着焊缝方向进行的。为了一次扫查能够检测更大的区域，这种扫查通常尽可能设成和波束的扩散一样宽。由于探头跨骑在焊缝上，焊缝余高不影响扫查。这是非常经济的检测，并且经常只需一个人。

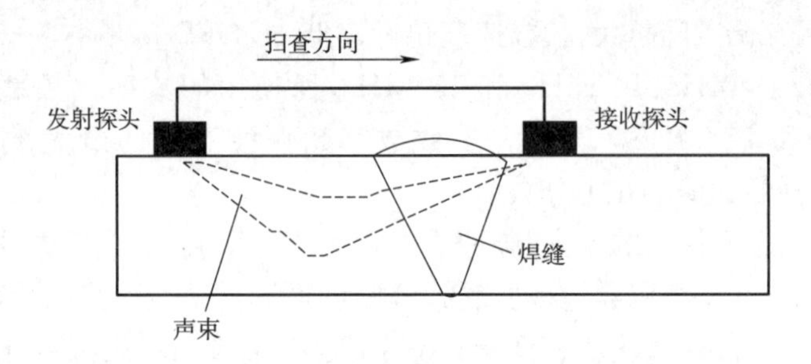

图 3-19 非平行的或纵向扫查

当扫查方向平行于超声波束方向时。这种扫查结果称为 B-Scan，由于它的产生是横越焊缝横截面。既然这样如果有焊缝余高就很难进行扫查，或者只能进行有限的移动。这种扫查在深度方向上能提供很高的精度，并且这种扫查是精确确定目标的优选方法。

平行或横向扫查如图 3-20 所示。在图中平板焊缝中按需要植入了已知高度和长度的未熔合缺陷。非平行扫查得到的衍射信号显示长度超过缺陷的长度，在缺陷端点处呈弧形特征，路径比探头接近和离开缺陷的路径长。然而，并不能从平板焊缝的 D-Scan 中得到缺陷在侧面上的位置信息。缺陷可来源于探头波束覆盖内的任意位置。非平行扫查与平行扫查的不同如图 3-21 所示。

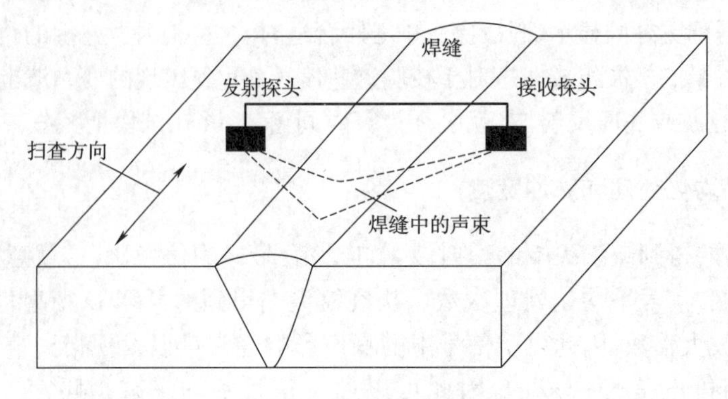

图 3-20 平行或横向扫查

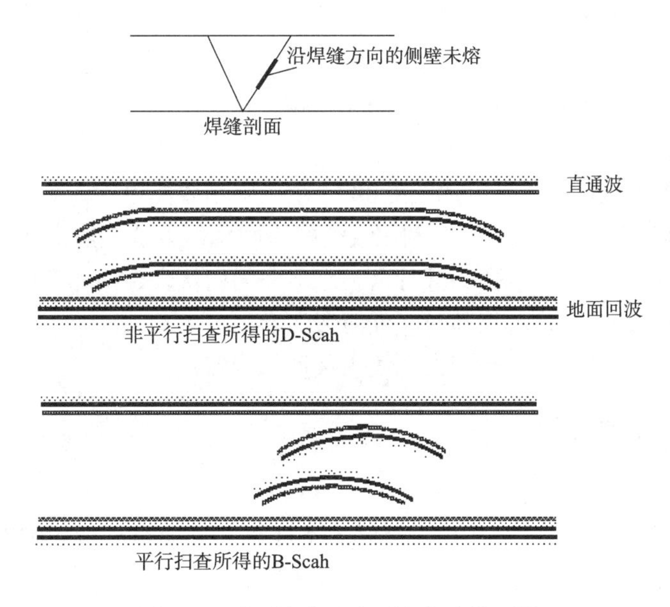

图 3-21　非平行扫查与平行扫查的不同

在图 3-22 中，以两个探头为焦点形成的椭圆轨迹上的任意位置，信号都有特定时间。这意味着如果反射体在探头的下面不对称，则深度计算将不会十分准确。使用平行扫查，倘若得到一个完整的扫查，探头横在缺陷上，一些点状反射体对称的位于探头下面，因而能提供更精确的深度。该通过这种扫查能显示特征弧形。同样地，当反射体对称的位于两个探头下面时，探头接近反射体信号，出现增大，轨迹长度变短，直到延伸到最小，最高峰位置符合最小时间。

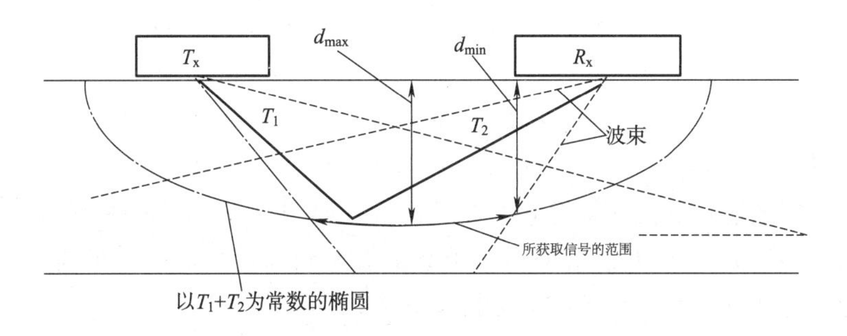

图 3-22　非平行扫查侧面位置的不确定性

这个最高峰位置同样提供焊缝横截面内反射体的位置，裂纹顶部和底部信号的相对位置，裂纹方向迹象。如果使用编码器进行扫查，并且知道探头距焊缝中心线的位置，就可通过缺陷定位信息来描述缺陷特征。采用较小的 PCS 和较小晶片的探头(更窄的波束)可以获得更佳的检测结果。

在很多场合，因为需要迅速地完成检测，或者受到资金的限制，仅能执行非平行扫查进行检测。可是为了得到合理的缺陷类型推测和最佳的尺寸精度，平行扫查将实现非平行扫查中所有信号的重要性。如果缺陷长，平行扫查将检测沿着缺陷长度的不同的点。

一般来讲，TOFD 扫查过程中时需要保证满足以下的基本要求：

(1)与工件表面耦合要良好。

(2)使用有足够刚性的扫查架保证探头间距不变。

(3)扫查线要直。

(4)为了在不平的表面得到良好的接触，每一个探头都要能单独调整。

扫查器支撑两个 TOFD 探头，通常利用改变探头间距的方法使声束在某一深度范围内聚焦;并且如前所说，通常每个纵波探头都可以利用不同的楔块来轻松地实现角度变化。探头晶片与楔块柔性耦合的缺点是耦合剂随时间可能会变干。

TOFD 探头组可以用手移动扫查或者使用自动扫查器。

二、手动扫查和机械扫查

1. 手动扫查

手动扫查非常实用，并且在某些难于接近的条件下它可能是进行检测的唯一方法。手动扫查过程通常比机械扫查安装过程快。手动扫查也存在一些缺点，因为数据采样时间间隔不恒定，而合成孔径聚焦技术 SAFD 过程是基于数据采集时间间隔相同来工作的，所以它不能用于手动扫查;并且在手动 B-Scan 中用抛物线指针测量缺陷长度和位置也是不够精确的。但是，如果小心移动探头以保证匀速扫查，一般来说在长度尺寸和位置上的误差不超过±5 mm。

因为手动扫查中，数据采集系统仅仅通过脉冲重复频率来激发发射探头，而与探头的位置无关。因此确保 A-Scan 数据可以通过一个固定的时间间隔来采集，例如，每隔 1 mm 采集一次。在前文已述，设置发射探头的脉冲重复频率要与扫查速度相一致，这一点非常重要。

此外，还有一些简单的步骤可以保证扫描速度。一般来说，TOFD 检测需要两个运算器，一个用于探头的移动，另一个用于数据采集设备。这些设备通过一些自身通信系统相连，可以相隔 50 m 以上工作。开始一个扫描前，需要在被检工件上进行校准，校准在一定间隔上进行(例如 100 mm 或 200 mm)。在数据采集过程中数据采集器使用一个辅助工具来计算沿扫描方向的位置(例如扫描距离为 0.25 mm、0.5 mm 和 0.75 mm 或者距离 100 mm、200 mm 等)。这些信息提供给扫描运算器使其知道它所在的位置。换句话说，如果使用适当的软件，扫描运算器可以算出沿扫描方向通过的距离(如 100 mm、200 mm 等)，数据采集器能在数据采集文件中添加标记。这些标记在以后的数据分析中可以识别。

在手动扫查中，经常辅助使用一个单一编码器。在 TOFD 中所常用的为轮式编码器，滚轮在转动中同时驱动一个编码器，并将生成的数据传输到数字化超声数据采集系统。

2. 机械扫差

在许多情况下自动扫查是很重要的。机械扫查装置可以用 TOFD 数字化数据采集系统来控制或者由其自身发动机控制系统来控制。在这两种方法中编码器反馈的信息都被超声数据采集系统获得，使得 TOFD 中 A-Scan 能按一定的采样间隔采集。

对平行扫查来说，扫查的起点相对焊缝中心线的位置应该要精确的知道，以便标绘出缺陷在焊缝横断面上的精确位置。

三、非常规扫查方法

通常 TOFD 检验使用纵波波束聚焦在工件 2/3 处。然而，当使用特殊方法有效时，这种情况会有所改变。

1. 二次波扫查

当扫查面无法满足检测条件时(如焊缝有较大余高)，则可通过反射波或者下图的底面反射波来实现该部位的检测。近表面裂纹此时不会被隐藏在直通波中，并且高于表面产生的波，此时二次反射中表面产生的波作为底面波。这种方法要求底面必须光滑平整，并且探头间距要足够大，以确保回波在底波变型波之前到达。由于产生的底波是两倍的工件厚度，所以在测尺寸时要注意这一点。二次波扫查探头布置如图 3-23 所示。

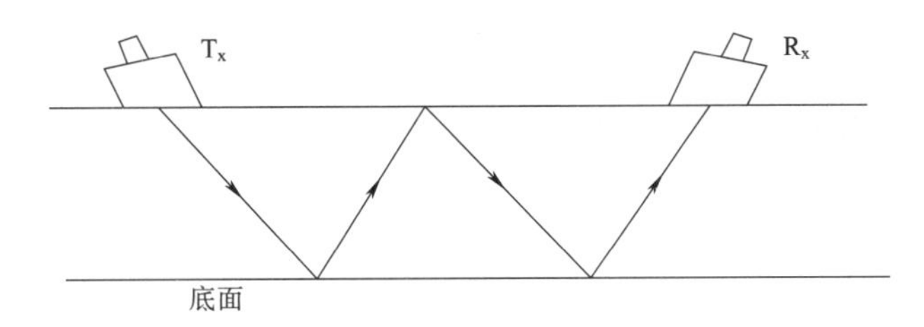

图 3-23　二次波扫查探头布置

2. 使用变型波扫查

TOFD 探头的横波角度大约是纵波角度的一半，并且纵波在反射时也会产生横波。因此被检测工件的特殊位置可能在纵波后产生一系列回波。这些特征回波对一些浅的缺陷的分析非常有用，因为这些缺陷的纵波信号隐藏在直通波中，而横波波束通过路径时波速较慢使得信号出现时间稍晚且分辨率也较好。如果其中一个探头放置在靠近缺陷的位置或者探头间距不够大时，使用变型波是一种非常好的方法。

3. 偏心扫查

通常在 TOFD 非平行扫查检验中，都是假定缺陷靠近探头连线中心线的。然而，直通波与浅缺陷回波的时间差随缺陷离其中一探头距离的减小而增大。因此，对于较浅的缺陷可以通过偏心扫查提高这些回波的分辨率。不过深度测量会由于偏心扫查而变得不准。

第七节　TOFD 的主要应用

TOFD 的应用如下：

(1)缺陷的精确定量，TOFD 是最精确的技术之一，特别是内部的缺陷。

(2)显示和定量。由于 TOFD 在波束的覆盖内能发现所有的裂纹，与方向性无关，有很高的检出率。事实上检测数据以 B-Scan 或 D-Scan 形式进行采集，改善检测出现在几何信号中的裂纹信号，如特征不匹配，焊缝缺陷如过度焊透或过度咬边。使用 TOFD 大多数焊缝能很快通过检测并证明没有重要缺陷。

(3)监控扩展。TOFD 是精确的、可用的测量缺陷扩展的方法之一。

TOFD 的标准发展比较缓慢。可是，随着发展已经提出检测标准(如英国和欧洲的)。

第八节　TOFD 优势与局限性

TOFD 是一项很强大的技术，不但能精确确定缺陷深度，而且适于常规检查。可是缺乏适当的标准，在一些检测中仍被限制使用。各种工程评价证明该技术具有高检出率和低误报率。另外简单的扫查使它可以在很多不同的结构中得到应用，包括复杂的几何结构。

对 NDT 而言，重要的是焊缝缺陷判定为可接受/返修的依据是什么，因此工业规范和标准是很重要的。最初任何新技术出现问题的接受往往基于实践(例如 X 射线)。因此，TOFD 标准和 TOFD 的独特性协调发展很重要，例如影像缺陷边缘位置。

TOFD 像其他技术一样具有局限性。通常该技术不适于粗晶材料且直通波的存在妨碍表面扫查的检测可靠性。

1. 优势

TOFD 与常规脉冲回波有两个重要不同。

(1)缺陷衍射信号的角度几乎是独立的。

(2)深度尺寸定位和相应的误差不依靠信号振幅。

因此 TOFD 的主要优势有：

(1)TOFD 定量的尺寸精度是 1 mm 或－1 mm，裂纹扩展检测能力可达＋0.3 mm 或－0.3 mm。

(2)任何方向的缺陷都能有效的发现。

(3)穿过金属横截面类型视图的检测数据的持久数字记录。

2. 局限性

TOFD 不像脉冲回波检测，缺陷的尺寸测量不依靠衍射信号的振幅，单一的振幅阈值不能用来选择重要缺陷。TOFD 容易检出气孔性缺陷，条形夹渣，夹杂物等。

TOFD 的主要局限性：

(1)挑选可报告的缺陷没有单一的振幅阈值。

(2)所有 TOFD 的检测数据的真实分析都是为了挑选可报告的缺陷。

(3)不能适应近表面缺陷的检测，因为可能隐藏在直通波下，检测近表面时测量精度也会下降。

3. 其他方面

尽管通过使用各种软件运算(例如：SAFT)能改善精度，但在估计裂纹长度上，TOFD 并不比单独的脉冲回波技术精确。因而相当多的操作者在 TOFD 数据分析上感到棘手，因此经验和训练是非常重要的。

在超声检测领域 TOFD 只是被建议为另一种检测工具，有时比脉冲回波技术更适合于检验，但有时不是。很多时候结合两种技术是最佳的方案，因为额外的信息常常对缺陷定性是至关重要的。

由于不基于缺陷的方向，TOFD 检出率很高，TOFD 扫查能检出波束覆盖内的所有缺陷。最初相当担心这些方面，但必须记住大多数缺陷能被检出，并且焊缝中很多较小的(体积形)显示通常不重要。当知道设备要定期检测时，尤其是当裂纹扩展监控检测很重要时，推荐操作者使用“基线法”或“指纹法”检测。在设备寿命期内宜尽早地实施检测，这能对在运行中扩展了的裂纹更好地进行识别和监控。

第九节　TOFD 扫查的参数设置步骤

设置 TOFD 参数步骤如下:

1. 选择探头

正确地选择探头是非常重要的,因为合格的超声波信号是成功检验的重要因素。探头频率和直径将在下面讨论。总的来说,必须有足够的功率和信噪可使得比从评价区(更大的尺寸和更低的频率)来获取信号,这需要和声束扩散综合考虑。试件中的衰减作用也需要考虑,并与需要的时间分辨率一起综合分析。

2. 检查待检材料

如果在检验前能获得更多的焊缝信息和运行条件(如需要检验出可能存在的缺陷类型及其位置),会设计出更好的检验方案。另外母材应该检验层间和厚度。最后要了解衰减是否很大或是否为粗晶结构。

3. 选择探头频率和探头类型

选择探头的准则是使探头的频率最接近于一个标准,这个标准是直通波和底波信号时间差至少达到 20 个周期。这种探头可使脉冲产生的直通波与底面反射波在 10%以上的波幅不超过两个周期。在一个 TOFD 组中的两个探头的中心频率差在 20%以内。另外衰减和粗晶结构也要考虑。

4. 设置探头间距(PCS)

使用(2/3)T 惯例或适当的选择来确定所有使用的探头的中心距,并确定 PCS 与焊缝的余高宽度(不能小于余高宽度)扫查面轮廓相一致。

5. 选择探头直径尺寸

计算或者使用适当的软件绘出波束的扩展和合成的检验覆盖区域。对于非平行扫查一般需要选用最小尺寸的探头以便获得最大的覆盖区域。大尺寸的探头可以提供更高的能量但是波束扩散小。对于平行扫查,如果重要部位的大概深度已知,就不用严格限制波束扩展。

6. 选择 TOFD 探头组数和必要的扫查次数

依照"步骤 3"的结果和相关规程必须确定使用几组探头和几次扫查以保证覆盖深度范围及重要部位。还需记住一点,如果需要使用一组以上 TOFD 探头,每一组探头可以按照各自检验的区域进行优化确定,如探头的频率、尺寸和中心距。

7. 选择 A-Scan 采集参数

(1)数字化频率的选择,要依据校正的精度来确定以获得足够的波幅分辨率(探头标称频率的 5 倍),至少为探头频率的 2 倍。

(2)选择滤波设置以获得最好的信噪比。最小带宽为 0.5～2 倍的探头标称频率。

(3)选择激发脉冲宽度设置,以获得最短的信号、最大的深度分辨率。

(4)设置信号平均值至最低要求以获得一个合理的信噪比。

(5)设置时间窗口以覆盖部分 A-Scan 以便数字化(例如从直通波之前到底面反射波之后的信号,包括变型波)。

(6)最后设定脉冲重复频率,要与数据采集速度相匹配。

8. 设置增益

在可能的情况下使用上表面开槽的校准试块或通过设置使噪音保持在屏幕 5%的高度来决定检验增益。对于第一种方法要增益至刻槽下端信号达到满屏 60%。另外衰减和粗晶结构也要考虑。

当可能存在的缺陷已经被检验出，应该进行进一步的扫查以准确确定缺陷。因为缺陷的位置已大致知道，则需要对参数重新优化以获得最准确的结果（如更高的频率、更大的尺寸和更小的探头间距）。

第四章　超声相控阵检测技术

超声相控阵是近年发展起来的一门新的工业无损检测技术，通过对各阵元的有序激励，可得到灵活的偏转及聚焦声束，联合线性扫查、扇形扫查、动态聚焦等独特的工作方式，使其比传统超声检测具有更快的检测速度与更高的灵敏度，成为目前无损检测领域的研究热点之一。本章着重介绍了超声相控阵检测技术的基本原理、算法、系统功能等一些重要概念。

第一节　基 本 原 理

超声波是由电压激励压电晶片或其他探头在弹性介质(试件)中产生的机械振动。可用的超声频率范围大致为 0.1～50 MHz。工业无损检测运用超声波在材料中的传输、反射、衍射、散射等特性检测材料中的缺陷和质量，工业检测一般使用 0.5～15 MHz 的超声频率。

相控阵超声的概念来自相控阵雷达技术。在相控阵雷达中，多个天线单元(子单元)按设定的位置排列分布，通过控制每个子天线的发射和接收电磁波的延时，能在比较大的空间范围内组成扫描搜索的雷达波，取代原来缓慢旋转的雷达天线。

在医学领域，B 型超声诊断仪最先应用了相控阵的技术，从 20 世纪 80 年代开始就应用于临床，并且技术上快速发展，从二维成像、多普勒彩色成像到三维成像、四维成像，等等。

由于各种原因，用于工业无损检测的超声相控阵技术发展相对滞后一些，但从 2000 年以后，超声相控阵检测技术的研究和应用已经成为热点，迅速发展起来。

在核工业、航空和航天等行业，已经采用超声相控阵技术检测缺陷；对传统超声波检测效果不太理想的奥氏体不锈钢焊缝、混凝土和复合材料，也进行了相控阵超声检测尝试，在相控阵系统的设计、生产和测试方面取得了一系列的进展，如新型换能器材料、相控阵换能器、动态聚焦系统等，很多公司都推出了商品化的相控阵超声检测系统。

一、基本特征

相控阵超声是对阵列超声探头的相位控制技术。将多个小尺寸的压电晶片按规律排列，形成阵列探头。电脑控制各个晶片的发射和接收相位延时，各个晶片的超声波信号频率相同，以一定的相位差相干叠加，形成各种指向和聚焦特性的声束波阵面。相控阵超声基本原理如图 4-1 所示。

常规超声检测多用单晶探头，单晶探头的超声场“理想”以单一角度沿声束轴线传播，形成沿“射线”传输的声线，用于缺陷定位和扫查覆盖指示。然而，每个单晶探头的声场同时具有固定的声束形状，比如声束扩散是有限范围的附加角度，可能有利于检测有方向性的裂纹缺陷，但是不能分辨主声束和扩散角或者固定的聚焦特性。

超声相控阵技术的基本特征是计算机对各个晶片的相位延时实现电子控制；使探头产生和接收可控位置、方向、聚焦等参数的超声波束。通过电子控制声束的位置和方向，就能实现

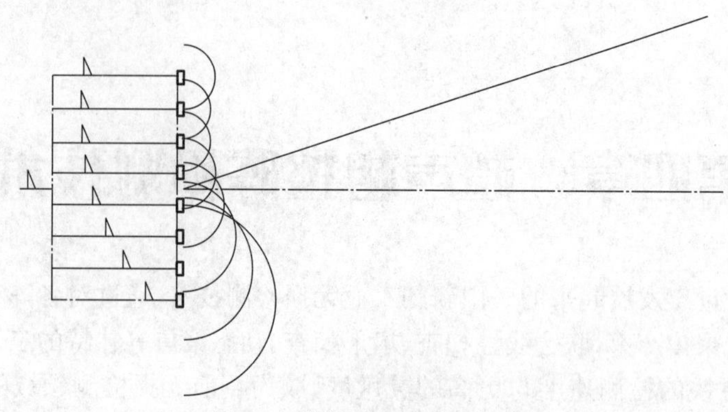

图 4-1　相控阵超声基本原理

多声束检测和电子扫查，提高了探头的扫查覆盖能力和扫查声耦合的稳定性，降低了空间位置对机械扫查的局限；多个方向的声束检测能提高超声波对不同方位裂纹的检测能力；相控阵聚焦声束能提高缺陷检测的灵敏度和定位精度。

单晶探头检测覆盖和相控阵探头检测覆盖如图 4-2 所示。

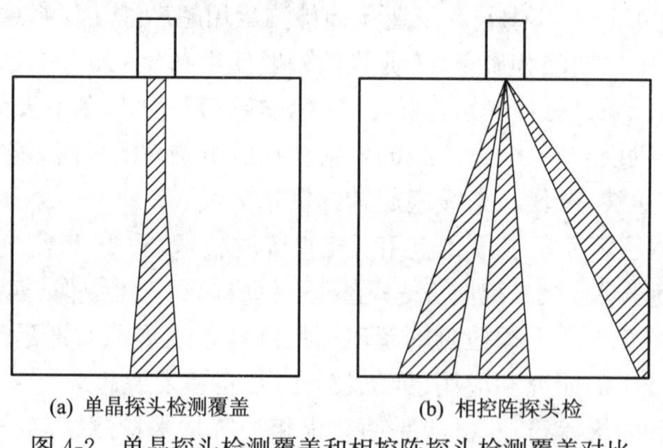

(a) 单晶探头检测覆盖　　(b) 相控阵探头检

图 4-2　单晶探头检测覆盖和相控阵探头检测覆盖对比

控制阵列探头各晶片的开关，使开启的晶片组合的中心位置改变，从而改变产生和接收的超声波轴线位置，实现声束位置的控制。声束位置控制如图 4-3 所示。

沿阵列的排列方向各晶片的位置线性控制其发射和接收的相位延时，使各晶片波前叠加后如同平面探头转动了一个方向后产生的波前，实现声束的角度控制。声束角度控制如图 4-4 所示。

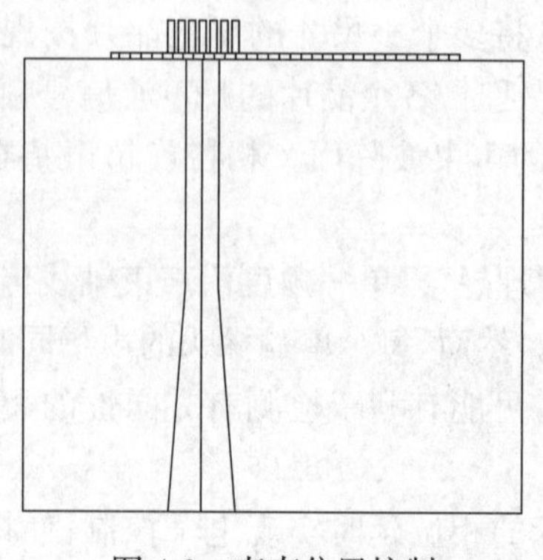

图 4-3　声束位置控制

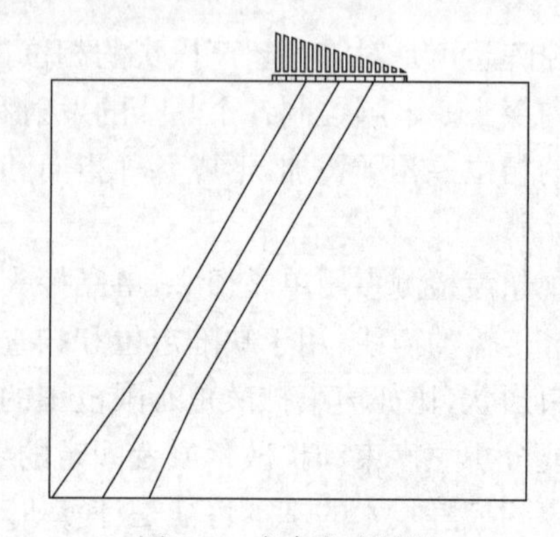

图 4-4　声束角度控制

沿阵列的排列方向各晶片的位置到声轴线上某焦点的距离线性控制其发射和接收的相位延时，使各晶片波前同时到达焦点，如同聚焦探头产生的波前，实现声束的聚焦控制。声束聚焦控制如图 4-5 所示。

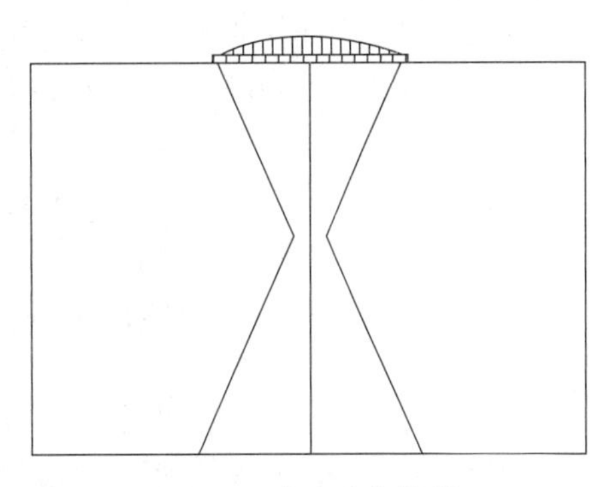

图 4-5　声束聚焦控制

二、相位控制

超声检测过程包括发射超声波和接收超声回波，相控阵超声在发射和接收过程中分别实现相位控制。

发射声束的控制包括各晶片发射的开关、电压和相位延时。各晶片的发射开关控制决定了参与发射晶片的序号和数量，也就决定了发射声束的中心位置和晶片组合的面积大小；通过可控的延时线控制各晶片激发脉冲的微小延时实现相位延时，相位延时是指延时量很小很精确，在检波后的脉冲包络中显示不出来，只有在射频信号中才能显示出相位的不同。每次发射的延时量控制了一个指向和聚焦特性，因此对不同深度的聚焦需要多次发射。

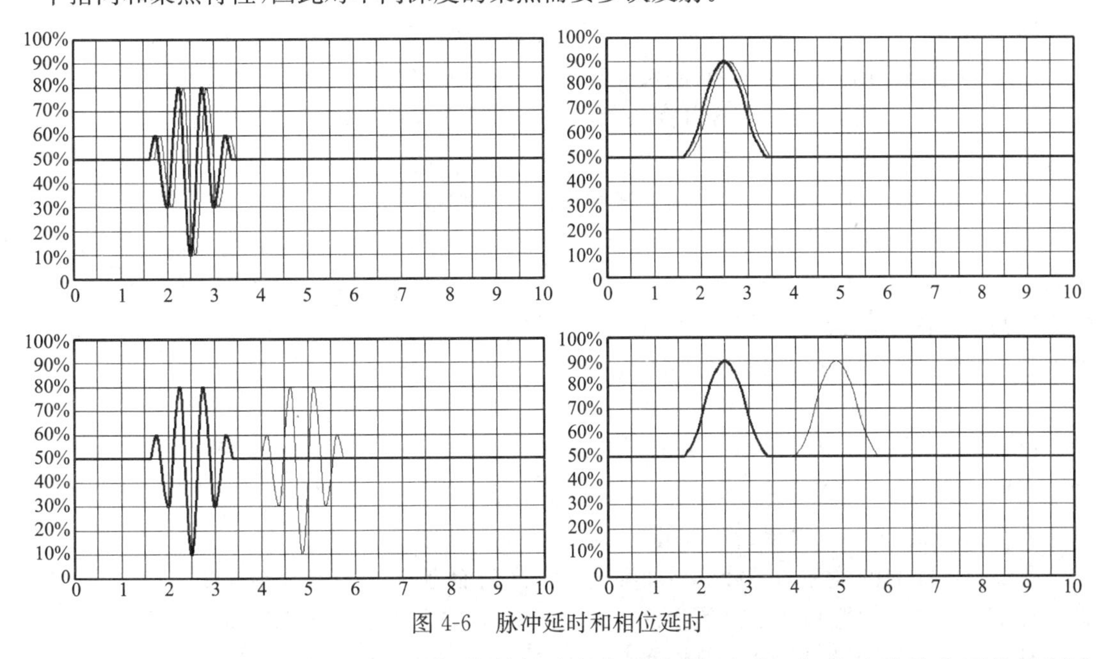

图 4-6　脉冲延时和相位延时

接收控制包括各晶片接收的开关、信号幅度加权和相位延时。各晶片的接收开关控制决定了参与接收晶片的序号和数量，也就决定了接收声束的中心位置和晶片组合的面积大小；各晶片接收射频信号通过放大后实现高速数字化，射频数字波形信号通过可控的延时线实现相位延时，然后叠加为一个射频信号，进行滤波、检波处理。每次发射脉冲的接收延时量和加权幅度能随着深度实时变化控制，实现深度动态聚焦（DDF）。

第二节　合 成 声 束

多个晶片的发射和接收叠加起来，形成了一个总体的检测声场，称为合成声束。相控阵超声技术采用合成声束的技术实现超声回波检测。

经相位延时的多个晶片发射的超声波相干叠加，形成总体发射声波，称为发射合成声束，在一次重复周期中共同作用，形成实际声波叠加的合成发射。各个晶片在各个重复周期多次分别发射，用接收信号对各个发射声波的响应信号进行模拟叠加时，是虚拟信号叠加的合成发射。全时动态聚焦技术是虚拟的合成发射。

多个晶片接收的信号延时相干叠加，形成检测接收声场，称为接收合成声束，如图 4-7 所示。

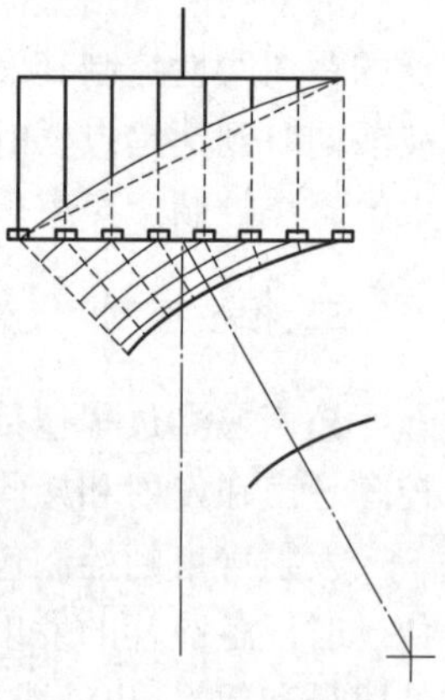

图 4-7　接收合成声束

形成合成声束的所有晶片的集合，称为合成孔径。合成孔径是探头晶片阵列的全部或一部分，描述为中心位置、晶片间距、晶片数量及总体尺寸。

具有相位控制能力的阵列排列方向称为主动方向，没有相位控制能力的阵列排列方向称为非主动方向。相控线阵的阵元排列方向是主动方向；阵列宽度方向是非主动方向。径向环阵的主动方向是极坐标径向，极坐标周向是非主动方向。

在主动方向，相控阵合成孔径的尺寸一般大于常规检测单晶探头或相当，当合成孔径增大，使检测深度范围落在近场区内，能发挥相控阵合成声束的聚焦特性，否则只能偏转角度，不能实现聚焦。在非主动方向，相控阵探头的尺寸和常规单晶探头的尺寸是相当的，取决于检测深度范围和探头近场点距离的关系。

相控阵合成孔径的声束在主动面内能够偏转角度和聚焦。

相控阵动态聚焦声束如图 4-8 所示，在小于近场距离 N 的近场区内，声束能够聚焦，近场距离和焦距的比称为聚焦因子。当近场距离比焦距大于 3 倍时，聚焦效果明显，称为强聚焦；当近场距离比焦距小于 3 倍时，称为弱聚焦。在大于 3 倍近场距离的远场区，即使设置焦点，孔径内晶片的聚焦延时小于超声频率的半周期，完全没有聚焦效果，单晶片探头一样。在中场区设置焦点，聚焦效果很弱或没有。

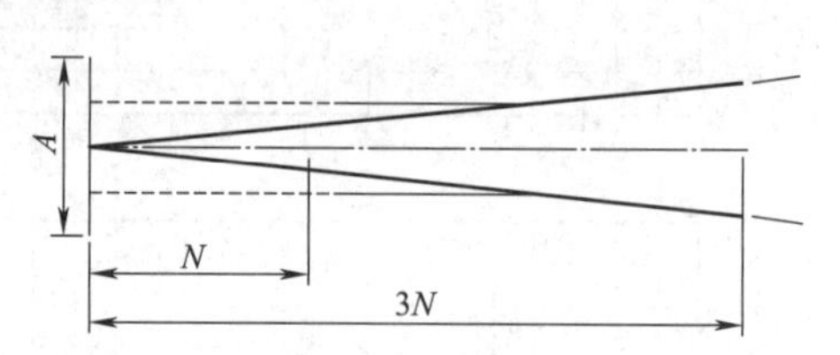

图 4-8　相控阵动态聚焦声束示意图
N—近场区距离；θ—孔径扩散角；
A—有效合成孔径

所谓聚焦能力的强和弱是针对平面孔径的扩散角而言的，在任何深度距离上，理想的聚焦宽度等于平面孔径扩散角和距离的乘积，所以在远场距离聚焦时声场宽度和平面孔径的声场宽度是基本一致的，而在近场区，聚焦宽度远小于平面孔径的声场宽度。

在近场区单点聚焦的声束在焦点处收缩到焦点宽度(孔径扩散角乘以焦距)，在其他距离将发散。动态聚焦的声束能在各个距离实现聚焦。

声束主动面内的声束截面和有效合成孔径有关。角度越大，有效合成孔径越小，近场聚焦效果越差，远场声束扩散越大。

不用楔块直接检测时，可采用零度或小角度纵波声束检测，纵波偏转角可大于 45°，角度越大，灵敏度越低，大角度纵波检测时，将产生横波干扰信号。偏转角度大于 35°时，可以采用横波声束检测。对比固体材料直接接触检测的条件，使用楔块能减小近场盲区。

固体材料斜楔块检测时，可采用零度或小角度纵波声束检测，纵波偏转角一般小于 45°，在某个角度时，有效合成孔径达到最大，指向性最好，大角度纵波检测时，将产生横波干扰信号。

当需要偏转角度大于 35°时，可以采用横波声束检测。同样在某个角度时，有效合成孔径达到最大，指向性最好，并且只有单纯的横波声束，用斜楔块也能减小近场盲区。

固体材料平行楔块检测时，可采用零度或小角度纵波声束检测，纵波偏转角可大于 45°，角度越大，灵敏度越低，大角度纵波检测时，将产生横波干扰信号。偏转角度大于 35°时，可以采用横波声束检测。对比固体材料直接接触检测的条件，使用楔块能减小近场盲区。

线阵横向楔块安装时，在主动面内相当于平行楔块，楔块的斜角方向声束在非主动面方向折射。

相控阵合成声束主要声场特性如下：(1)近场距离；(2)焦距；(3)场深；(4)束宽；(5)声束轮廓；(6)横向分辨率；(7)轴向分辨率；(8)近表面分辨率；(9)远表面分辨率；(10)信噪比。

1. 近场距离

有效合成孔径决定了合成声束的近场距离：

$$N=\frac{Ab}{\pi\lambda} \tag{4-1}$$

式中　λ——换能器波长；

b——晶片长度；

A——激发孔径，即用于激发波束的阵元总长。

2. 焦距和场深

在近场区内，合成声束能够聚焦，孔径中心到焦点的距离就是焦距 F，沿着声束轴线，在焦点处灵敏度最高，在焦点前后灵敏度下降 6 dB 的两个深度之间的范围是场深或焦柱长度，如图 4-9 所示。

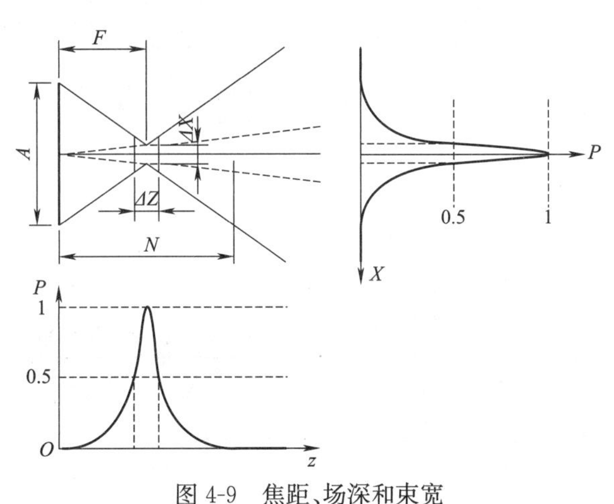

图 4-9　焦距、场深和束宽

3. 束宽、声束轮廓和横向分辨率

在指定的深度距离上，声束轴线上灵敏度最高，垂直于轴线在主动平面方向双向移动声线，灵敏度下降 6 dB 的两个位移之间的距离称为主动方向的束宽。同样在非主动方向也有定义的束宽。线阵合成声束主动方向的束宽为

$$\Delta X_{-6\ \mathrm{dB}}=0.9S\frac{\lambda}{A\cos\beta} \tag{4-2}$$

线阵合成声束非主动方向的束宽为

$$\Delta Y_{-6\ \mathrm{dB}}=0.9S\frac{\lambda}{b} \tag{4-3}$$

式中　S——声程距离。

－6 dB声束的宽度，可以称为横向分辨率，或者说在该横向距离上，分辨力达到6 dB。在测试横向分辨率时，声束和目标的相对移动步进要小于声束宽度的1/4：

$$\Delta d=\frac{\Delta X_{-6\ \mathrm{dB}}}{4} \tag{4-4}$$

沿Z轴不同深度的位置测试－6 dB声束宽度，就得到声束的轮廓。

4. 信噪比

信噪比测量如图4-10所示，式(4-5)定义信噪比SNR：

$$\mathrm{SNR}=20\lg\left(\frac{H_{\mathrm{p}}}{H_{\mathrm{n}}}\right) \tag{4-5}$$

式中　H_{p}——缺陷波高；

　　　H_{n}——噪声波高。

5. 轴向分辨率

轴向分辨率如图4-11所示，定义为

$$\Delta Z=\frac{c\cdot\Delta\tau_{-20\ \mathrm{dB}}}{2} \tag{4-6}$$

式中　$\Delta\tau_{-20\ \mathrm{dB}}$——峰值下降20 dB的脉冲宽度；

　　　c——试件声速。

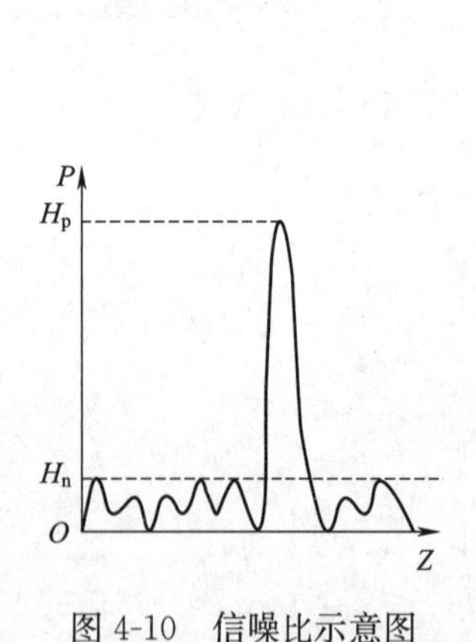

图4-10　信噪比示意图

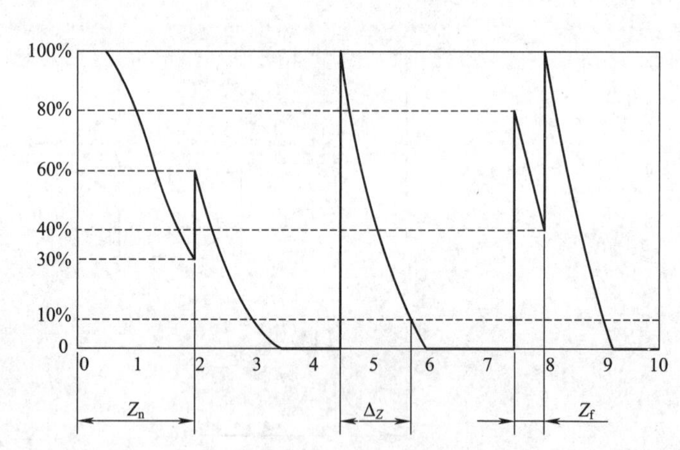

图4-11　轴向分辨率

6. 近表面分辨率 Z_{n}

回波信号能和发射波或界面波有－6 dB以上分辨力的平底孔或横孔等反射体离表面的最近距离，又叫死区，增益越高死区越大。

7. 远表面分辨率 Z_{f}

回波信号能和底波有－6 dB以上分辨力的平底孔或横孔等反射体离底面的最近距离。

第三节　延 时 法 则

延时法则(Delay Law)是指形成某个合成声束时,阵列所有晶片的发射的开关、幅度、相位延时和接收的开关、加权、相位延时等控制因素的集合。延时法则针对某个特征的声束或某个聚焦点运用声波传输原理计算获得。

根据费马原理(Fermat's principle),即空间两点间波动的传播遵循时程最短原则。在声速一致的均匀介质内将沿直线传输;在声速不一致的界面上将符合折射定理。

例如相控阵探头与试件直接接触程控产生聚焦纵波,各个晶片按直线传输到达焦点的延时量对晶片的位置呈圆弧线。相对探头中心的延时,各个晶片要有一个负延时(提前)的补偿,才能使声波同时到达焦点,实现聚焦。所以自探头边缘向中心移动,延时值由小而大。当焦距增长,则延时值减小 1.8,焦距无穷大时,延时值为零。

纵波聚焦延时如图 4-12 所示,各个晶片的聚焦延时:

$$\Delta T_{\mathrm{n}}=\frac{(\sqrt{X_{\mathrm{n}}{}^{2}+F^{2}}-F)}{c} \tag{4-7}$$

式中　X_{n}——各个晶片距探头中心的距离;

F——焦距;

c——试件声速。

相控阵探头与试件直接接触程控产生纵波声束角度偏转时,各个晶片按直线传输到达无穷远的延时量相对孔径中心的延时量的差是线性分布的。通过线性延时的补偿,能产生偏转角度的平面波前。延时值随声束折射角 α 增大而增大。

纵波角度偏转延时如图 4-13 所示,各个晶片的角度偏转延时:

$$\Delta T_{\mathrm{n}}=\frac{X_{\mathrm{n}}\sin\alpha}{c} \tag{4-8}$$

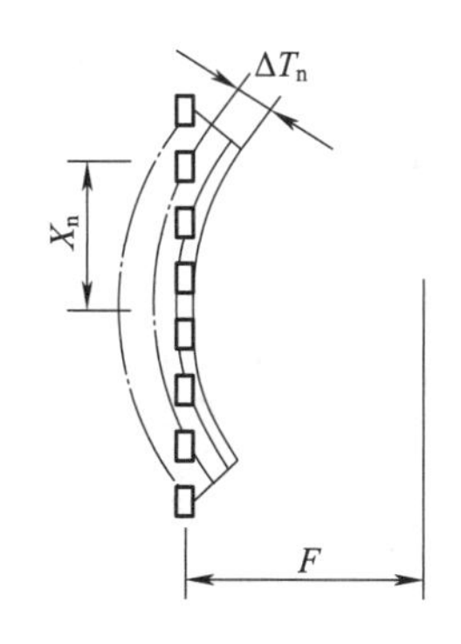

图 4-12　纵波聚焦延时示意

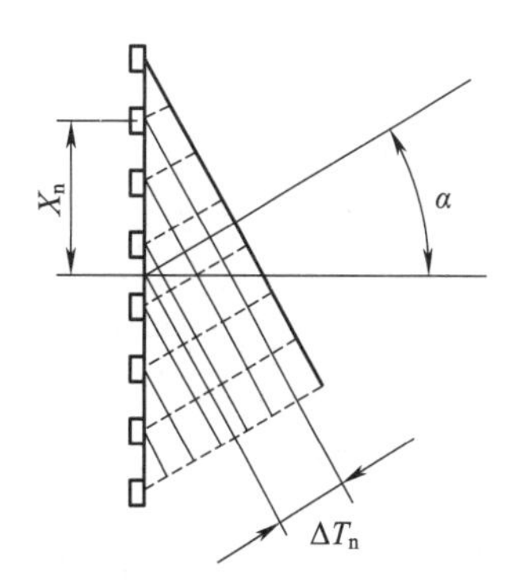

图 4-13　纵波角度偏转延时示意

对装有斜楔的相控阵探头,可以根据所需折射角按折射定理变换为入射角,再根据入射角的偏转获取延时值。

楔块斜角横波延时法则如图 4-14 所示，带楔块角度偏转延时值：

$$\Delta T_n = \frac{X_n \sin\left[\arcsin\left(\frac{c_1}{c_2}\sin\beta\right) - \gamma\right]}{c_1} \tag{4-9}$$

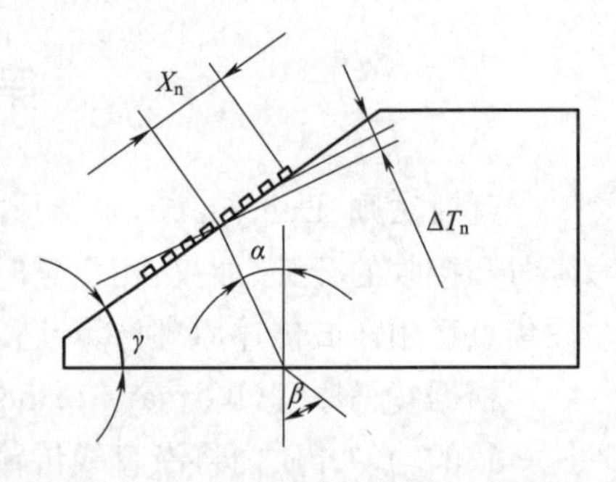

图 4-14　楔块斜角横波延时法则

X_n—各个晶片距探头中心的距离；γ—楔块角度；c_1—楔块声速；c_2—试件声速；α—入射角；β—折射角。

通常情况下定义的声束同时要偏转角度和聚焦，近似的方法是将偏转延时值和聚焦延时值相加，如同时考虑偏转和聚焦进行延时计算结果将略有不同，后者更精确。

在所有的情况下，阵列中每个晶片上的延时值均需精确控制。最小延时增量ΔT_{min}决定了最高可用探头频率，由下式界定，即

$$\Delta T_{min} < \frac{1}{Mf_c} \tag{4-10}$$

式中　M——常数，建议大于 10；

f_c——探头中心频率。

第四节　相控阵系统的基本组成和功能特性

相控阵系统包含相控阵探头、多路信号切换电路、发射延时控制分配器、多个独立控制的超声发射单元和超声信号接收放大单元，接收信号合成器，以及计算机、图像显示器等相控阵系统如图 4-15 所示。

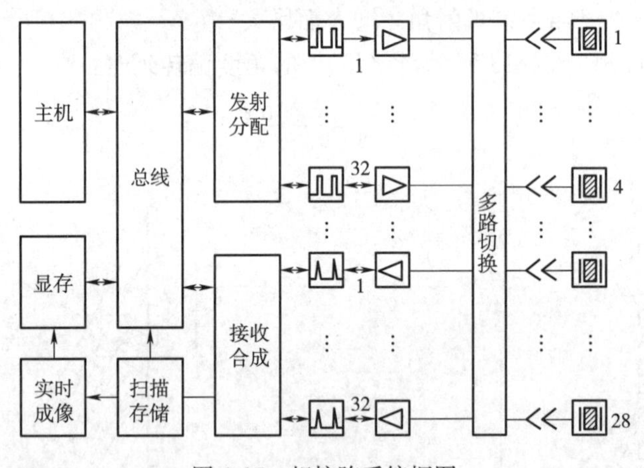

图 4-15　相控阵系统框图

相控阵探头的晶片数是探头内具有的独立线路的晶片数量，体现了探头的可用性能。

多路信号切换电路将探头晶片切换连接到各个超声发射和接收单元，可切换晶片数体现对探头晶片的最大使用量。

发射延时分配实现发射脉冲的相位延时控制，延时的精度和延时的范围表现为合成声束的控制能力和精度。延时精度一般认为越精越好，高的可达到 1～2 ns，实际上只要小于信号周期的 5%左右，即频率 10 MHz 的超声检测，达到 5 ns 的延时精度。

超声发射、接收的单元数量成为最大合成孔径晶片数，体现合成声束控制性能。每个超声发射、接收单元是超声检测的基本单元，发射电压、脉冲前沿、输出阻抗、接收频带、增益线性等性能要求是和常规单通道的超声检测电路的性能要求一样的。

接收信号合成器实现各路接收信号的延时和叠加，同样延时的精度和延时的范围影响合成声束的控制能力和精度。

嵌入式计算机和图像显示电路实时采集高速切换的合成回波 A-Scan 信号，进行图像处理，实现每秒 50 帧以上的实时图像显示。

第五节　相控阵超声探头

本节主要介绍超声相控阵探头的结构、阵列形式、阵列参数及性能。

一、相控阵探头

相控阵探头通常采用压电效应的材料制造。由于相控阵探头的单个晶片比单晶探头更小，材料压电效应的灵敏度要求会更高。小尺寸的晶片切割工艺难度较大，晶片切割为细小晶片后整体的结构强度也带来问题，因此采用电极分离，整体晶片的方式制造探头，这就要求压电材料的横向振动传递系数极低。

复合压电材料由压电陶瓷 PZT5 的细丝和改性环氧树脂复合而成，能达到较高的机电转换效率，横向振动模量很低，并且材料的品质因数很低，能制造高频宽带窄脉冲探头，是目前超声相控阵探头的主要材料选择。常用压电材料性能参数见表 4-1；PZT 与聚合树脂不同组合式 $d33$ 与 g_{33} 值见表 4-2。

表 4-1　常用压电材料性能参数

参数及单位	石英 SiO_2	钛酸钡 $BaTiO_3$	铌酸铅 $PbNb_2O_6$	锆钛酸铅-4 PZT-4	锆钛酸铅-5A PZT-5A	聚氟乙烯 PVF_2
d_{33}(p^2C/N)	2.3	190	85	289	400	20
g_{33}(10^{-3}Vm/N)	57	12.6	42.5	26.1	26.5	190
$d_{33}\cdot g_{33}$[10^{-15}(N/m)]	133	2 394	3 612	7 542	10 600	3 800
Kt	0.095	0.38	0.32	0.51	0.49	0.1
Z[10^5 g /(cm^2 · s)]	15.2	25.9	20	30	29	4
Q	2 500		24	500	80	3-10

注：d_{33}为压电应变常数；g_{33}为压电电压常数；K_t为机电效率；Z 为声阻抗；Q 为品质因数。

表 4-2　PZT 与聚合树脂不同组合式 $d_{33}\cdot g_{33}$ 值

1-3 型 PZT 与树脂矩阵组合	$d_{33}\cdot g_{33}$(10^{-15} N/m)
PZT+硅胶	190 400
PZT+Spurs 环氧	46 950
PZT 棒+聚氨酯	73 100
PZT 棒+REN 环氧	23 500

相控阵探头工艺和常规超声检测探头一样，相控阵探头除了压电材料，还要匹配前衬实现超声的最大穿透并达到耐磨的效果，匹配后衬衰减晶片的振铃并支撑探头的强度，外壳保护探头。晶片电阻抗匹配后连接多芯电缆。

二、探头类型

所有相控阵技术都是建立在阵列探头的基础之上的，各种规则尺寸排列的阵列类型决定了相控阵技术的功能、性能和应用特点。

相控阵探头可分平面探头、曲面探头和柔性表面探头，平面探头所有晶片的超声辐射面在一个平面上，适用于带楔块或耦合面为平面、相对曲率较小光滑面检测。曲面探头一般为管、棒、球面或转角工件表面检测，各个尺寸，形状具有较强的适用针对性。柔性表面探头的适用范围较大，耦合更好，但对表面形状的变化要求传感技术。

平面探头的控制维度分为一维阵列和二维阵列；根据排列坐标系分为直角坐标和极坐标系，形成一维线阵、一维环阵、二维矩阵和二维环阵四种基本类型，其中二维矩阵通过两个维度的疏密度调整还能产生很多变化。相控阵探头阵列类型见表 4-3。

表 4-3　相控阵探头阵列类型

类　　型	偏　　角	声 束 形 状
1-D 环阵	深度	球面波
1-D 线阵	深度，角度	椭圆
2-D 矩阵	深度，立体角度	椭圆/球面
2-D 分段环阵	深度，立体角度	球面/椭圆
1. 5-D 矩阵	深度，小立体角度	椭圆
1-D 周向阵	深度，角度	椭圆

1. 1-D 环阵

一维换阵如图 4-16 所示，阵列有多个同心圆环晶片按直径大小序列排列。通常各个晶片圆环的面积一样，直径随着序号增大而增大，宽度随着序号增大而减小。等面积晶片阵列的参数有：中心频率 f、中心晶片尺寸 D、晶片数量 n。

环形阵列整体相当于同样尺寸的圆形探头，声束轴线对称，激发圆对称截面的球面波，声轴线位置和角度不可变，可控制聚焦深度和圆对称声束形状，能够二维对称的点聚焦和细束聚焦。

典型用于二维机械扫查复合材料深度范围的精密聚焦检测。

2. 1-D 线阵

一维矩阵如图 4-17 所示，多个长条晶片沿一直线平行排列形成的阵列。通常各个晶片的尺寸和相邻间距是相同的。晶片位置沿序号递增。阵列的参数有：中心频率 f、晶片宽度 a、晶片长度 b、晶片间距 p、晶片数量 n、相邻晶片的间隙 g。

线阵探头整体相当于激活孔径同样尺寸的矩形探头，但是在晶片的排列方向能够一维控制声束位移、偏转角度、聚焦和声束形状。

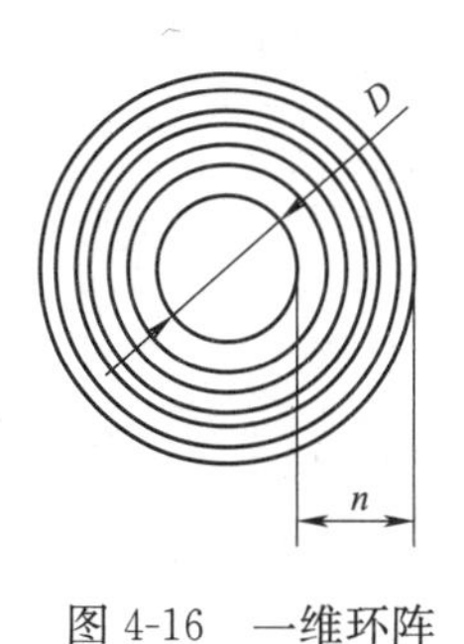

图 4-16　一维环阵

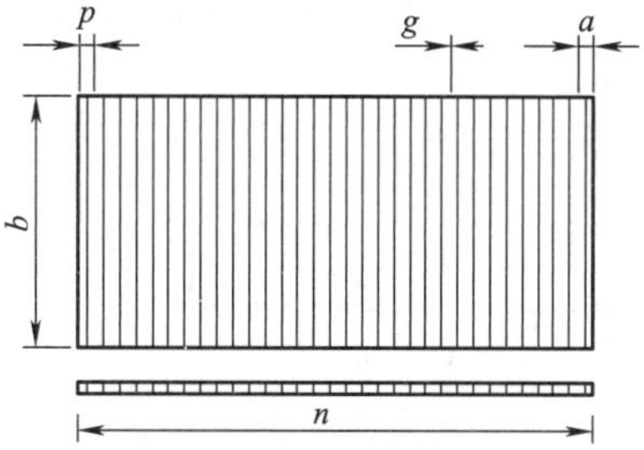

图 4-17　一维线阵

3. 2-D 矩阵

二维矩阵如图 4-18 所示，各个矩形晶片沿探头平面的两个正交方向排列。通常各个晶片的尺寸和排列参数在这两个方向是一样的，晶片位置沿两个方向随行号和/或列号递增而递增。阵列的参数有：中心频率 f、晶片长度 a、晶片宽度 b、相邻列间距 p、相邻行间距 q、晶片列数 n、晶片行数 m。

矩形阵列整体相当于同样尺寸的矩形探头，能在两个正交的排列方向二维控制偏转角度、聚焦和声束形状。

3. 2-D 分段环阵

二维分段环阵如图 4-19 所示，晶片由内向外分为多个同心环，每个环又周向分为多个段。形成二维的分段环阵。

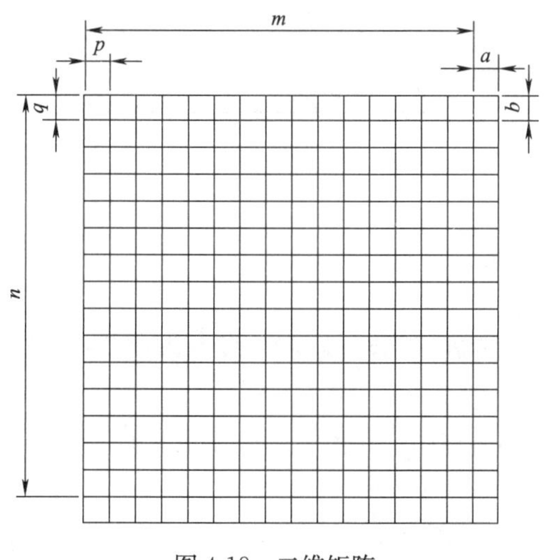

图 4-18　二维矩阵

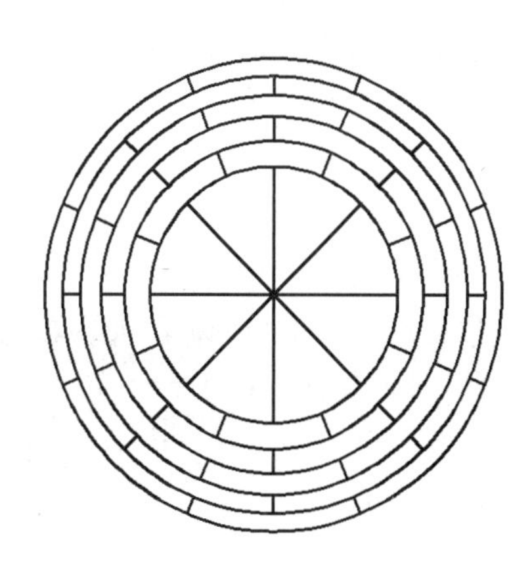

图 4-19　二维分段环阵

分段环阵整体相当于同样尺寸的圆形探头，声束轴线对称，能在极坐标系内轴对称二维控制偏转角度、聚焦和声束形状。

4. 1.5-D 矩阵

一维半矩阵如图 4-20 所示，类似二维矩阵，沿第二正交方向的排列行数减少，并且是非等间距和宽度尺寸的，中间晶片大，两边晶片减小。

一维半矩阵整体相当于同样尺寸的矩形探头，在均匀排列方向有较强控制偏转角度、聚焦和声束形状的能力；在非均匀排列方向能控制聚焦和声束形状，而偏转角度能力有限。

5. 1-D 周向阵列

1-D 周向阵列如图 4-21 所示，晶片周向排列一个环形。

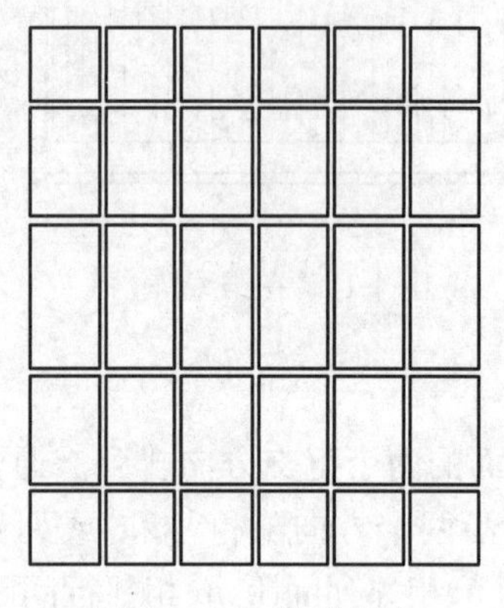

图 4-20　一维半矩阵

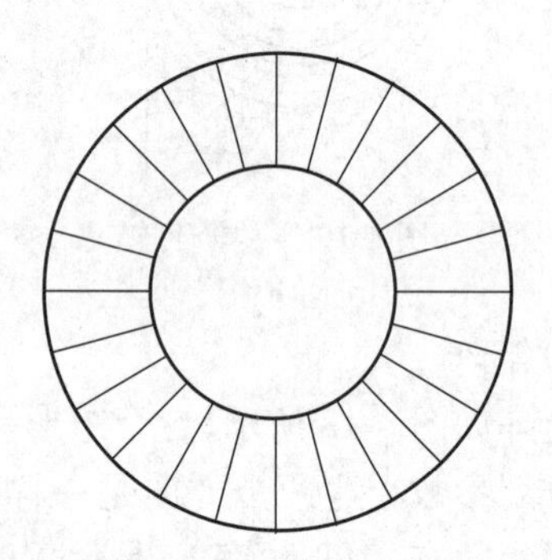

图 4-21　一维周向阵列

(1)线阵探头

同一平面上多个晶片沿一条直线方向(控制方向)排列形成平面线阵探头。在探头平面上，晶片的排列方向(X 轴方向)为主动方向，垂直于主动方向为非主动方向(Y 轴方向)，主动方向和晶片中心的法线(Z 轴)构成相控阵线阵探头主动平面。非主动方向和(Z 轴)构成相控阵线阵探头非主动平面。线阵的主动面和非主动面如图 4-22 所示。

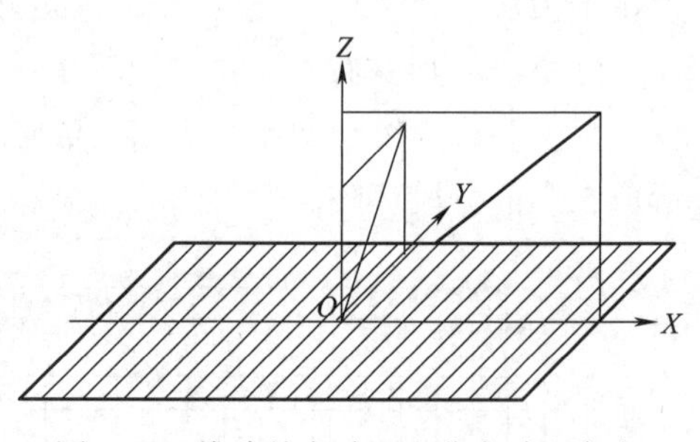

图 4-22　线阵的主动面和非主动面方向

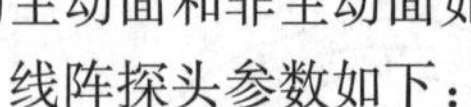

线阵探头参数如下：

①探头频率(f)

相控阵探头的中心频率取决于晶片材料的声速和厚度。

②探头带宽(BW)

多数相控阵探头采用低品质因数的复合材料和高阻尼背衬做成宽带探头，相对带宽 50% 以上，回波脉冲振荡周期小于 3 个。

通常线阵晶片的形状是矩形的，矩形晶片的远场指向性在两个方向是独立的 sinc 函数。

主动面方向：

$$f_{\mathrm{a}}(\theta)=\sin c\left(\frac{\pi a\sin\theta}{\lambda}\right) \tag{4-11}$$

非主动面方向：

$$f_{\mathrm{b}}(\varphi)=\sin c\left(\frac{\pi b\sin\varphi}{\lambda}\right) \tag{4-12}$$

③晶片宽度(a)

线阵探头单元晶片在排列方向的宽度尺寸，决定了晶片在主动平面内的指向性。

图 4-23 中粗线是波长为 1 mm、晶片宽度为 0.5 mm 时，主动面的声束指向性。

从图 4-23 中可以看到，晶片宽度小于波长时，声束响应幅度随角度增加单调下降，但达不

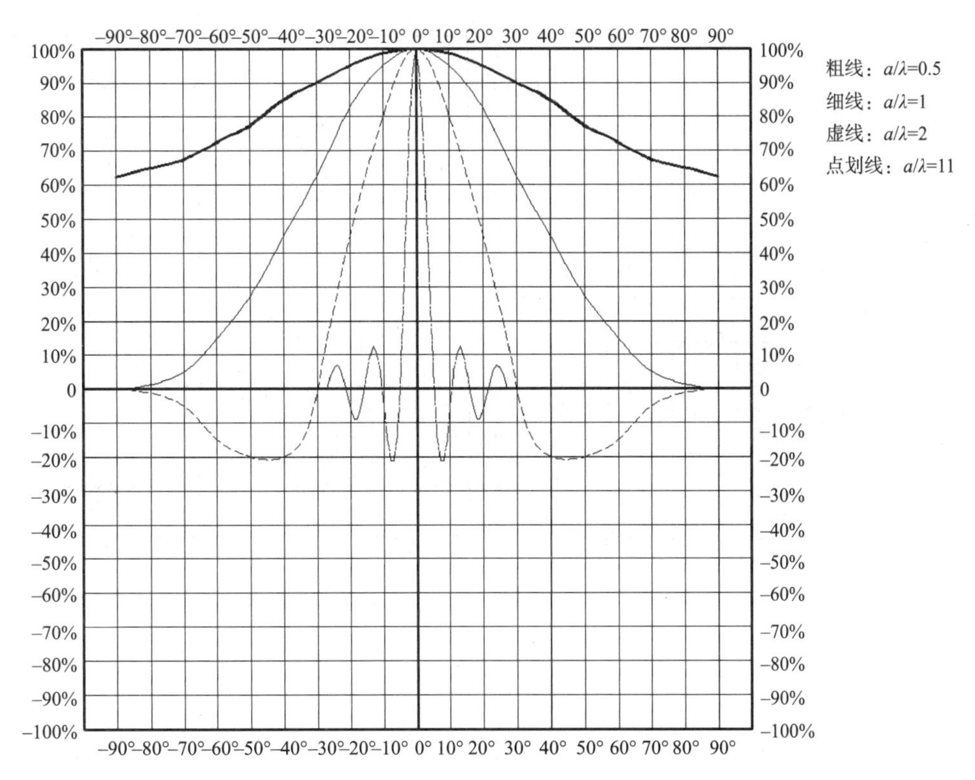

图 4-23　晶片宽度对主动面指向性的影响示意图

到零，当晶片宽度小于半波长时，在 90°范围内指向性非常平坦，在主动平面内没有指向性，即近似于柱状辐射；当晶片宽度大于波长时，声束响应幅度随角度从零开始增加，快速下降到零，然后正负交替起伏。从零度到第一个零响应的角度范围称为指向性响应的主瓣，边上的起伏称为副瓣或旁瓣。晶片宽度小于波长时没有旁瓣。线阵单元晶片宽度比较小，声波辐射在主动面内的指向性的主瓣较宽，主瓣下降到零的半扩散角为

$$\theta_0=\arcsin\left(\frac{\lambda}{a}\right) \tag{4-13}$$

主瓣－6 dB 响应的半扩散角为

$$\theta_{-6\ \mathrm{dB}}=\arcsin\left(\frac{0.6\lambda}{a}\right) \tag{4-14}$$

单晶元的指向性设计原则如下：

a. 应使需用指向角度范围内的指向性落差应在(－3 dB)范围内。

b. 需用指向角度范围根据具体方法不同而不同。

c. 直接纵波检测时，纵波角度能量范围是 0～90°，从横向分辨率角度 θ 考虑，有效孔径 $A_e=A\cos\theta$，其中，A 为激发孔径长度。角度 θ 增大，孔径 A_e 变小，横向分辨率变差，角度为 60°时，孔径为零度时的一半。

纵波直入射延时楔块时，楔块纵波折射往复透射率如图 4-25 所示。

当入射角度达到 22.5°，折射角度达到 57°时，往复透射率 r 比零度下降了 6 dB。考虑有效孔径 $A_e=A\dfrac{\cos\beta}{\cos\alpha}$。

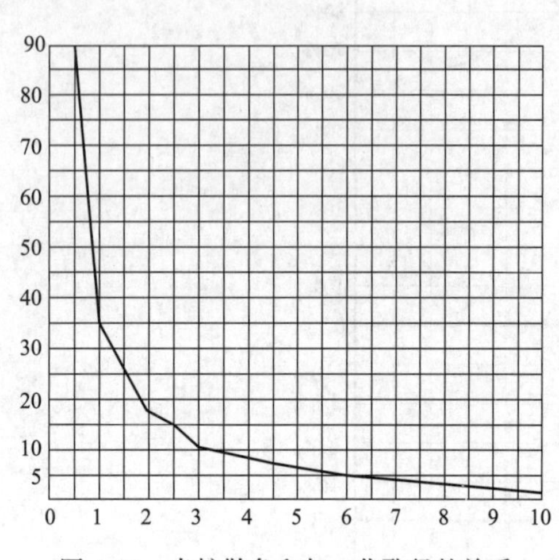

图 4-24　半扩散角和归一化孔径的关系

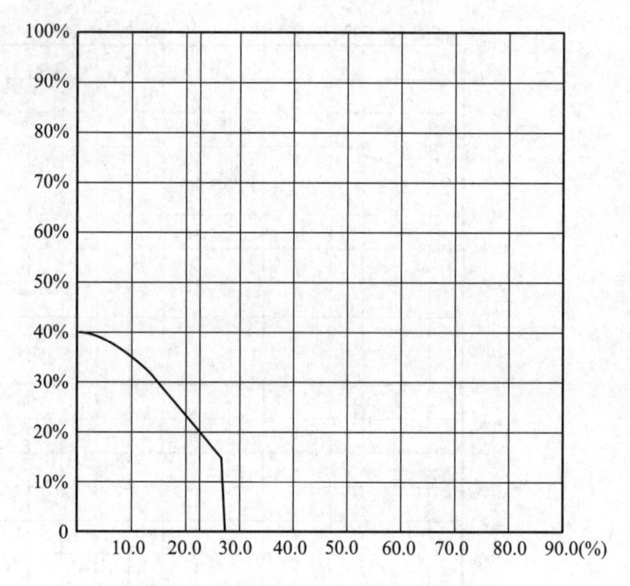

图 4-25　楔块纵波折射往复透射率

$$\frac{\cos\beta}{\cos\alpha}=\frac{\sqrt{1-\sin^2\beta}}{\sqrt{1-\sin^2\alpha}}=\frac{\sqrt{1-\left(\frac{c_2}{c_1}\right)^2\sin^2\alpha}}{\sqrt{1-\sin^2\alpha}}=\frac{\sqrt{1-\sin^2\beta}}{\sqrt{1-\left(\frac{c_1}{c_2}\right)^2\sin^2\beta}}=\frac{1}{2}=r \tag{4-15}$$

$$1-r^2=\left(\left(\frac{c_2}{c_1}\right)^2-r^2\right)\sin^2\alpha \tag{4-16}$$

$$\alpha=\sin^{-1}\left(\sqrt{\frac{1-r^2}{\left(\frac{c_2}{c_1}\right)^2-r^2}}\right) \tag{4-17}$$

$$1-r^2=\left[1-\left(\frac{c_2}{c_1}\right)^2r^2\right]\sin^2\beta \tag{4-18}$$

$$\beta=\sin^{-1}\left(\sqrt{\frac{1-r^2}{1-\left(\frac{c_2}{c_1}\right)^2r^2}}\right) \tag{4-19}$$

式中　r——往复透射率；

α——入射角；

β——折射角；

c_1——楔块声速；

c_2——试件声速。

④晶片间距(p)

晶片间距是指阵列中相邻晶片的中心间距，最密时近似于晶片宽度，但总大于晶片宽度。多个晶片梳状排列构成的孔径函数是单晶片的矩形窗函数和重复排列的梳状函数的卷积。使指向性产生出现的周期性重复，称为栅瓣，晶片间距越小，产生栅瓣的角度间距越大，通常设计晶片间距使栅瓣出现在检测角度范围之外。

梳状函数的指向性也是梳状函数：

$$f_s = \text{com}\ b\left(\frac{p\sin\theta}{\lambda}\right) \tag{4-20}$$

栅瓣位置：

$$\theta_m = \arcsin\left(\frac{m\lambda}{p}\right) \tag{4-21}$$

式中　m——栅瓣的阶数，其取值范围[0，M]。

当 $p<\lambda$ 时，只有零阶栅瓣，没有重复栅瓣出现；当 $p>\lambda$ 时，将出现 $2M$ 个栅瓣，这里，M 是 p/λ 的整数倍。

远场指向性函数是梳状指向性函数和单元晶片指向性函数的乘积：

$$f = f_a \cdot f_s = \sin c\left(\frac{\pi a\sin\theta}{\lambda}\right)\text{com}\ b\left(\frac{p\sin\theta}{\lambda}\right) \tag{4-22}$$

结果见图 4-26，从式 4-22 可以看到晶片间距越小，栅瓣的间距越大，晶元的指向范围内出现次数越多，因为 p 总是大于 a 的，所以在主瓣范围内总能出现一次或以上的栅瓣。当 a 和 p 足够小，使栅瓣间距大于 $\pi/2$ 时，指向性在 $\pm\pi/2$ 范围内没有栅瓣。

栅瓣减少方法：a. 降低频率，增大波长；b. 减小中心距；c. 增大带宽，以发散栅瓣；d. 减小扫查范围（加用斜楔）；e. 单元小片化（将阵列单元切成尺寸更小的单元）；f. 单元间距随机化（使单元位置不规则，以分离栅瓣）。

⑤晶片数量(n)

组成相控阵探头的晶片数量，决定了探头最大可用的控制方向的尺寸。

各个晶片在相控阵检测设置中被选择用于合成声束，合成声束的晶片集合称为合成孔径，线阵的合成孔径具有一维的尺寸，大小或等于合成孔径的晶片数乘以晶片间距。当选择不同起点序号的晶片组成合成孔径时，合成孔径的中心位置发生移动，平行移动了声束的位置。

合成孔径 A 的远场指向性为

$$f_A(\theta) = \sin c\left(\frac{\pi A\sin\theta}{\lambda}\right) = \sin c\left(\frac{\pi np\sin\theta}{\lambda}\right) \tag{4-23}$$

孔径越大，指向性越锐；孔径越小，指向性越宽。大小为 10.8λ 孔径的指向性函数如图 4-27 所示。

当合成声束角度偏转θ_0时，孔径函数加上偏转角相位调制，使指向性函数主瓣指向偏转角度，指向性为

$$f_A(\theta) = \sin c\left[\frac{\pi A\cos\theta_0\sin(\theta-\theta_0)}{\lambda}\right] \tag{4-24}$$

从式(4-25)看，扩散角随着偏转角增大而增大，$A\cos\theta_0$ 称为有效孔径。在有楔块的情况下，有效孔径是$\dfrac{A\cos\beta}{\cos\alpha}$。

从孔径的指向性函数看，等幅度响应的孔径的指向性在中心角度响应最大，偏离中心角度时减小，一直到零，这一指向范围称为声束主瓣，第一次降到零的角度称为主瓣的半扩散角。而主瓣外继续偏离中心角度的位置将周期性出现声束指向峰值。这种偏离中心角度的周期性指向称为旁瓣，旁瓣的宽度和周期都是主瓣宽度的一半，峰值逐个减小。旁瓣是孔径内等值响应的矩形函数的指向性特征，当对孔径内各个晶片采用中间高、边缘低的函数调制时，声束控

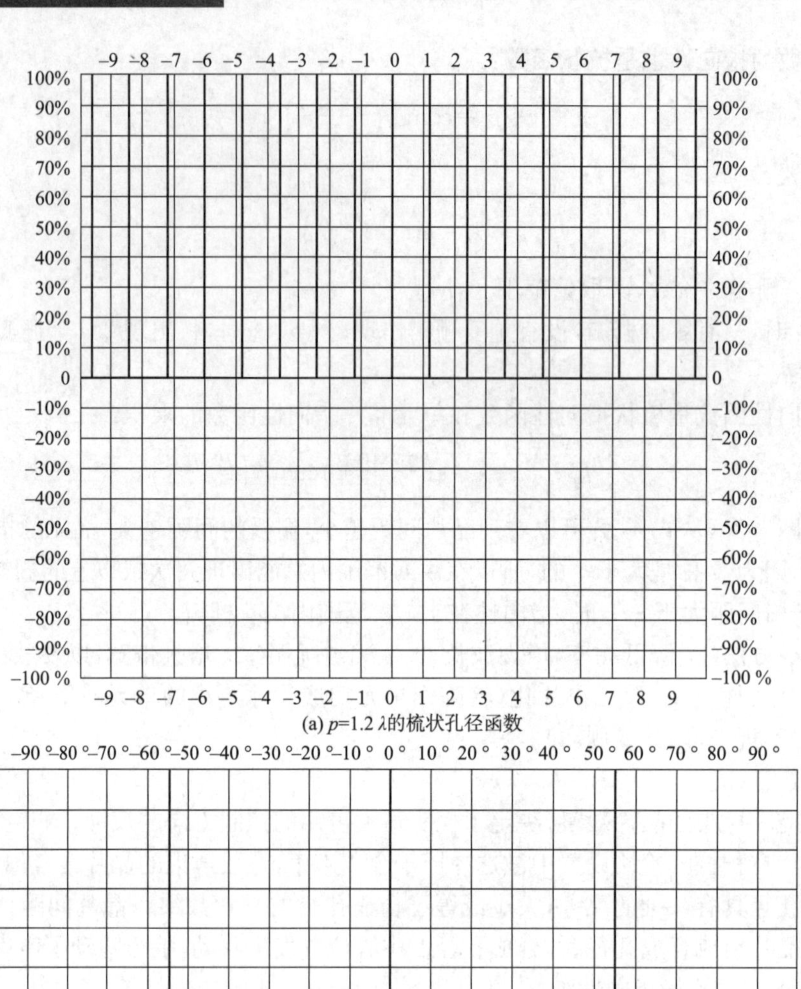

(a) p=1.2 λ的梳状孔径函数

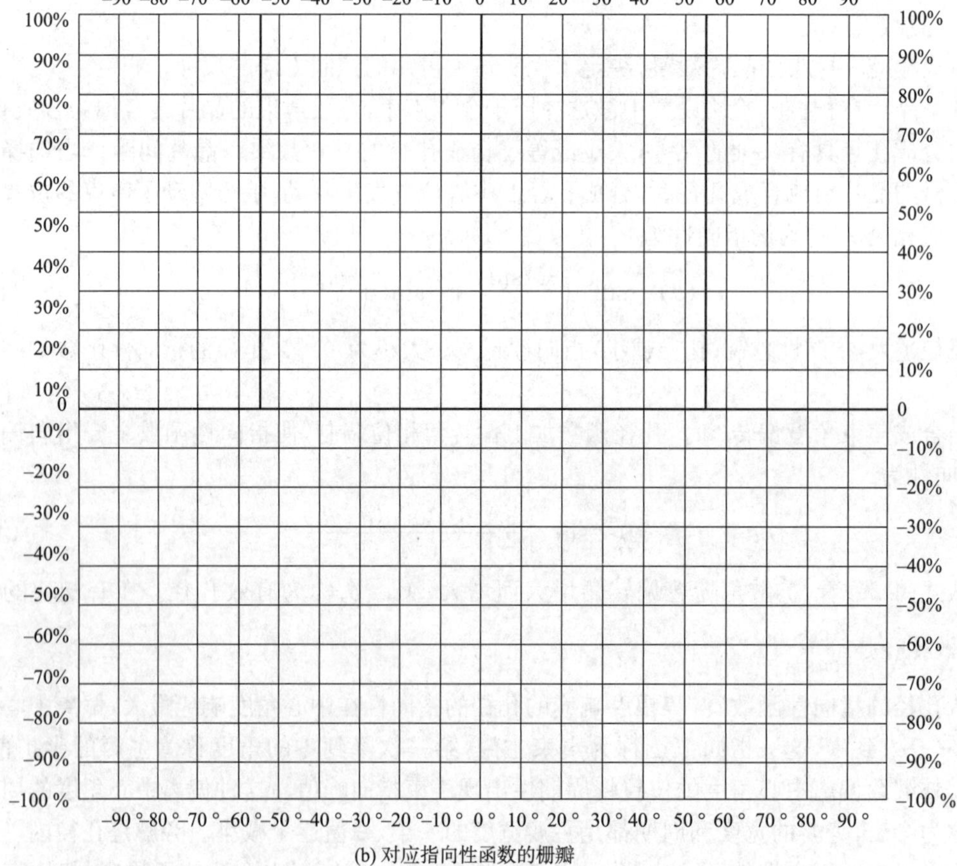

(b) 对应指向性函数的栅瓣

图 4-26　梳状函数的孔径分布和指向性示意图

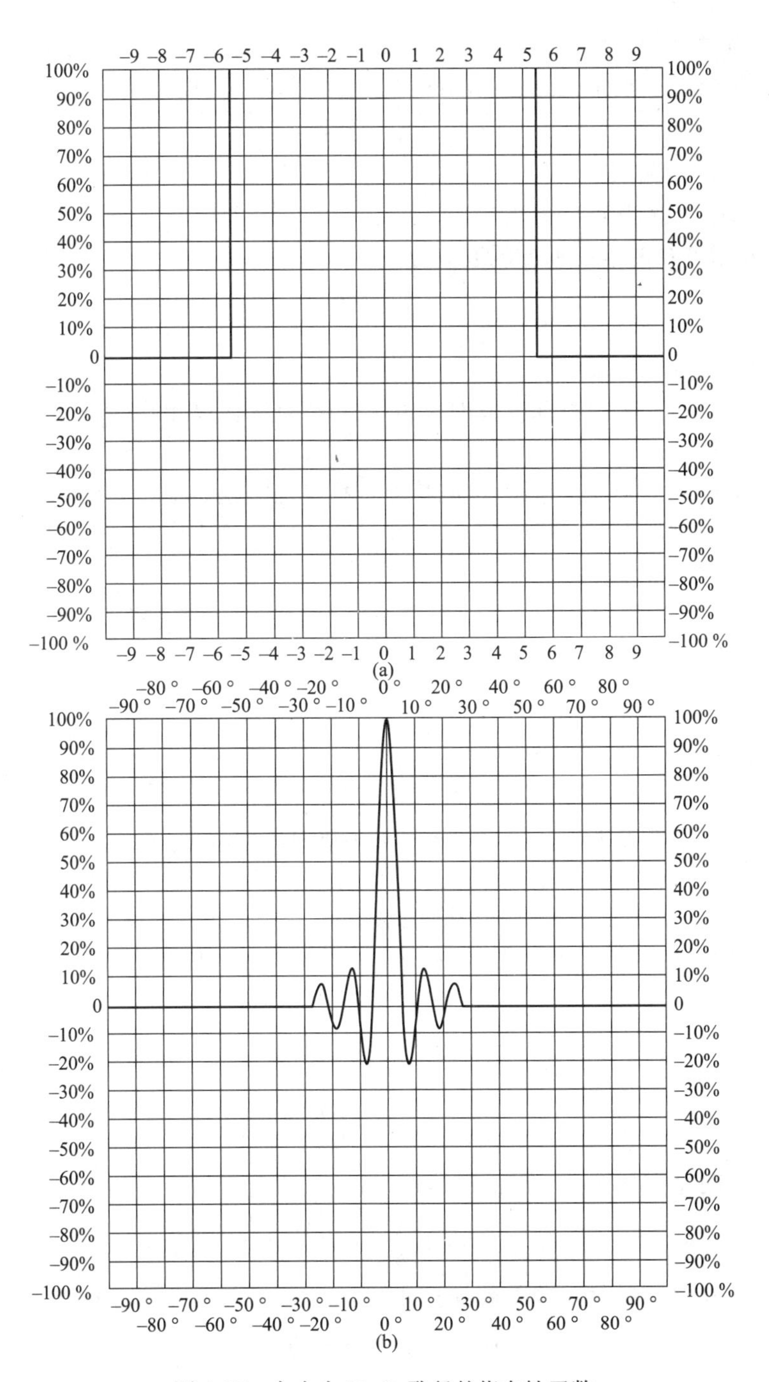

图 4-27 大小为 10.8λ 孔径的指向性函数

制的主瓣略有扩大，旁瓣降低，各种调制的函数有三角函数、汉宁窗函数、哈明时窗函数、高斯函数等。各个晶片的幅度调制也是延时法则的一部分。

⑥晶片长度(b)

线阵探头单元晶片在垂直于排列直线方向的尺寸，决定了晶片在非主动平面的指向性，所以晶片长度 b 又称为探头的非主动孔径。相控阵线阵在非主动平面没有位置、方向和聚焦控制，和同尺寸单晶片矩形探头的指向性是一样的。晶片长度和有效合成孔径形成矩形辐射面，影响检测的近场区范围，通常根据检测的深度范围设计晶片高度：

$$b=1.4\sqrt{\lambda(S_{min}+S_{max})} \tag{4-25}$$

式中　S_{min}——最小检测深度；

S_{max}——最大检测深度。

不聚焦时矩形孔径的辐射近场区近似为

$$N_0=\frac{Ab}{\pi\lambda} \tag{4-26}$$

(2)线阵探头设计和选用

①根据材料声学特性、检测深度范围、检测缺陷特点选择检测频率(0.5 MHz、1 MHz、2.5 MHz、5 MHz、10 MHz)。

②根据检测条件、检测深度范围、缺陷特点选择检测方法(纵波直入射、横波斜入射、纵波双晶直入射、纵波双晶斜入射；直接接触法、延时接触法、水浸法)。

③根据检测范围，决定孔径大小。

一般情况下，非主动孔径大小 b 的近场距离应大于最大检测范围 R_{max} 的 1/6：

$$N_A=\frac{b^2}{\pi\lambda}\geqslant\frac{R_{max}}{6} \tag{4-27}$$

一般情况下，非主动孔径大小 b 的近场距离应小于最小检测范围 R_{min} 的两倍：

$$N_A=\frac{b^2}{\pi\lambda}<2R_{min} \tag{4-28}$$

一般情况下，主动孔径大小的近场距离应大于最大检测范围的 1/6：

$$N_A=\frac{A^2}{\pi\lambda}\geqslant\frac{R_{max}}{6} \tag{4-29}$$

主动孔径决定指向性的角度分辨率，主瓣下降到零的半扩散角为

$$\theta_0=\arcsin\left(\frac{\lambda}{A}\right) \tag{4-30}$$

主瓣−6 dB 响应的半扩散角为

$$\theta_{-6\ dB}=\arcsin\left(\frac{0.6\lambda}{A}\right) \tag{4-31}$$

在极近场，横向分辨率很高，称为强聚焦区：

$$N_A=\frac{A^2}{\pi\lambda}\geqslant 3R_{max} \tag{4-32}$$

在接近近场距离时，横向分辨率略高于同孔径单晶探头，成为弱聚焦区：

$$3R_{max}\geqslant N_A=\frac{A^2}{\pi\lambda}\geqslant\frac{R_{max}}{3} \tag{4-33}$$

在大于近场距离时，指向性和同孔径单晶探头一样，称为非聚焦区：

$$\frac{R_{max}}{3}\geqslant N_A=\frac{A^2}{\pi\lambda}\geqslant\frac{R_{max}}{6} \tag{4-34}$$

④根据检测范围确定阵元大小。

最近检测距离应大于阵元尺寸的近场距离：

$$N_a=\frac{a^2}{\pi\lambda}\leqslant R_{min} \tag{4-35}$$

远场检测时阵元扩散角应大于相控阵指向范围；近场检测时阵元扩散角应大于孔径尺寸比距离的反正切角。

阵元扩散角应使检测范围内的任意位置都在阵元的扩散角范围内。当阵元尺寸小于半波长时，扩散角达到±90°，全方位扩散，近似点源扩散。

⑤阵元间距。

最密阵列：阵元间距近似等于阵元尺寸。

当阵元尺寸小于半波长时，阵元间距也能小于半波长时，栅瓣角度在90°范围外，没有栅瓣出现。

当阵元尺寸大于半波长时，阵元间距近似等于阵元尺寸，栅瓣角度在接近扩散角的边缘，能量较低。

当阵元尺寸大于半波长时，且阵元间距大于两倍阵元尺寸时，在扩散角内部，有明显的能量分布的栅瓣。

变间距的稀疏阵列能够抑制栅瓣。

三、楔　　块

相控阵线阵探头通常是平面探头，这对不平整的表面检测时耦合波动较大，磨损严重，因此需要加入楔块，楔块的检测面能够磨制弧面，得到良好的耦合。虽然相控阵探头能够控制超声波声束的方向，但是采用楔块的探头能运用折射原理，获得更高信噪比的声束，所以相控阵检测很多场合是需要超声楔块(Wedge)的。

超声楔块是介于探头表面和工件表面之间的一段传导介质，通常使用有机玻璃、聚苯乙烯、环氧树脂等聚合固体材料，也可以是水包、水囊等液体介质。

采用液体介质的楔块或液浸探伤时，液体的声衰减很小，声速较低，折射效果比较好，因此如轮式探头、水包等检测技术多有采用。但是因为衰减小，在楔块内的声波多次反射的干扰也比较大，体积一般比较大。

采用固体介质的楔块可以做成很小的体积，和常规超声楔块一样，通常采用改性的聚苯乙烯材料，声速比较低，在2 330 m/s左右。

和常规探头一样，相控阵楔块可以和探头做成一体，也可以分离装配在一起，考虑探头成本比常规探头高许多，目前分离装配的比较多。

楔块材料声速会影响到折射指向和聚焦的延时法则，聚合材料的声速随温度变化的起伏比较大，在应用中需要根据环境温度，考虑声速补偿。

超声相控阵楔块主要有平行的纵波延迟楔块、纵波折射斜角楔块和横波折射斜角楔块。平行延迟块用于改善近场分辨率；纵波折射楔块用于纵波斜角检测，楔角小于第一临界角(一般在17°左右)，使主动孔径最大的声束折射40°左右的纵波；横波折射楔块用于横波斜角检测，楔角大于第一临界角且小于第二临界角(一般在37°左右)，使自然入射的声束折射45°左右的横波。

相控阵线阵探头和斜角楔块的安装方式有纵向安装和横向安装两种。纵向安装的楔块的斜角指向在相控阵主动面内；横向安装的楔块的斜角指向在相控阵非主动面内。

根据耦合要求，楔块表面能磨制成和试件表面吻合的圆弧。在探头阵列主动面内的弧形将影响聚焦法则。

线阵楔块的尺寸参数如图 4-29 所示，楔块的角度 α，孔径声束自然入射的角度等于楔块角度。中心高度 h，给出探头晶片到工件的距离和声束在楔块内的传输声程。中心到前沿的距离 L，楔块定位前沿到探头中心的距离。

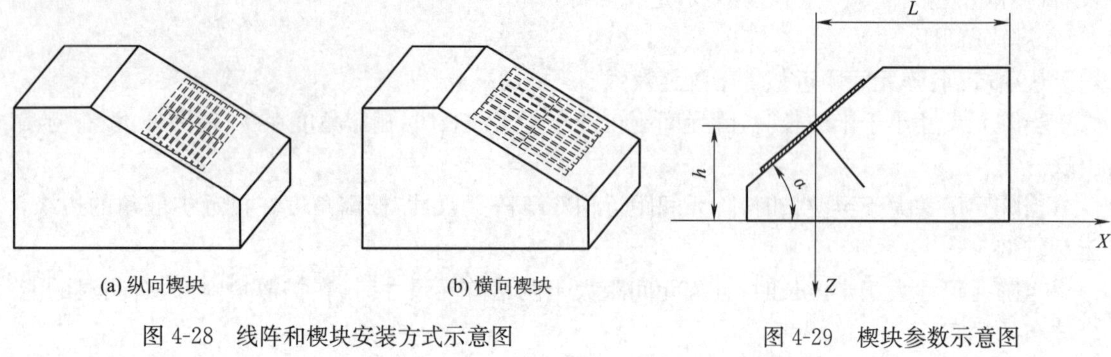

图 4-28　线阵和楔块安装方式示意图

图 4-29　楔块参数示意图

c_1—楔块纵波声速；c_2—工件纵波声速

楔块的表面能够制成圆弧形，在主动面内的弧形将影响相控阵的延时法则。

和非相控阵的超声检测技术一样，相控阵超声也能使用各种楔块技术。

延时楔块探头和工件之间嵌入平行表面的延时楔块，能够排除发射脉冲的反冲和抑制在近表面附近产生的盲区。平行延时楔块将产生界面回波信号，界面回波信号覆盖的盲区小于发射信号产生的盲区。根据检测工件的深度范围 T_2，延时楔块厚度 T_1应大于：

$$T_1 > \frac{c_2}{c_1} T_2 \tag{4-36}$$

使多次界面信号不影响检测范围内的回波信号。

双晶延时楔块采用平行延时楔块时，界面信号仍然产生一定深度的盲区，采用接收和发射隔离的双晶延时楔块能够排除进入工件以前的界面回波，因此更加减小盲区。虽然完全没有界面波信号，但在近表面仍然存在很小的盲区。双晶楔块具有一定的相向倾斜角(如屋顶状)，使发射一侧的声波在进入工件后能折射向接收晶片一侧，因此减小盲区，发射声束和接收声束形成菱形的交叉区域，也称为双晶检测聚焦区域。

第六节　相控阵检测

本节介绍计算机控制的声束合成的聚焦法则，声束电子扫查和机械扫查三维投影成像参数设置；介绍相控阵检测的定位、定量校准，系统性能参数和测试。介绍其他的相控阵技术。

一、声束扫查

相控阵技术采用延时法则控制发射和接收声束的位移和角度，能电子控制声束对试件的覆盖扫查，形成高效、直观的图形扫查方式。常见的扫描方式有线扫和扇扫。

超声检测信号的常见显示方式有 A-Scan 图像、B-Scan 图像和 C-Scan 图像。A-Scan 图像显示超声回波的波形曲线，曲线的水平位置代表声束传输时程(深度)，垂直坐标代表回波信号幅度。B-Scan 图像显示一组一维连续扫描的超声回波信号，图像的一个维度表示扫描声线的移动位置，另一个维度表示声束传输时程（深度），亮度或色度表示回波信号幅度。C-Scan 图像显示一组二维连续扫描的超声回波信号测量值，图像的两个维度表示扫描声线的两维移动位置，亮度或色度表示回波信号的测量值，该测量值可以是闸门内信号的幅度、深度或通过回波测得的厚度、声速等物理量。

在声束斜入射的扫查时，扫查的特性分为声束的移动扫查方向与声束指向垂直的非平行扫查、移动扫查方向与声束指向同平面的平行扫查，以及移动扫查方向与声束指向呈固定夹角的斜平行扫查，通常将非平行扫查的 B-Scan 显示定义为 D-Scan 图像，这与 TOFD 图像的定义是一致的。

相控线阵系统能够通过电子发射和接受合成的相位控制，实现声束的扫查，主要包括线扫和扇扫两种方式。

1. 线扫（L-Scan）

相控阵线扫也叫 B-Scan 或电扫（E-Scan），一般指固定角度声束，连续移动合成声束的位置，记录每个声束的 A-Scan 波形数据，以声束扫描位置和回波传输延时确定像素的位置，回波幅度确定像素的亮度或彩色，显示所有回波记录的过程。形成的图像叫线扫图像。

线扫的各个声束具有完全相同的角度和聚焦特性，灵敏度一致，检测能力一致，横向分辨率高，能实现较长距离的一维电子扫查。线扫的探头一般在扫描方向较大。相控阵线扫如图 4-31 所示。

典型的应用有：铁路车轮踏面的相控阵线扫、大面积板材或复合层的精密扫查等。

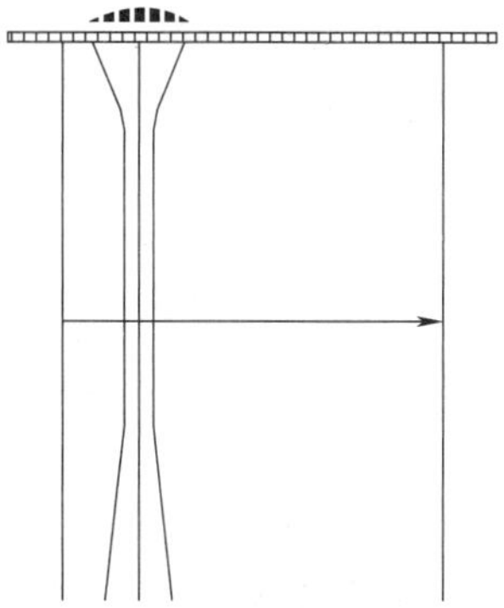

图 4-31　相控阵线扫示意图

2. 扇扫（S-Scan）

相控阵扇扫一般指固定声束位置，连续偏转合成声束的角度，记录每个声束的 A-Scan 波形数据，以声束扫描角度和回波传输延时确定像素的位置，回波幅度确定像素的亮度或彩色，显示所有回波记录的过程。形成的图像外形像一个扇面叫扇扫图像。

扇扫的各个声束具有相同的合成孔径，聚焦深度具有一定规律，可以用等声程聚焦、等深度聚焦或等距离聚焦。扫描范围随深度增加而扩大，探头体积小，耦合面小，检测灵活。相控阵扇扫如图 4-32 所示。

典型的应用有：焊缝检测、涡轮叶片检测、铁路轮轴检测等。

3. 三维投影扫描（P-Scan）

线扫和扇扫形成相控阵主动面的端面二维图像，当探头沿垂直于相控阵线阵的主动面扫查时，按编码器传感的扫查位置连续记录二维图像，形成对扫查区域的三维图像记录，并且按顶视（Top）、侧视（Side）和端视（End）方向切片和投影显示出来。相控阵扫查三维投影如图 4-33 所示。

4. 超声检测信号的显示方式

A-Scan 图像——一次超声检测回波信号的波形曲线显示，水平方向表示声波脉冲的传输时程。垂直方向表示信号的电压幅度。

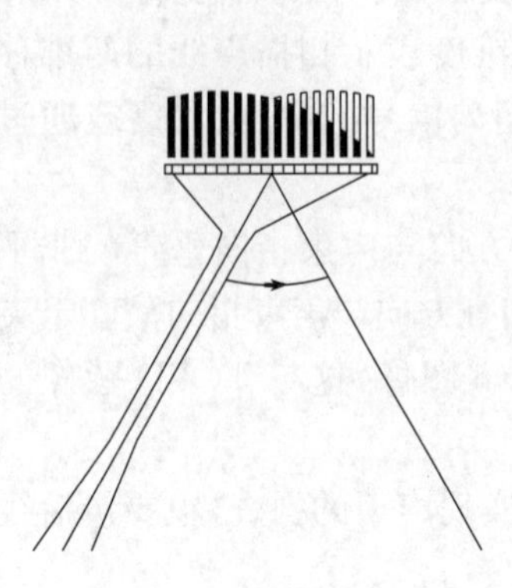

图 4-32　相控阵扇扫示意图

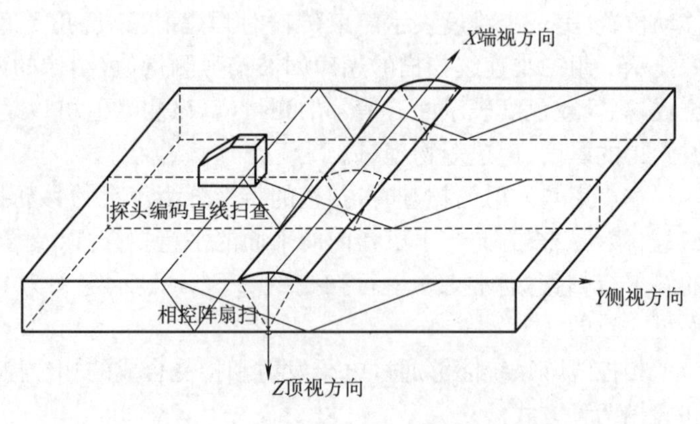

图 4-33　相控阵扫查三维投影示意图

B-Scan 图像——一组声束位置一维连续扫查的回波信号二维图像显示，一个维度表示超声声束移动位置，另一个维度表示声波脉冲传输时程。信号幅度用对应像素的亮度或色度表示。

C-Scan 图像——一组声束位置二维连续扫查的超声回波测量值的二维图像显示，两个维度表示正交的超声声束移动位置。对应像素的亮度或色度表示声波脉冲传输时程或闸门内回波幅度等超声信号测量值。

D-Scan 图像——声束斜入射检测时，声束位置扫查分为平行扫查、非平行扫查和斜平行扫查，通常将非平行扫查的 B-Scan 图像显示也成为 D-Scan 图像。比如 TOFD 图像显示。

3D 成像——声束位置的二维扫查和声波脉冲的传输时程扫描采集了三维空间的超声回波信息，能够显示三维反射体分布。三维显示的方式通常有三维投影成像方式、三维切面显示方式和三维透视方式。

二、三维投影成像

声束的扫描形成一维 A-Scan 波形，成为回波幅度在传输延时维度上的记录。

电子扫描声束位置或角度的变化，记录各个位置或角度的 A-Scan 波形。形成截面的二维图像切片。

设置探头扫查记录密度。

依据探头扫查位置的编码器信号连续记录各个截面的二维图像，形成三维空间的回波幅度记录。

空间三维投影显示，以焊缝的坐标系做参考，垂直于检测面的投影成为顶视图(Top)，顶视图显示了缺陷在探头指向和沿焊缝扫查方向的分布位置图。沿焊缝中心线的投影，成为端视图(End)，端视图显示了缺陷在焊缝宽度和深度方向的分布位置图。沿探头指向的投影成为侧视图(Side)。侧视图显示了缺陷在沿焊缝扫查方向和深度方向的位置分布图。

设置某一位置(长度、宽度、深度)切片投影显示某一截面上缺陷的分布；设置某一位置范围能累计投影显示某一三维区间缺陷的二维分布。

第五章　钢结构超声波检测的应用

钢结构在当代建筑中使用率已越来越高。采用无损探伤的手段对焊缝进行质量检验是确保钢结构工程质量的重要环节。本章从规范规定的焊缝等级检测要求、检测比例、设备的选择、检测的步骤、评判标准及缺陷特性等方面对钢结构超声波无损探伤做了初步探讨，提出了几种常见焊接缺陷的反射波特性，具有一定的借鉴意义。

现代建筑中，钢结构因自重轻、跨度大、可重复利用等优点已被越来越广泛的应用于各种类型的工程中。特别是在大型厂房、仓库、体育场、超高层建筑中更是有广泛的使用。焊接是钢结构工程中应用最多的连接方式，焊接质量则是钢结构工程施工验收的重要环节。超声波探伤具有设备轻便、操作方便、检测速度快、适宜高空作业等优点，因此在钢结构工程探伤中应用最为广泛。

第一节　钢结构工程中对探伤检测的要求

《钢结构工程施工质量验收规范》中的强制性条文第 5.2.4 条规定：设计要求全焊透的一、二级焊缝应采用超声波探伤进行内部缺陷的检验，其内部缺陷分级及探伤方法应符合现行国家标准《钢焊缝手工超声波探伤方法和探伤结果分级》GB 11345 的规定。

钢结构工程焊缝探伤的检验等级全部为 B 级，具体方法是：采用一种角度探头在焊缝的单面双侧进行检验，对整个焊缝截面进行探伤。母材厚度大于 100 mm 时，应采用双面双侧检验，对接接头主要采用单面双侧检验；当受构件的几何条件限制时，可在焊缝的双面单侧采用两种角度的探头进行探伤。T 型接头焊缝可按双面单侧检验，T 型焊缝母材位置不要选错，有人错误地认为母材一定是厚度薄的钢板，对于对接焊缝可以这么理解，但对于 T 型焊缝却不一定，母材的判定取决于位置而不是厚度。

第二节　探伤比例的确定

一级焊缝为 100%探伤，即无论工厂制作焊缝还是现场安装焊缝，包含所有焊缝数量，每一条焊缝整条长度全部检测。

二级焊缝的为 20%探伤，需要注意的是：这里的 20%对应工厂制作焊缝和现场安装焊缝计数方法不一样。

对于工厂制作焊缝，应按每条焊缝计算百分比，并且探伤长度应不小于 200 mm。当焊缝长度不足 200 mm 时，应对整条焊缝进行探伤。可以理解为：工厂制作的二级焊缝每一条都需要进行超声波探伤检测，当焊缝长度大于 1 000 mm，最小检测长度为整条焊缝长度的 20%；当焊缝长度在 200～1 000 mm 之间，最小检测长度为 200 mm；当焊缝长度小于 200 mm，按整条焊缝长度来检测。在实际探伤工作中，有时候误认为工厂制作焊缝也按数量的 20%抽检，这样理解是错误的。

对于现场安装焊缝，应按同一类型、同一施焊条件的焊缝条数计算百分比，探伤长度应不小于 200 mm，并应不少于 1 条焊缝。应理解为：按照焊缝的条数的 20% 数量进行抽检，但每条抽检的焊缝的检测长度可以参照工厂二级焊缝长度来进行。

第三节　探头的选取

探头的选择也对探伤检测的准确性有很大的影响。探伤检测应根据母材厚度、焊缝坡口形式等因素选择不同 K 值的探头。常用的探头 K 值有 1.0、2.0、2.5，频率在 2.5～5.0 MHz。当母材厚度在 8～25 mm 之间，宜选用 K2.5 的探头；当母材厚度在 25～50 mm 之间，宜选用 K2.0 的探头；当母材厚度大于 50 mm 时，宜选用 K1.0 的探头。

第四节　探伤检测的步骤

探伤检测前，可以先通过结构图纸了解到被检构件的材质、厚度、曲率、焊接方法、焊缝等级、坡口形式等实际情况。根据实际情况选择出对应的 K 值探头，制作出相应的 DAC 曲线。

提前对被检焊缝两侧母材表面进行处理，将焊渣、飞溅、混凝土、油污等杂质打磨掉，漏出金属光泽的面层，打磨宽度一般为 2.5 倍的 K 值和母材厚度的乘积。

耦合剂应选用具有良好透声性和适宜流动性，不应对材料和人体有损伤作用，同时应便于检测后的清理的材料。工业糨糊因其黏度、流动性、附着力适当，对构件和人体无害，价格便宜，配置方便，耦合效果比较好成为比较常用的耦合剂。

探伤过程中，扫查速度不应大于 150 mm/s，相邻两次探头移动区域应保持有探头宽度 10% 的重叠，避免漏检。在查找缺陷时，扫查方式常用锯齿形扫查，锯齿形扫查能有效发现焊缝中常见缺陷，尤其是纵向和斜纵向缺陷，也可选用斜平行扫查和平行扫查。为确定缺陷的位置，还可采用前后、左右、转角、环绕等四种探头扫查方式。

当检测到反射波超过定量线时，通过端点 6 dB 法来确定其起始位置、终点位置、最大反射波幅位置，来计算缺陷的指示长度。

第五节　检测结果的分级

《钢结构工程施工质量验收规范》规定，对一级焊缝评定等级为Ⅱ级，二级焊缝评定等级为Ⅲ级。也就是说，一级焊缝等评定等级为Ⅰ级和Ⅱ级时为合格，二级焊缝等评定等级为Ⅰ级、Ⅱ级和Ⅲ级时为合格。

具体评定方法依据《钢焊缝手工超声波探伤方法和探伤结果分级》(GB 11345—1989)和《钢结构超声波探伤及质量分级法》(JG/T 203—2007)来判定。

《钢焊缝手工超声波探伤方法和探伤结果分级》(GB 11345—1989)用于评定母材厚度为 8～300 mm 的焊缝。对于网架、桁架结构等母材厚度较小的构件，当母材厚度在 4～8 mm 之间时，采用《钢结构超声波探伤及质量分级法》(JG/T 203—2007)对焊缝质量进行分级。

对于超出评定等级的焊缝应进行返修，返修后重新探伤，直到合格为止，但每条焊缝返修次数不应大于 2 次。

超声波探伤一般不要求准确给出缺陷的类型和性质，但通过实际工作中的经验积累，了解各种缺陷反射波的特性，结合缺陷位置、焊接接头结构型式等特点，尽可能地判定出缺陷类型和性质，来综合评定缺陷的严重程度。

了解上述钢结构焊缝超声波探伤的知识，对我们的实际检测工作有很大帮助。正确理解标准，选用适宜的设备，熟悉常用缺陷的特性，能避免漏检误判，提高检测的准确性。

第六章　超声检测器材

超声检测设备与器材包括超声检测仪、探头、试块、耦合剂和机械扫查装置等，其中仪器和探头对超声检测系统的能力起关键作用。了解其原理、构造和作用及其主要性能，是正确选择检测设备与器材并进行有效检测的保证。

第一节　超声检测仪

超声检测仪是超声检测的主体设备，它的作用是产生电振荡并施加于换能器(探头)上，激励探头发射超声波，同时接收来自探头的电信号，将其放大后以一定方式显示出来，从而得到被检工件中有关缺陷的信息。

一、超声检测仪的分类

超声检测仪按照其指示的参量可以分为以下三类：

第一类指示声的穿透能最弱，称为穿透式检测仪。这类仪器发射频率不变(或在小范围内周期性变化)的超声连续波，根据透过工件的超声波强度变化判断工件中有无缺陷及缺陷大小。这种仪器灵敏度低，且不能确定缺陷深度位置，须从两侧接近工件，目前已很少使用。

第二类指示频率可变的超声连续波在工件中形成驻波的情况，可用于共振测厚，但目前已很少使用。此类仪器可通过探头向工件中发射连续的频率周期性变化的超声波，根据发射波与反射波的差频变化情况判断工件中有无缺陷。以往的调频式路轨检测仪便采用这种原理。但由于只适宜检查与检测面平行的缺陷，所以这种仪器也大多被脉冲波检测仪所代替。

第三类指示脉冲波的幅度和运行时间，称为脉冲波检测仪。这类仪器通过探头向工件周期性地发射一持续时间很短的电脉冲，激励探头发射脉冲超声波，并接收从工件中反射回来的脉冲波信号，通过检测信号的返回时间和幅度判断是否存在缺陷和缺陷大小等情况，称为脉冲反射式超声检测仪，目前还出现了采用一发一收双探头方式，接收从工件中衍射回来的脉冲波信号，通过检测信号的返回时间来判断是否存在缺陷和缺陷大小等情况，称为衍射时差法超声检测仪，目前也在迅速的发展之中。脉冲波检测仪的信号显示方式可分为 A 型显示和超声成像显示，其中超声成像显示又可分为 B、C、D、S、P 型显示等类。A 型脉冲反射式超声检测仪是使用范围最广、最基本的一种类型。

除了上述按照原理的差异分类以外，根据采用的信号处理技术，超声检测仪还可分为模拟式和数字式仪器，目前广泛使用的超声波检测仪如 CTS-22、CTS-23 等是 A 型显示脉冲反射式模拟检测仪，而 HS-600、CTS3000 等则是 A 型显示脉冲反射式数字检测仪。按照不同的用途，制造了非金属检测仪、超声测厚仪等。按超声波的通道数，分为单通道和多通道。

二、A 型显示、B 型显示与 C 型显示

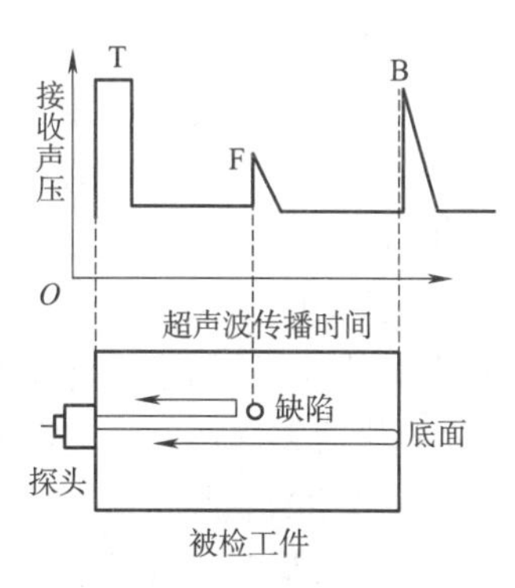

图 6-1　A 型显示原理
T—始波；F—缺陷波；B—底波。

A 型显示是一种波形显示，是将超声信号的幅度与传播时间的关系以直角坐标的形式显示出来，如图 6-1 所示。横坐标代表声波的传播时间，纵坐标代表信号幅度。如果超声波在均质材料中传播，声速是恒定的，则传播时间可转变为传播距离。从声波的传播时间可以确定缺陷位置，由回波幅度可以估算缺陷当量尺寸。

图 6-1 为脉冲反射法检测的典型 A 型显示图形，左侧的幅度很高的脉冲 T 称为始脉冲或始波，是发射脉冲直接进入接收电路后，在屏幕上的起始位置显示出来的脉冲信号；右侧的高回波 B 称为底波或底面回波，是超声波传播到与入射面相对的工件底面产生的反射波；中间的回波 F 则为缺陷的反射回波。

A 型显示具有检波与非检波两种形式如图 6-2 所示。非检波信号又称射频信号，是探头输出的脉冲信号的原始形式，可用于分析信号特征；检波形式是探头输出的脉冲信号经检波后显示的形式。由于检波形式可将时基线从屏幕中间移到刻度板底线，可观察的幅度范围增加了一倍，同时，图形较为清晰简单，便于判断信号的存在及读出信号幅度。但检波形式与非检波形式相比，失去了其中的相位信息。

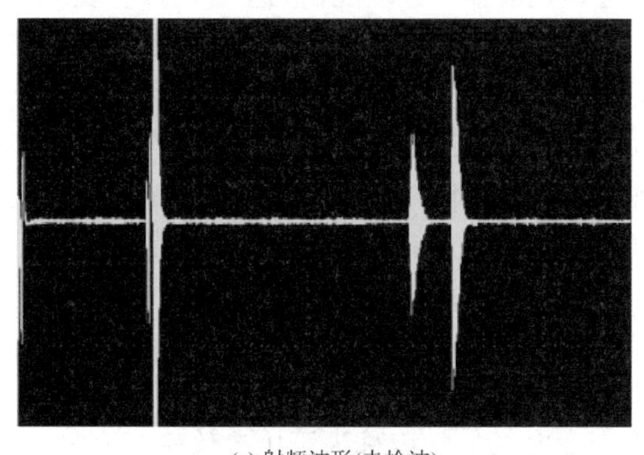
(a) 射频波形(未检波)

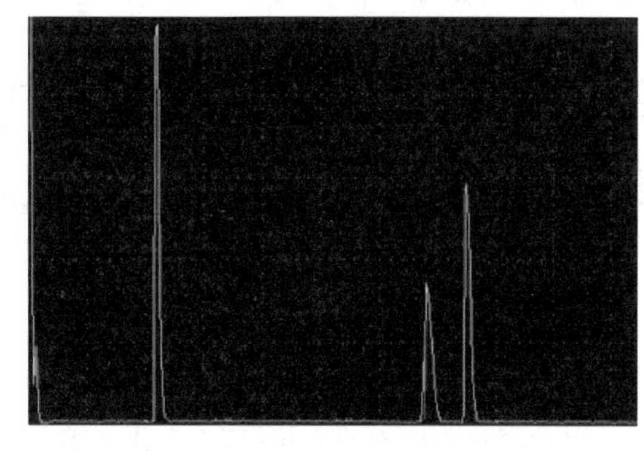
(b) 视频波形(检波后)

图 6-2　A 型显示波形

三、仪器的维护保养

超声检测仪是一种比较精密的电子仪器，为减少仪器故障的发生，延长仪器使用寿命，使仪器保持良好的工作状态，应注意对仪器的维护保养。仪器的维护应注意以下几点：

(1)使用仪器前，应仔细阅读仪器使用说明书，了解仪器的性能特点，熟悉仪器各控制开关和旋钮的位置、操作方法和注意事项，严格按说明书要求操作。

(2)搬动仪器时应防止强烈震动，现场检测尤其高处作业时，应采取可靠保护措施，防止仪器摔碰。

(3)尽量避免在靠近强磁场、灰尘多、电源波动大、有强烈振动及温度过高或过低的场合使用仪器。

(4)仪器工作时应防止雨、雪、水、机油等进入仪器内部,以免损坏仪器线路和元件。

(5)连接交流电源时,应仔细核对仪器额定电源电压,防止错接电源,烧毁元件。使用蓄电池供电的仪器,应严格按说明书进行充电操作。放电后的蓄电池应及时充电,存放较久的蓄电池也应定期充电,否则会影响蓄电池容量,甚至无法重新充电。

(6)转或按旋钮时不宜用力过猛,尤其是旋钮在极端位置时更应注意,否则会使旋钮错位甚至损坏。

(7)拔接电源插头或探头插头时,应用手抓住插头壳体操作,不要抓住电缆线拔插。探头线和电源线应理顺,不要弯折扭曲。

(8)仪器每次用完后,应及时擦去表面灰尘、油污,放置在干燥地方。

(9)在气候潮湿的地区或潮湿季节,仪器长期不用时,应定期接通电源开机一次,开机时间约半小时,以驱除潮气,防止仪器内部短路或击穿。

(10)仪器出现故障,应立即关闭电源,及时请维修人员检查修理。切忌随意拆卸,以免故障扩大和发生事故。

第二节　探　　头

凡能将任何其他形式能量转换成超音频振动形式能量的器件均可用来发射超声波,具有可逆效应时,又可用来接收超声波,这类元件称为超声换能器。以换能器为主要元件组装成具有一定特性的超声波发射、接收器件,常称为探头。超声波探头是组成超声检测系统的最重要的组件之一。探头的性能直接影响超声检测能力和效果。

当前超声检测中采用的超声换能器主要有压电换能器、磁致伸缩换能器、电磁声换能器和激光超声换能器。其中最常用的是压电换能器探头,其关键部件是压电晶片,是一个具有压电特性的单晶或多晶体薄片,其作用是将电能转换为声能,并将声能转换为电能。本节主要讨论压电换能器探头。

一、压电效应与压电材料

某些晶体材料在交变拉/压应力作用下,产生交变电场的效应称为正压电效应。反之,当晶体材料在交变电场作用下,产生伸缩变形的效应称为逆压电效应。正、逆压电效应统称为压电效应。

超声波探头中的压电晶片具有压电效应,当高频电脉冲激励压电晶片时,发生逆压电效应,将电能转换为声能(机械能),探头发射超声波。当探头接收超声波时,发生正压电效 应,将声能转换为电能。

具有压电效应的材料称为压电材料,压电材料分为单晶材料和多晶材料,常用的单晶材料有石英(SiO_2)、硫酸锂(Li_2SO)、铌酸钾($LiNbO_3$)等。常用的多晶材料有钛酸钡($BaTiO_3$)、锆钛酸铅($PbZrTiO_3$,缩写为 PZT)、钛酸铅($PbTiO_3$)等,多晶材料又称压电陶瓷。

压电单晶体是各向异性的,其产生压电效应的机理与其特定方向上的原子排列方式有关。当晶体受到特定方向的压力而变形时,可使带有正、负电荷的原子位置沿某一方向改变,而使晶体的一侧带有正电荷,另一侧带有负电荷。

二、探头的主要种类

超声波检测用探头的种类很多，根据波形不同，可分为纵波探头、横波探头、表面波探头、板波探头等。根据耦合方式分为接触式探头和液(水)浸探头。根据波束分为聚焦探头与非聚焦探头。根据晶片数不同分为单晶探头、双晶探头等。此外还有高温探头、微型探头等特殊用途的探头。下面介绍几种典型探头。

1. 接触式纵波直探头

直探头用于发射平直于探头表面传播的纵波，以探头直接接触工件表面的方式进行垂直入射纵波检测，简称纵波直探头。直探头主要用于检测与检测面平行或近似平行的缺陷，一般如板材、锻件的检测等。

纵波直探头的主要参数是频率和晶片尺寸。

2. 接触式斜探头

接触式斜探头可分为纵波斜探头($\alpha_L<\alpha_{\mathrm{I}}$)、横波斜探头($\alpha_L=\alpha_{\mathrm{I}}\sim\alpha_{\mathrm{II}}$)、表面波探头($\alpha_L\geqslant\alpha_{\mathrm{II}}$)、兰姆波探头及可变角探头等。压电换能器探头的基本结构如图 6-3 所示，其共同特点是：压电晶片贴在一斜楔上，晶片与探头表面成一定倾角。

纵波斜探头是入射角$\alpha_L<\alpha_{\mathrm{I}}$的探头。目的是：利用小角度的纵波进行缺陷检测，或在横波衰减过大的情况下，利用纵波穿透能力强的特点进行纵波斜入射检测。使用时应注意工件中同时存在的横波的干扰。

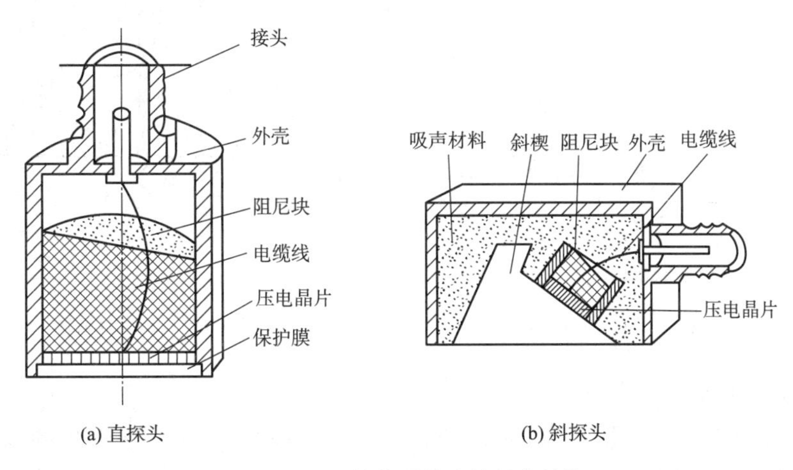

图 6-3　压电换能器探头的基本结构

横波斜探头是入射角$\alpha_L=\alpha_{\mathrm{I}}\sim\alpha_{\mathrm{II}}$(第一临界角$\alpha_{\mathrm{I}}$、第二临界角$\alpha_{\mathrm{II}}$)且折射波为纯横波的探头，横波斜探头实际上是由直探头加斜楔组成的，主要用于检测与检测面成一定角度的缺陷，如焊缝检测、汽轮机叶轮检测等。横波斜探头的标称方式有三种：一是以纵波入射角α_L来标称，常用$\alpha_L=30°、40°、45°、50°$等。二是以横波折射角β_s来标称，常用$\beta_s=40°、45°、50°、60°、70°$等。三是以钢中折射角的正切值$K=\tan\beta_s$来标称，常用$K=0.8、1.0、1.5、2.0、2.5$等，这是我国提出来的，在计算钢中缺陷位置时比较方便。目前国产横波斜探头大多采用K值标称系列。横波斜探头上的主要参数为工作频率、晶片尺寸和K值。

K值与α_L、β_s的换算关系见表 6-1。注意此表只适用于有机玻璃/钢界面。

表 6-1　常用 K 值对应的 β_s 和 α_L（有机玻璃/钢）

K 值	1.0	1.5	2.0	2.5	3.0
β_s	45°	56.3°	63.4°	68.2°	71.6°
α_L	36.7°	44.6°	49.1°	51.6°	53.5°

表面波（瑞利波）探头入射角需在产生瑞利波的临界角附近，通常比 α_{II} 略大。表面波探头用于对表面或近表面缺陷进行检测。表面波探头的结构与横波斜探头一样，唯一的区别是斜楔块角度不同。

兰姆波探头的角度根据板厚、频率和所选定的兰姆波模式而定，主要用于薄板中缺陷的检测。

可变角探头的入射角是可变的，其结构如图 6-4 所示。转动压电晶片可使入射角连续变化，一般变化范围为 0°～70°，可实现纵波、横波、表面波或兰姆波检测。

3. 双晶探头（分割探头）

双晶探头有两块压电晶片，一块用于发射超声波，另一块用于接收超声波，中间夹有隔声层。根据入射角 α_L 不同，分为双晶纵波探头（$\alpha_L < \alpha_{\mathrm{I}}$）和双晶横波探头（$\alpha_L = \alpha_{\mathrm{II}}$）。

双晶探头结构如图 6-5 所示。

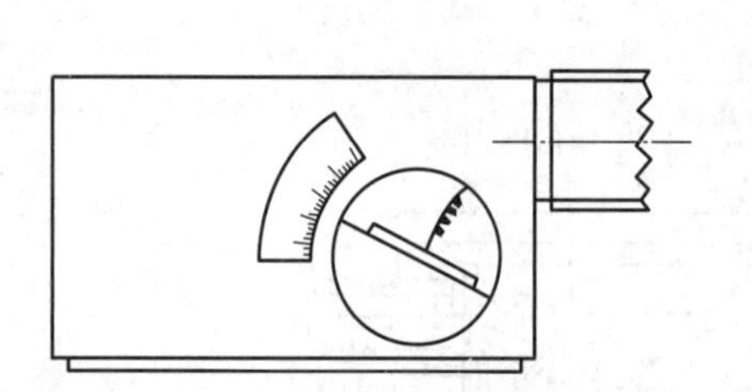

图 6-4　可变角探头结构示意图

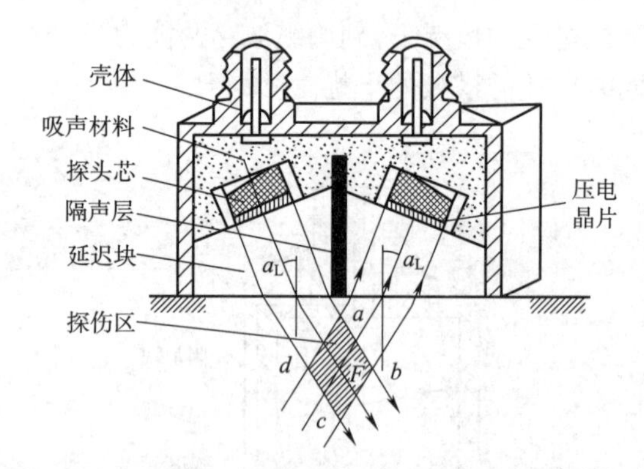

图 6-5　双晶探头结构图

4. 接触式聚焦探头

聚焦探头种类较多。根据焦点形状不同分为点聚焦和线聚焦。点聚焦的理想焦点为一点，其声透镜为球面；线聚焦的理想焦点为一条线，其期透镜为柱面。根据耦合情况不同分为水浸聚焦与接触聚焦。水浸聚焦以水为耦合介质，探头不与工件直接接触。

5. 水浸平探头和水浸聚焦探头

水浸平探头相当于可在水中使用的纵波直探头，用于水浸法检测。当改变探头倾角使声束从水中倾斜入射至工件表面时，也可通过折射在工件中产生纯横波。

在水浸平探头前加上声透镜则可产生聚焦声束，成为水浸聚焦探头。

三、探头型号

1. 探头型号的组成项目

探头型号组成项目及排列顺序为：基本频率→晶片材料→晶片尺寸→探头种类→探头特征。

基本频率：用阿拉伯数字表示，单位为 MHz。

晶片材料：用化学元素缩写符号表示，见表 6-2。

表 6-2　晶片材料代号

压电材料	代号
锆钛酸铅陶瓷	P
钛酸钡陶瓷	B
钛酸铅陶瓷	T
铌酸锂单晶	L
碘酸锂单晶	I
石英单晶	Q
其他压电材料	N

晶片尺寸：用阿拉伯数字表示，单位为 mm。其中圆晶片用直径表示；矩形晶片用长×宽表示；双晶探头为圆形的用分割前的直径表示。两片矩形晶片用长×宽×2 表示。

探头种类：用汉语拼音缩写字母表示，见表 6-3，直探头也可不标出。

表 6-3　探头种类代号

种类	代号
直探头	Z
斜探头（用 K 值表示）	K
斜探头（用折射角表示）	X
分割探头	FG
水浸聚焦探头	SJ
表面波探头	BM
可变角探头	KB

探头特征：斜探头钢中折射角正切值（K 值）用阿拉伯数字表示。钢中折射角用阿拉伯数字表示，单位为“°”。双晶探头钢中声束汇聚区深度用阿拉伯数字表示，单位为 mm。水浸聚焦探头水中焦距用阿拉伯数字表示，单位为 mm。DJ 表示点聚焦、XJ 表示线聚焦。

2. 举例

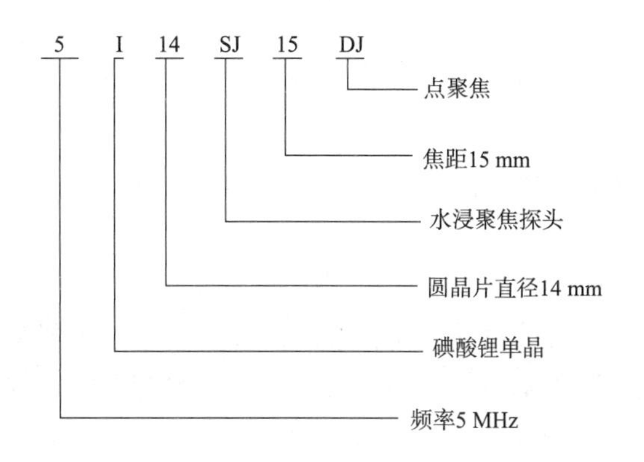

第三节　耦　合　剂

一、耦合剂的作用

超声耦合是指超声波在检测面上的声强透射率。声强透射率高，超声耦合好。为了改善探头与工件间声能的传递，而加在探头和检测面之间的液体薄层称为耦合剂。在液浸法检测中，通过液体实现耦合，此时液体也是耦合剂。

当探头和工件之间有一层空气时，超声波的反射率几乎为100%，即使很薄的一层空气也可以阻止超声波传入工件。因此，排除探头和工件之间的空气非常重要。耦合剂可以填充探头与工件间的空气间隙，使超声波能够传入工件，这是使用耦合剂的主要目的。除此之外，耦合剂有润滑作用，可以减小探头和工件之间的摩擦，防止工件表面磨损探头，并使探头便于移动。

二、常用耦合剂

常用耦合剂有水、甘油、机油、变压器油、化学糨糊等。

水的优点是来源方便，缺点是容易流失，容易使工件生锈，有时不易润湿工件。液浸检测中最常使用水作耦合剂，使用时可加入润湿剂和防腐剂等。

甘油的优点是声阻抗大，耦合效果好，缺点是要用水稀释，容易使工件形成腐蚀坑，价格较贵。

机油和变压器油的附着力、黏度、润湿性都较适当，也无腐蚀性，价格又不贵，因此是最常用的耦合剂。

化学糨糊的耦合效果比较好，也是一种常用的耦合剂。

第四节　试　　块

与一般的测量方式一样，为了保证检测结果的准确性、可重复性和可比性，必须用一个具有已知固定特性的试样对检测系统进行校准。这种按一定用途设计制作的具有简单几何形状人工反射体或模拟缺陷的试样，通常称为试块。试块和仪器、探头一样，是超声检测中的重要器材。

一、试块的分类和作用

1. 试块的分类

超声检测用试块通常分为标准试块、对比试块和模拟试块三大类。

(1)标准试块

标准试块通常是由权威机构制定的试块，其特性与制作要求有专门的标准规定。标准试块通常具有规定的材质、形状、尺寸及表面状态。标准试块用于仪器探头系统性能测试校准和检测校准，如ⅡW试块。JB/T 4730.3—2005标准中采用的标准试块有：钢板用标准试块CBⅠ、CBⅡ；锻件用标准试块CSⅠ、CSⅡ、CSⅢ；焊接接头用标准试块CSK-ⅠA、CSK-ⅡA、CSK-ⅢA、CSK-ⅣA。

(2)对比试块

对比试块是以特定方法检测特定工件时采用的试块,含有意义明确的人工反射体(平底孔、槽等)。它与被检工件材料声学特性相似,其外形尺寸应能代表被检工件的特征,试块厚度应与被检工件的厚度相对应。对比试块主要用于检测校准及评估缺陷的当量尺寸,以及将所检出的不连续信号与试块中已知反射体产生的信号相比较。

(3)模拟试块

模拟试块是含模拟缺陷的试块,可以是模拟工件中实际缺陷而制作的样件,或者是在以往检测中所发现含自然缺陷的样件。模拟试块主要用于检测方法的研究、无损检测人员资格考核和评定、评价和验证仪器探头系统的检测能力和检测工艺等。

2. 人工反射体

试块中的人工反射体应按其使用目的选择,应尽可能与需检测的缺陷特征接近。常用的人工反射体主要有长横孔、短横孔、横通孔、平底孔、V 形槽和其他线切割槽等。

(1)横通孔和长横孔具有轴对称特点,反射波幅比较稳定,有线性缺陷特征,适用于各种 K 值探头。一般代表工件内部有一定长度的裂纹、未焊透、未熔合和条状夹渣。通常使用在对接接头、堆焊层的超声检测中,也有用在螺栓件和铸件检测的。

(2)短横孔在近场区表现为线状反射体特征,在远场区表现为点状反射体特征。主要用于对接焊接接头检测。适用于各种 K 值探头。

(3)平底孔一般具有点状面积型反射体的特点,主要用于锻件、钢板、对接焊接接头、复合板、堆焊层的超声检测。通常适用于直探头和双晶探头的校准和检测。

(4) V 形槽和其他切割槽具有表面开口的线性缺陷的特点。适用于钢板、钢管、锻件等工件的横波检测,也可模拟其他工件或对接接头表面或近表面缺陷以调整检测灵敏度。检测或校准时,通常采用 K1.0 斜探头,根据需要,也可采用其他 K 值探头。

二、试块的使用和维护

试块的使用和维护如下:

(1)试块应在适当部位编号,以防混淆。

(2)试块在使用和搬运过程中应注意保护,防止碰伤或擦伤。

(3)使用试块时应注意清除反射体内的油污和锈蚀。常用蘸油细布将锈蚀部位抛光,或用合适的去锈剂处理。平底孔在清洗干燥后用尼龙塞或胶合剂封口。

(4)注意防止试块锈蚀,使用后停放时间长,要涂敷防锈剂。

(5)要注意防止试块变形,如避免火烤,平板试块尽可能立放防止重压。

第七章　超声检测设备与器材

第一节　数字式超声波探伤仪 700

数字式超声波探伤仪 700 如图 7-1 所示。

图 7-1　数字式超声波探伤仪 700 外形

一、本机特点

(1)手持式结构,美观、牢固、密封性能好,具超强的抗干扰能力。

(2)全数字,真彩显示器。

(3)高质量的电路系统,性能稳定可靠。

(4)超高速采样,使回波显示更保真、定位更准确。

(5)高精度定量、定位、解决远距离定位误差。

(6)实时全检波,正、负检波和射频波显示。

(7)优良的宽频带放大器,且自动校正。具有良好的近场分辨能力。

(8)简洁、强劲的操作功能,中文提示,对话操作,实用易学。

(9)焊缝剖口示意图,更直观显示缺陷位置,辅助定性。

(10)集超声检测、测厚双重功能于一机。

(11)闸门定位报警,双闸门失波报警功能,适用于完成不同种类别的探伤任务。

(12)动态缺陷包络线描述。

(13)实时全程记录扫查过程。

(14)波幅曲线按标准自动绘制,且可上下自由移动。

(15)自动对探头零点进行校准和斜探头 K 值(折射角)测试。

(16)灵活的杂波抑制调节功能,不影响增益、线性。

(17)自动快速的灵敏度调节功能,提高检测速度。

(18)自动波峰跟踪搜索功能,提高检测精度。

(19)有描述缺陷性质的峰点轨迹包络图功能。

(20)纵向裂纹高度测量功能。

(21)近场盲区小,可以进行薄板及小径管探伤。

(22)可对腐蚀层和氧化层厚度进行精确的测量。

(23)预置 50 组探伤参数,分别为直探头 10 组、斜探头 30 组、小角度探头 10 组。

(24)可伤波存储,动态记录。

(25)具有真彩 B-Scan 扫功能。可进行在线,离线图谱分析,测量缺陷大小。

(26)具有真彩 C-Scan 功能。可进行在线,离线图谱分析。

(27)具有 TOFD 功能。可进行在线,离线图谱分析，测量缺陷大小。

二、主要技术参数

(1)脉冲类型:负方波脉冲。

(2)发射脉冲电压:200~400 V。

(3)脉冲前沿:<10 ns。

(4)脉冲宽度:50~500 ns 连续可调。

(5)阻抗匹配:50 Ω/500 Ω 可调。

(6)采样频率/位数:400 MHz/10 bit。

(7)采样深度:512。

(8)重复频率:15~1 000 Hz 可调。

(9)检波方式:数字检波。

(10)衰减器精度:<+1 dB/12 dB。

(11)增益范围:0~120 dB。

(12)声速范围:300~20 000 m/s。

(13)动态范围:≥30 dB。

(14)信号带宽:0.5~30 MHz。

(15)垂直线性误差:≤3%。

(16)水平线性误差:≤0.3%。

(17)分辨力:>36 dB。

(18)灵敏度余量:>60 dB(深 200 mm、Φ2 平底孔)。

(19)波形显示方式:射频波、检波 (全波、负或正半波)。

(20)输出:Wi-Fi、USB2.0、VGA。

(21)显屏:5.7 英寸高亮真彩色 640×480 日光可读 LCD,最大 A-Scan 尺寸 115.2 mm×86.4 mm。

(22)控制:前板密封键盘、飞梭、触摸屏。

(23)尺寸:266 mm×164 mm×45 mm(含电池)。

(24)电源、电压:电池 8.4 V/10 A·h 连续工作 8 h(锂电池供电)。

(25)环境温度:−10 ℃~40 ℃(参考值)。

(26)相对湿度:(20~95)%RH。

(27)质量:约 1.5 kg(含电池)。

三、仪器主要部件名称

1. 正面(图 7-2)
2. 顶部(图 7-3)
3. 右侧面(图 7-4)
4. 左侧面(图 7-5)

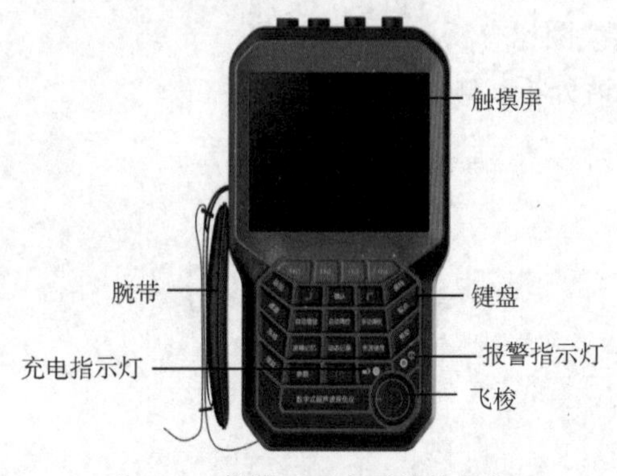

图 7-2　仪器正面主要部件名称

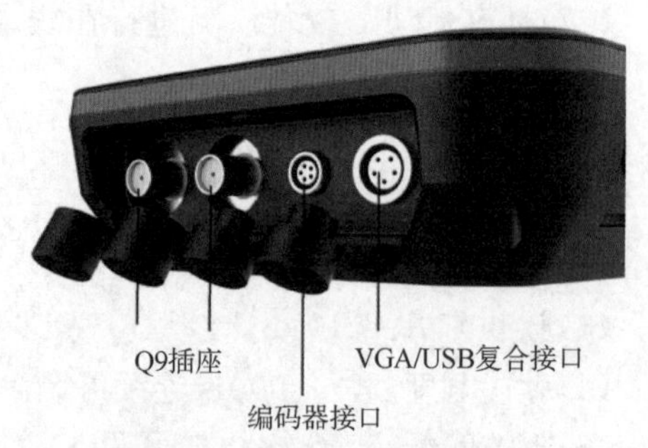

图 7-3　仪器顶部接口示意图

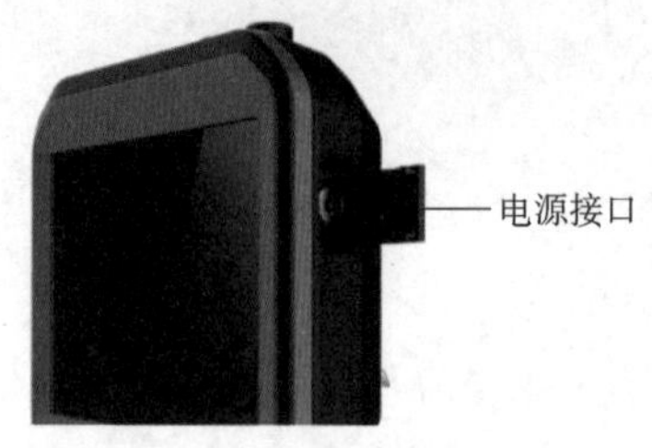

图 7-4　仪器右侧面接口示意图

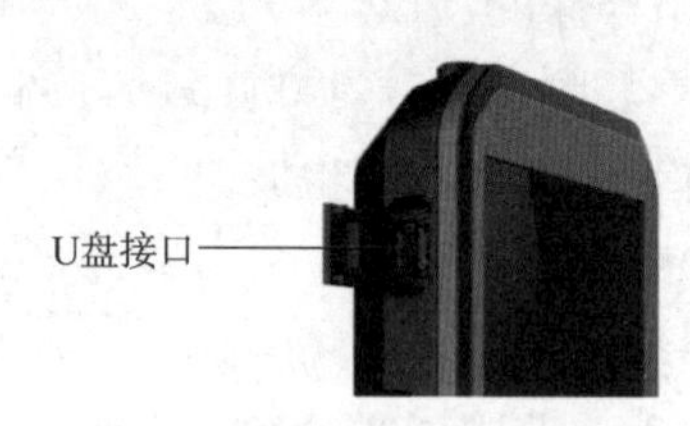

图 7-5　仪器左侧面接口示意图

四、键盘简介

键盘是完成人机对话的媒介。本机键盘设有 23 个控制键，键位如图 7-6 所示。对探伤仪发出的所有控制指令，均通过键盘操作传递给探伤仪。23 个控制键分为三大类：功能热键(4 个)，菜单功能键(15 个)，方向控制键(2 个)，飞梭键(1 个)，电源开关(1 个)。键盘操作过程中，探伤仪根据不同的状态自动识别各键的不同含义，执行操作人员的指令。各键的具体使用方法在以后的各章节中有所介绍。下面是各键的具体功能简介。

(1)FN1、FN2、FN3、FN4 ：子功能菜单/操作功能键。

(2)返回：功能取消，菜单逐级返回。

(3)通道：50 组探伤参数选择键。

(4)冻结：波形停止刷新。

(5)增益：选中增益功能。

(6)曲线：进入曲线功能。

(7)取点：获取闸门内波形峰值，波形位置。

(8)帮助：调出说明书。

(9)参数：调出参数界面。

(10)电源开关：物理开关电源。

(11)自动增益：自动增益波形。

(12)自动调校：进入自动调校功能。

(13)手动调校：进入手动调校功能。

(14)波峰记忆：闸门内峰值记忆。

(15)动态记录：连续存储多幅相邻的波形数据。

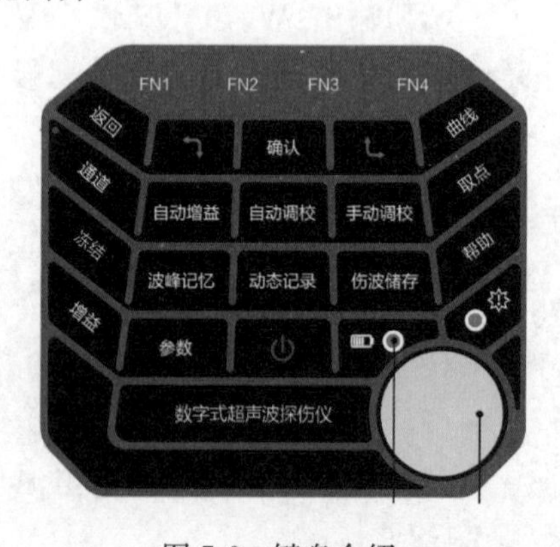

图 7-6　键盘介绍

(16)伤波存储:存储单幅波形数据。

(17)左下键:参数调节,且是减小操作。

(18)右上键:参数调节,且是增加操作。

(19)确认键:波形冻结/输入命令、数据认可。

五、功能介绍

仪器主要分为探伤管理、文件管理、无线管理、FTP 管理、TOFD 5 个模块,如图 7-7 所示。

图 7-7　主界面功能介绍

1. 探伤管理

探伤管理功能主要由常规 A 型脉冲反射、B 型成像扫查和 C 型成像扫查三个主要功能组成,分别如图 7-8、图 7-9 和图 7-10 所示。

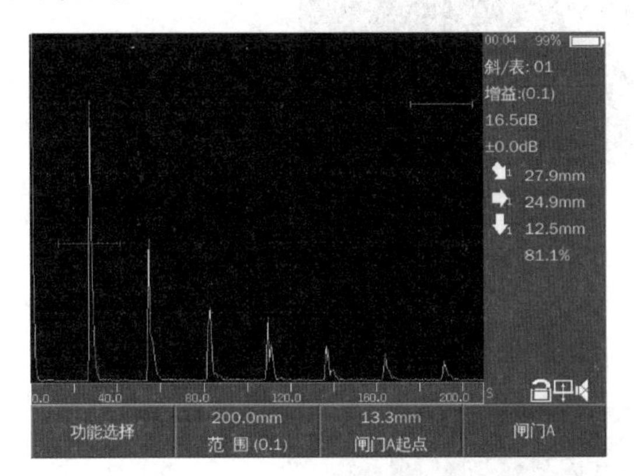

图 7-8　常规 A 型脉冲反射

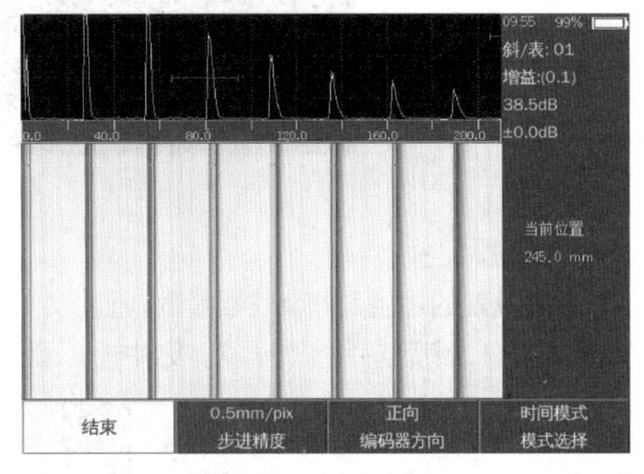

图 7-9　B 型成像扫查

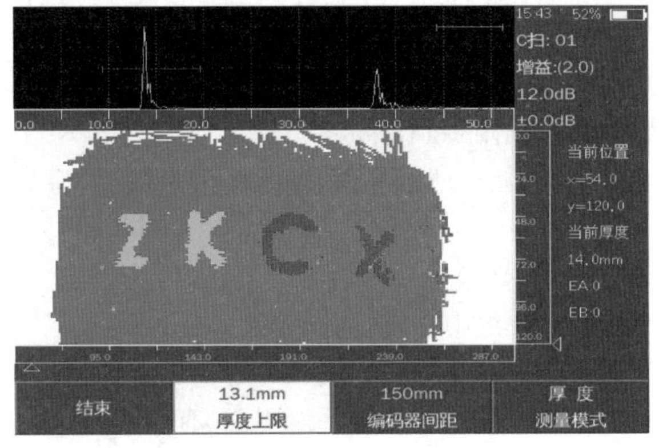

图 7-10　C 型成像扫查

探伤管理功能选择包含全屏、仪器设置、焊缝功能、厚度测量、裂纹测高、性能校验、频谱分析、缺陷 Φ 值、包络、编码器校准、B-Scan、C-Scan，如图 7-11 所示。

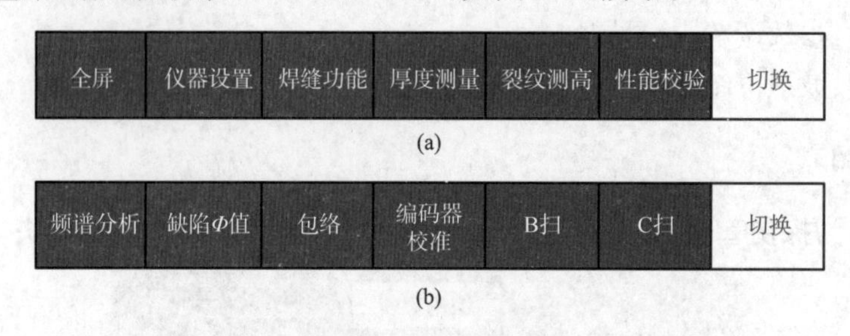

图 7-11　功能选择

(1)全屏

全屏的功能是将波形区域放大到全屏幕显示，如图 7-12 所示。

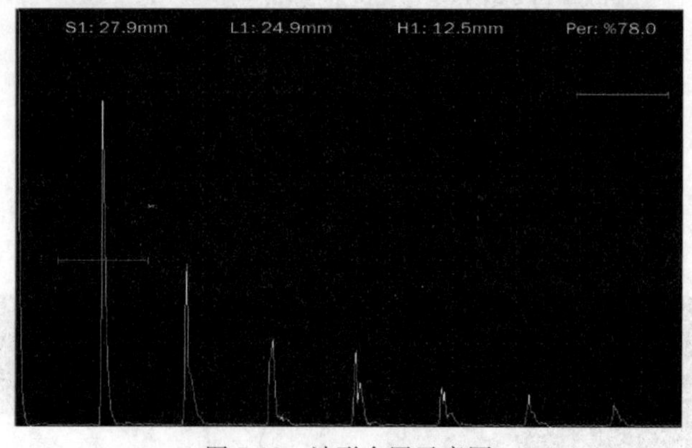

图 7-12　波形全屏示意图

(2)仪器设置

仪器设置的功能是调节仪器参数，通过改变波形状态至最佳，具有检波方式、脉冲宽度、工作方式、重复频率、频带选择、报警开关、发射电压、阻抗匹配、抑制等参数来调节仪器，如图7-13所示。

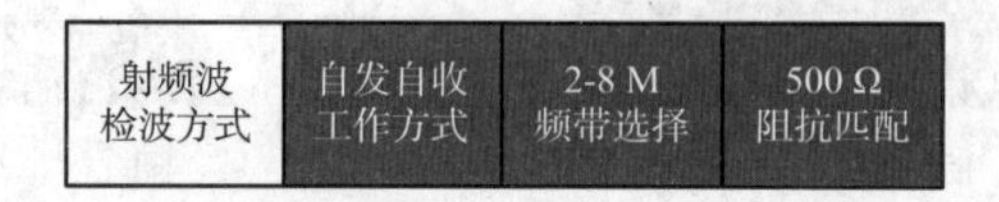

图 7-13　功能键设置

(3)焊缝功能

焊缝功能是描述缺陷位置，如图 7-14 所示。

①进入该功能后，出现图 7-14(a)所示界面，输入各项参数后，将箭头调节到焊缝设置(改变设置到应用)。

②焊缝图，出现在下方图 7-14(b)中。

③按“返回”键退出后，找到焊缝中心，最高回波处。

④按“确定”后，出现图 7-14(c)所示界面，输入焊缝中心至前沿。

⑤输入完后，按“确定”键，出现图 7-14(d)所示界面，有声线图。

⑥此时，可以按“伤波存储”键，存储数据，可在离线分析软件上打开并打印出图。

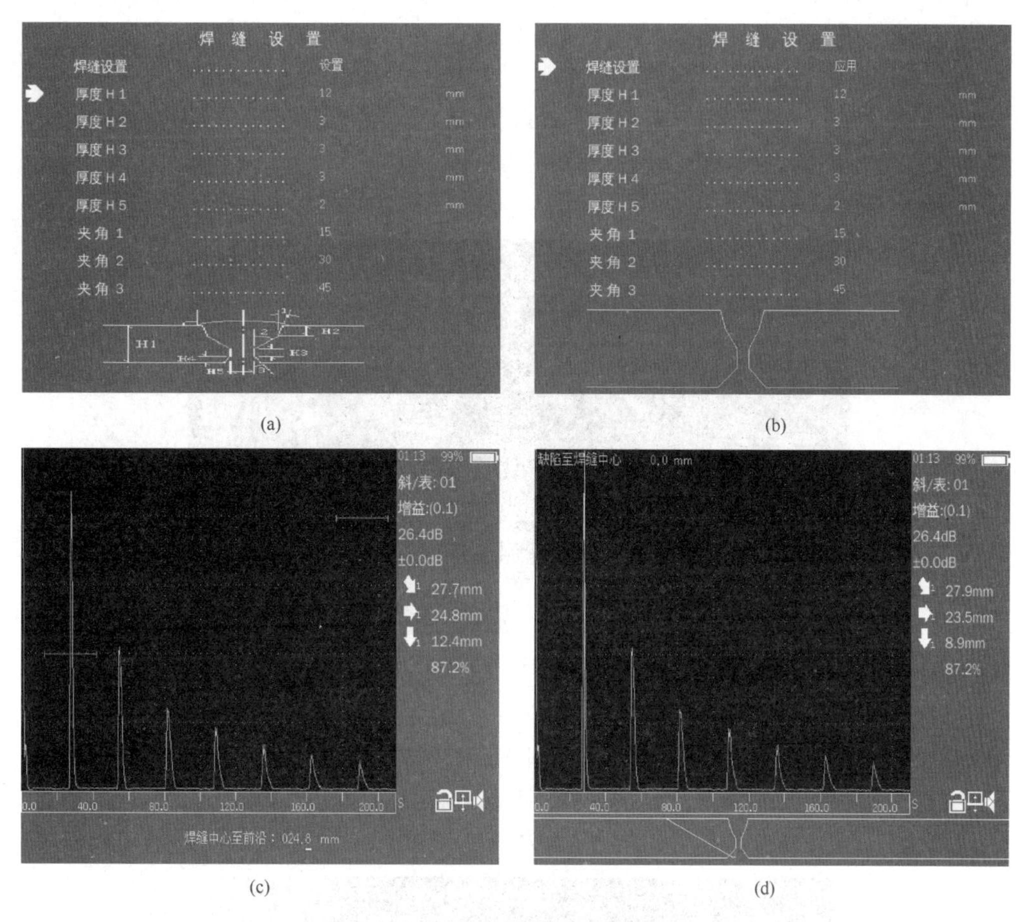

图 7-14　焊缝位置示意图

(4)厚度测量

将闸门 A 与闸门 B 之内的最高波声程差称为厚度值，分别移动闸门 A(红色)、闸门 B(绿色)，套住回波，如图 7-15 所示。

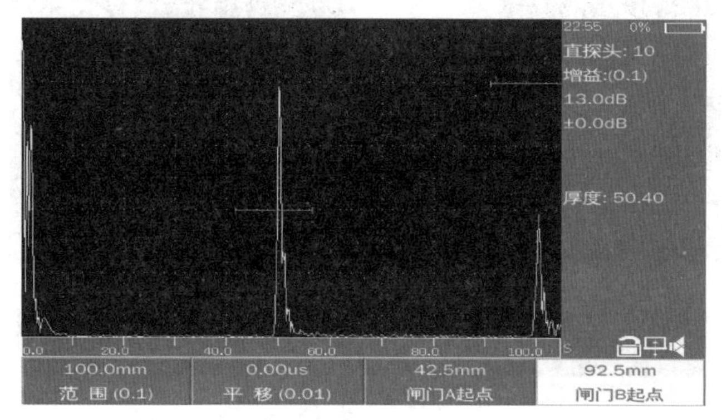

图 7-15　厚度测量示意图

(5)裂纹测高

裂纹测高的功能如下：

①找到上端点衍射波，移动闸门套住回波。

②按“上端点”键，回波波幅会自动拉到80%波高。

③找到下端点衍射波，移动闸门套住回波。

④按“下端点”键，回波波幅会自动拉到80%波高。

⑤裂纹高度=下端点声程－上端点声程。

裂纹测试如图7-16所示。

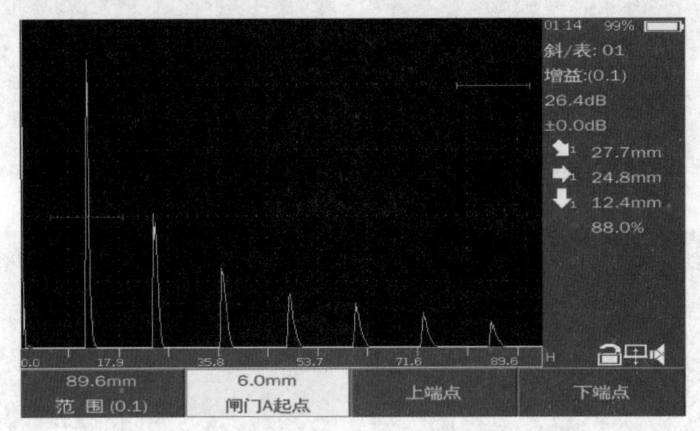

图7-16　裂纹测试示意图

(6)性能校验

性能校验由平均噪声、灵敏度余量、动态范围、垂直线性、分辨力、水平线性6个子功能组成。

备注：进入该功能前，需要自动调校仪器，手动调校无法知道结果是否真实，因此以自动调校是否成功为标志，判断仪器是否调校好，如图7-17所示。

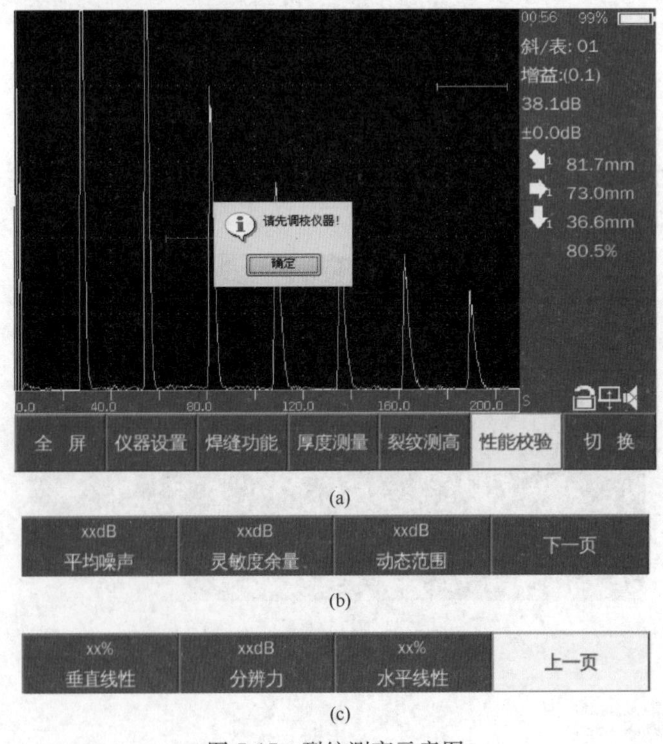

(a)

(b)

(c)

图7-17　裂纹测高示意图

(7)频谱分析

频谱分析的功能是测量探头频率大小,如图 7-18 所示。

①通过调节平移范围,将波形展开,分别用闸门 A、闸门 B,套住单幅回波,全周期(大于 3 次振荡周期)。

②按“冻结”键,测出结果。

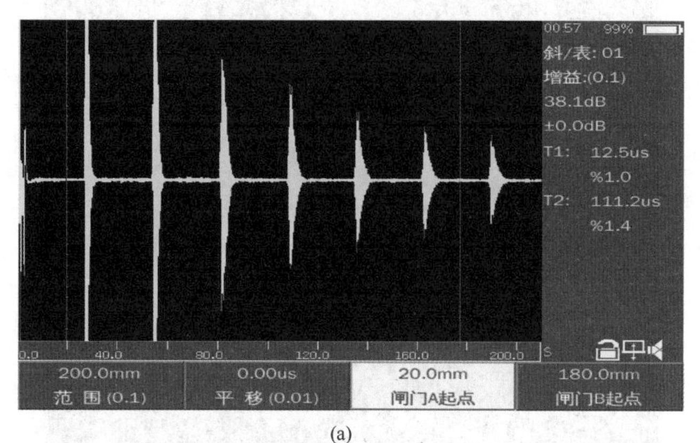

(a)

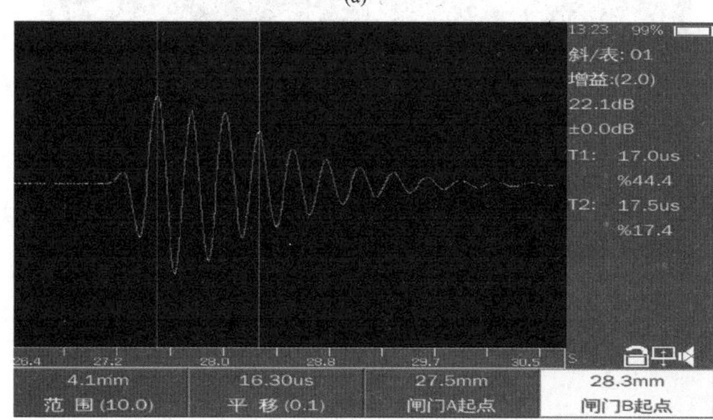

(b)

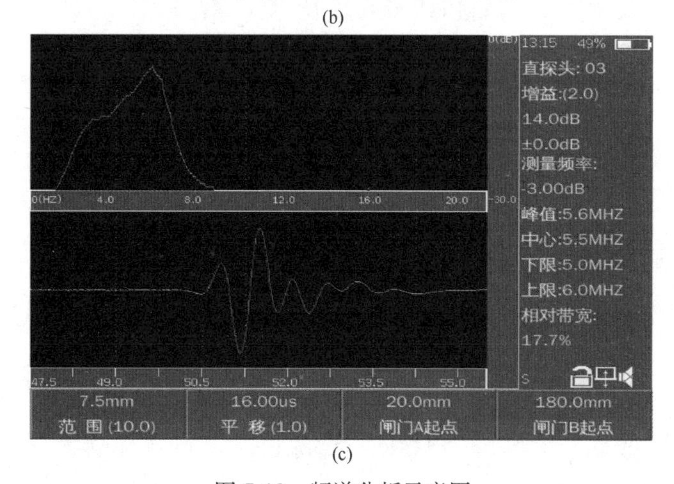

(c)

图 7-18　频谱分析示意图

(8)缺陷 Φ 值

缺陷 Φ 值的功能是测量 Φ 孔大小,如图 7-19 所示。

①移动闸门 A,找到缺陷反射波,按自动增益到 80%波高。

②移动闸门A,找到底波反射波,按下“底波增益”,然后按“自动增益”到80%波高。

③按“Φ值”计算键,得出结果。

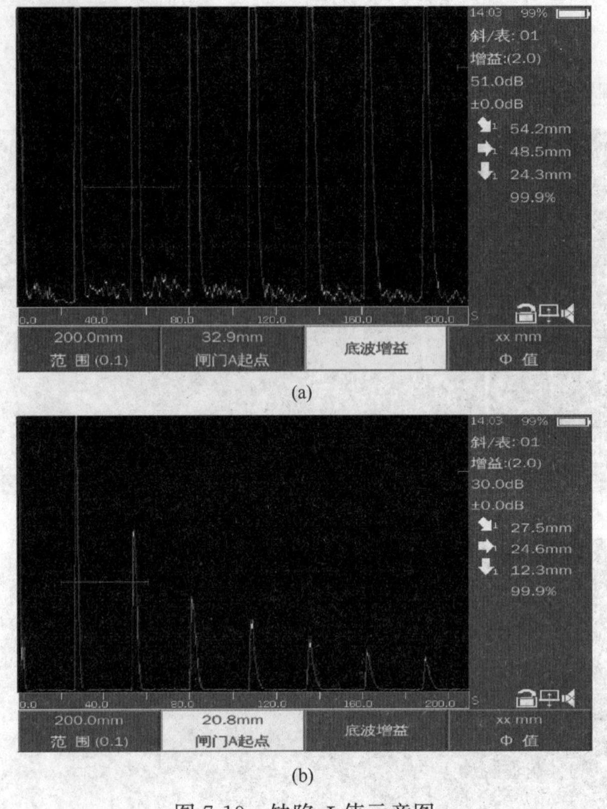

(a)

(b)

图7-19　缺陷Φ值示意图

(9)包络

包络的功能是记录波形变化轨迹,如图7-20所示。

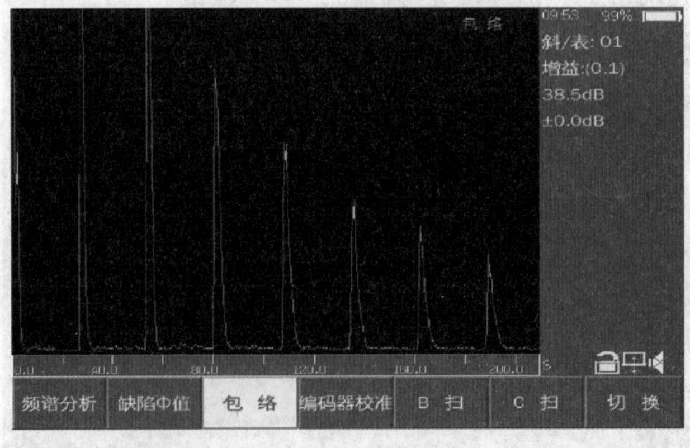

图7-20　包络示意图

①选中包络后,按“确定”键。

②再按“确定”键返回。

(10)编码器校准

编码器校准的功能是测量编码器精度,并计算出对应比例系数,如图7-21所示。

①设置测试距离，连接编码器后，按“测试开始”。
②移动编码器，到测试终点后，按“测试结束”。
③校准完毕，测量出“编码器精度”然后显示出来。

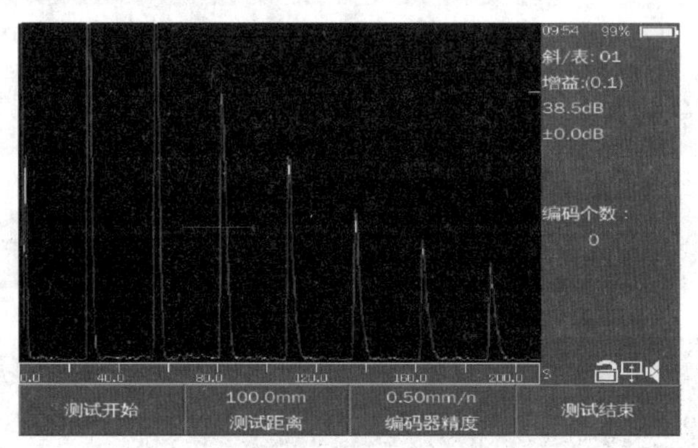

图 7-21　编码器校准示意图

(11)B-Scan

B-Scan 的功能是根据扫查图谱，测量缺陷长度，如图 7-22 所示。
①进入 B-Scan 界面后，调节“步进精度”至所需，可改变编码器方向至所需，还可改变扫查模式。
②时间模式，每秒步进距离＝步进精度×50。
③编码器模式，根据编码器实际扫查距离。
④单击“开始”按钮，单击结束，弹出存储对话框，存储数据。

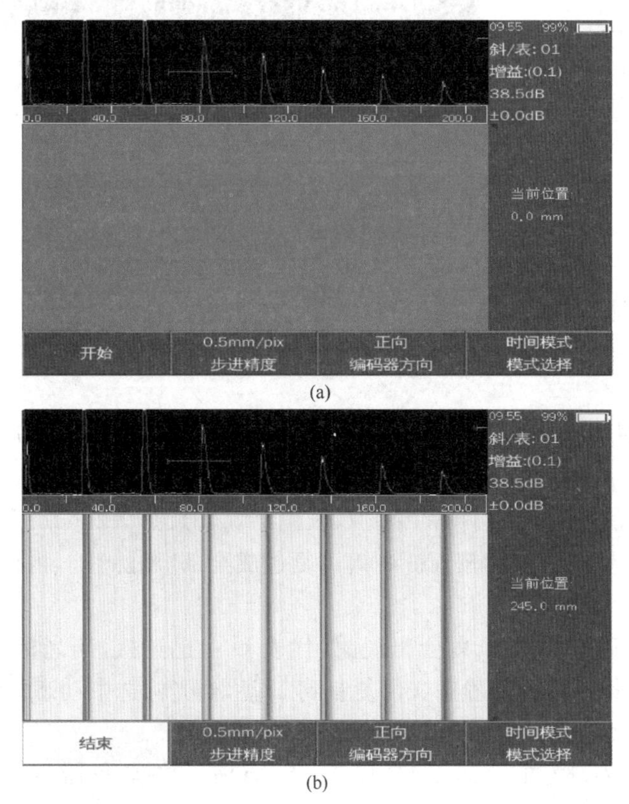

图　7-22

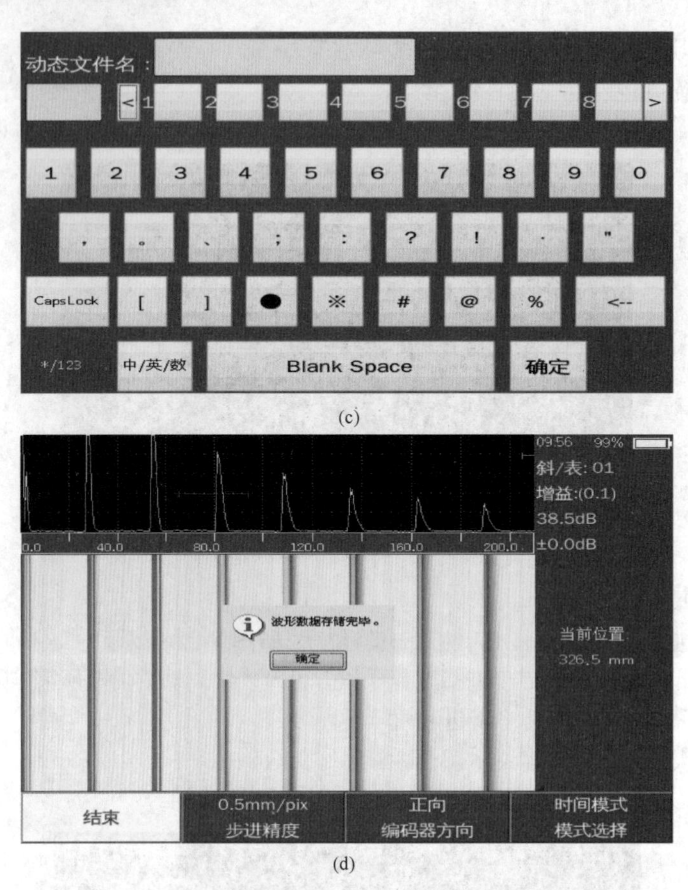

图 7-22　B-Scan 示意图

(12)C-Scan

C-Scan 的功能是根据扫查图谱，测量缺陷长度、宽度、厚度值彩色图谱显示等，如图 7-23 所示。

①进入 C-Scan 界面后，调节厚度上下限、编码器间距、探头偏心、显示倍数、编码器 A/B 初始化、测量模式、模式选择。

②单击“开始”按钮，单击“结束”，弹出存储对话框，存储数据。

2. 文件管理

文件管理的功能是通过选择方向键上下，回放、删除、复制文件等。

(1)按上下键选择需要打开的文件[图 7-24(a)和图 7-24(a)]。

(2)按“回放”键，即可打开文件[图 7-24(c)、图 7-24(d)、图 7-24(e)、图 7-24(f)]。

(3)按“删除”键选中后，继续按“删除”键可复选成全部“删除”键，再按“确认”键删除文件[图 7-24(g)、图 7-24(h)]。

(4)当连接 U 盘后，仪器右下角会出现，代表 U 盘已连接，当光标选中静态文件时，按全部复制到 U 盘键，即可将全部静态文件复制到 U 盘，当光标选中动态文件时，按全部复制到 U 盘键，即可将全部动态文件复制到 U 盘[图 7-24(i)]。

(5)动态文件包括：动态的 A-Scan 波形与 B-Scan 波形数据，仪器会自动识别。

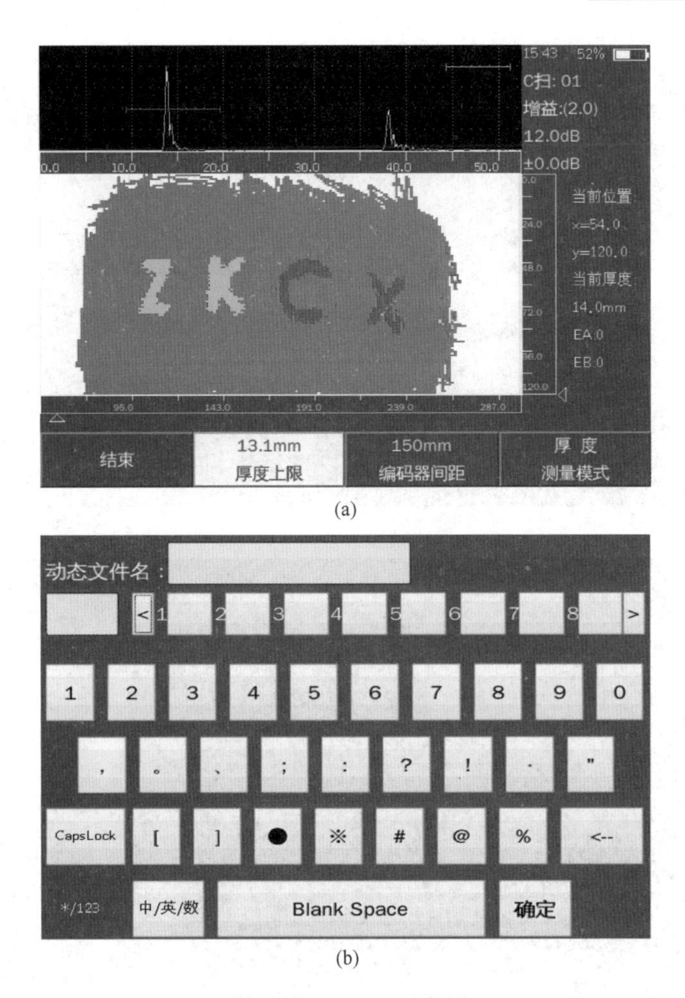

(a)

(b)

图 7-23　C-Scan 示意图

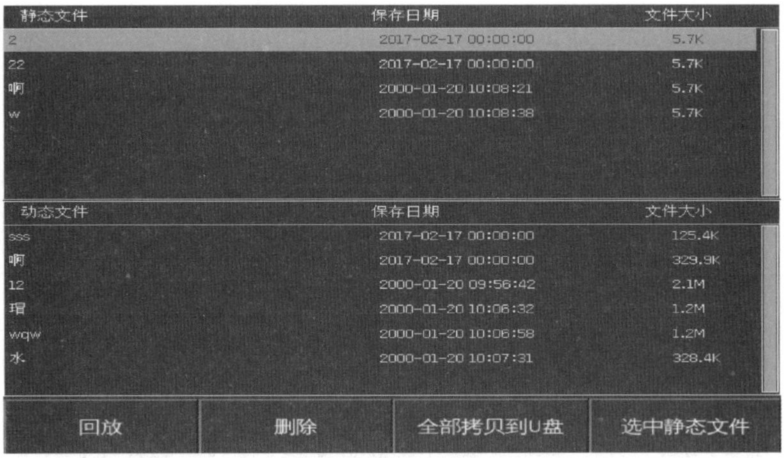

静态文件	保存日期	文件大小
2	2017-02-17 00:00:00	5.7K
22	2017-02-17 00:00:00	5.7K
啊	2000-01-20 10:08:21	5.7K
w	2000-01-20 10:08:38	5.7K

动态文件	保存日期	文件大小
sss	2017-02-17 00:00:00	125.4K
啊	2017-02-17 00:00:00	329.9K
12	2000-01-20 09:56:42	2.1M
珵	2000-01-20 10:06:32	1.2M
wqw	2000-01-20 10:06:58	1.2M
水	2000-01-20 10:07:31	328.4K

回放　删除　全部拷贝到U盘　选中静态文件

(a)

图　7-24

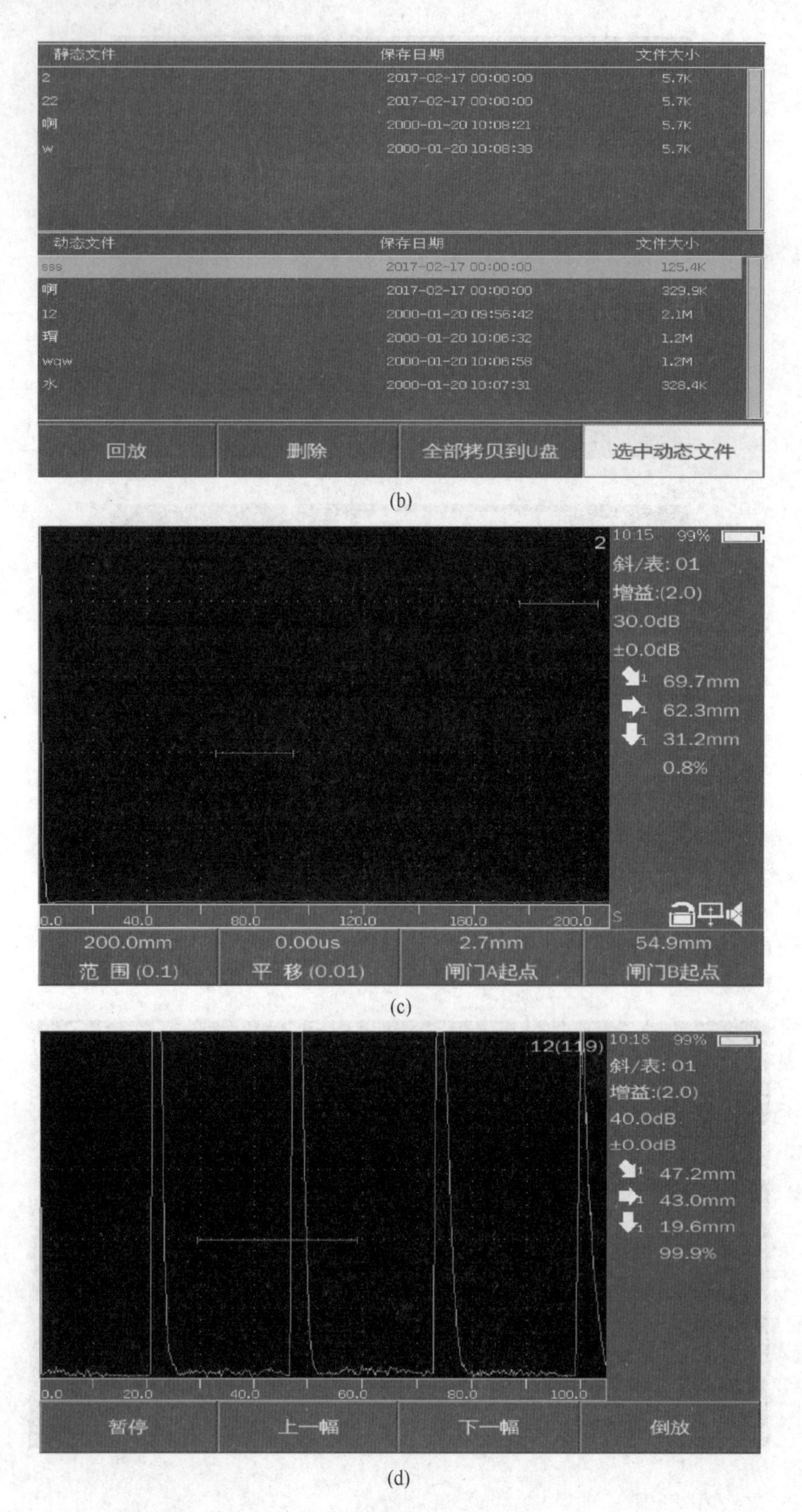
静态文件 保存日期 文件大小
2 2017-02-17 00:00:00 5.7K
22 2017-02-17 00:00:00 5.7K
啊 2000-01-20 10:08:21 5.7K
w 2000-01-20 10:08:38 5.7K
动态文件 保存日期 文件大小
sss 2017-02-17 00:00:00 125.4K
啊 2017-02-17 00:00:00 329.9K
12 2000-01-20 09:56:42 2.1M
瑁 2000-01-20 10:06:32 1.2M
wqw 2000-01-20 10:06:58 1.2M
水 2000-01-20 10:07:31 328.4K
回放
删除
全部拷贝到U盘
选中动态文件
(b)
2
10:15 99%
斜/表: 01
增益:(2.0)
30.0dB
±0.0dB
69.7mm
62.3mm
31.2mm
0.8%
0.0 40.0 80.0 120.0 160.0 200.0
200.0mm 范 围 (0.1)
0.00us 平 移 (0.01)
2.7mm 闸门A起点
54.9mm 闸门B起点
(c)
12(119)
10:18 99%
斜/表: 01
增益:(2.0)
40.0dB
±0.0dB
47.2mm
43.0mm
19.6mm
99.9%
0.0 20.0 40.0 60.0 80.0 100.0
暂停
上一幅
下一幅
倒放
(d)

图 7-24

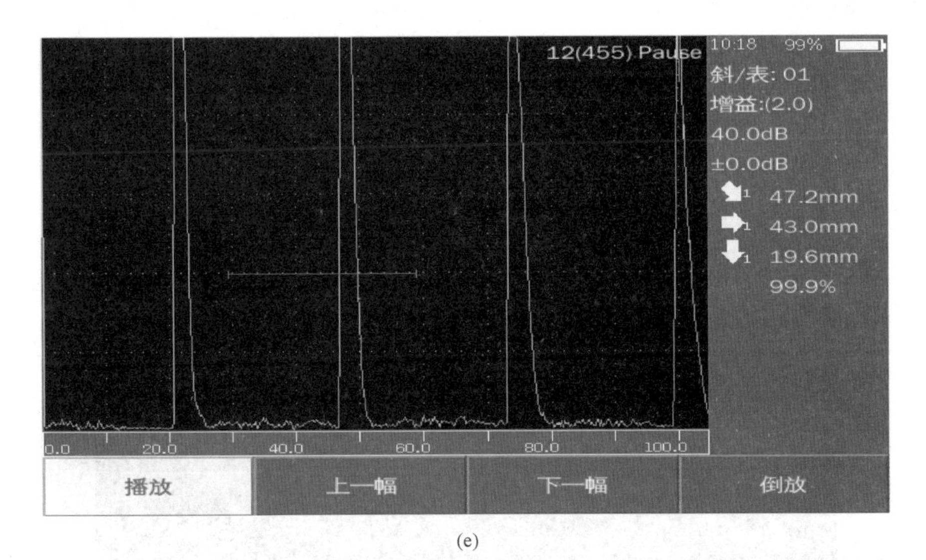
12(455) Pause
10:18　99%
斜/表: 01
增益:(2.0)
40.0dB
±0.0dB
47.2mm
43.0mm
19.6mm
99.9%
0.0　20.0　40.0　60.0　80.0　100.0
播放
上一幅
下一幅
倒放

(e)

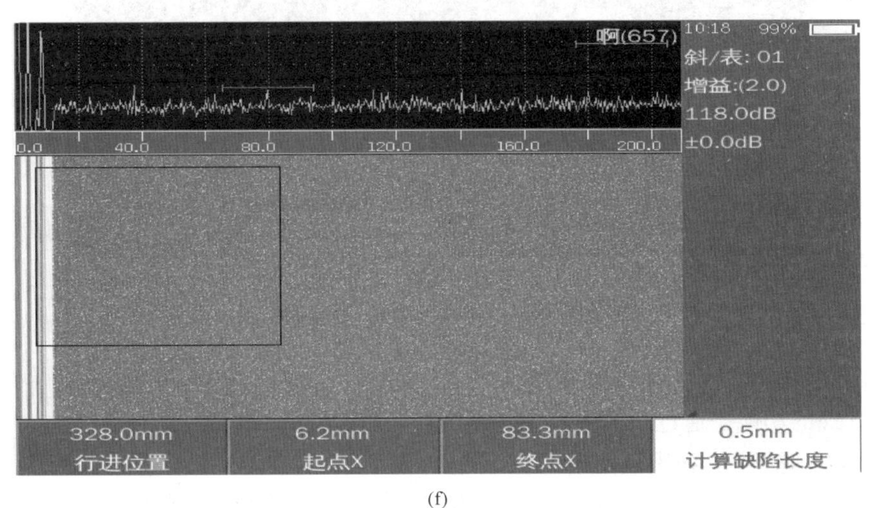
啊(657)
10:18　99%
斜/表: 01
增益:(2.0)
118.0dB
±0.0dB
0.0　40.0　80.0　120.0　160.0　200.0
328.0mm
行进位置
6.2mm
起点X
83.3mm
终点X
0.5mm
计算缺陷长度

(f)

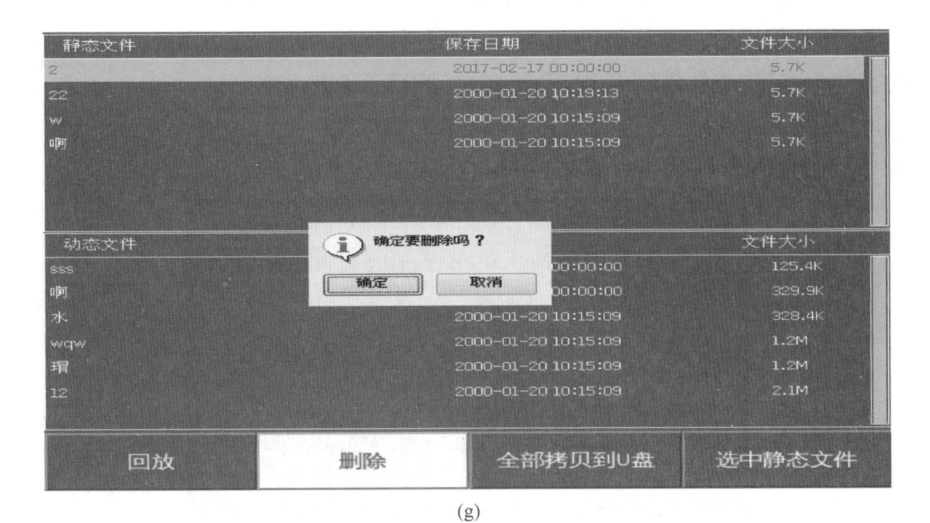
静态文件
保存日期
文件大小
2　2017-02-17 00:00:00　5.7K
22　2000-01-20 10:19:13　5.7K
w　2000-01-20 10:15:09　5.7K
啊　2000-01-20 10:15:09　5.7K
动态文件
文件大小
确定要删除吗？
确定
取消
sss　00:00:00　125.4K
啊　00:00:00　329.9K
水　2000-01-20 10:15:09　328.4K
wqw　2000-01-20 10:15:09　1.2M
理　2000-01-20 10:15:09　1.2M
12　2000-01-20 10:15:09　2.1M
回放
删除
全部拷贝到U盘
选中静态文件

(g)

图　7-24

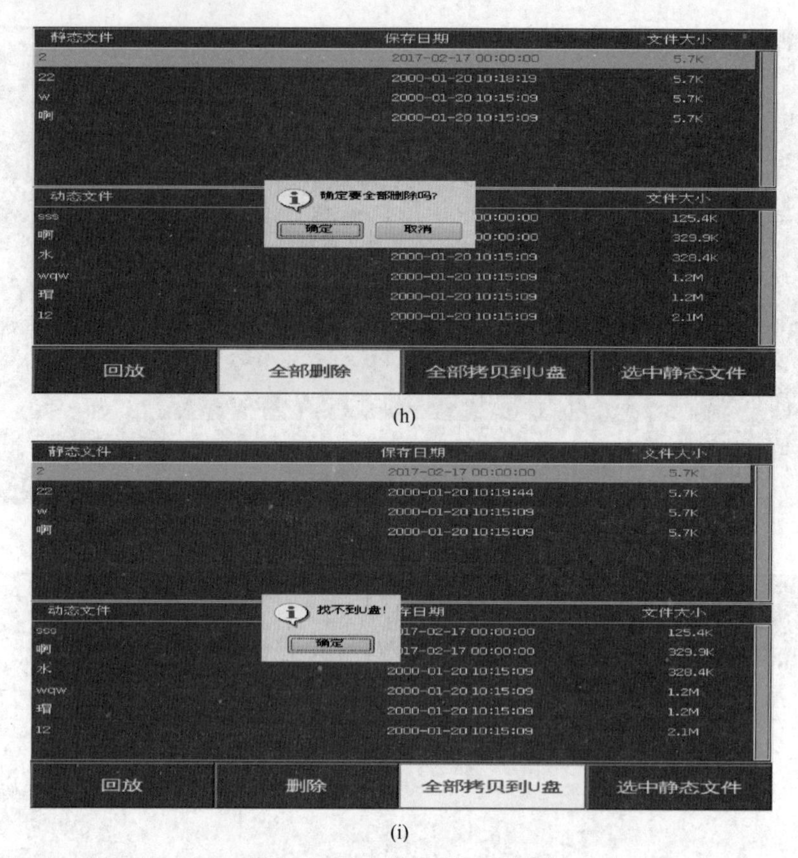

(h)

(i)

图 7-24　文件管理设置示意图

3. 无线管理

无线管理的功能是通过扫描附近 Wi-Fi 热点，连接、断开、删除热点等。

(1)单击“扫描”键，搜索到附近 Wi-Fi 热点[图 7-25(a)和图 7-25(b)]。

(2)单击需要连接的 Wi-Fi 热点名，弹出输入密码对话框[图 7-25(c)]。

(3)单击密码“编辑”框，弹出软键盘，输入密码后，保存[图 7-25(d)]。

(4)状态变为“已连接”，等待几秒，系统在自动分配 IP 地址 。

(5)出现 IP 地址，代表已经连接到路由器[图 7-25(e)]。

(6)Wi-Fi 管理界面可以删除，添加 Wi-Fi[图 7-25(f)]。

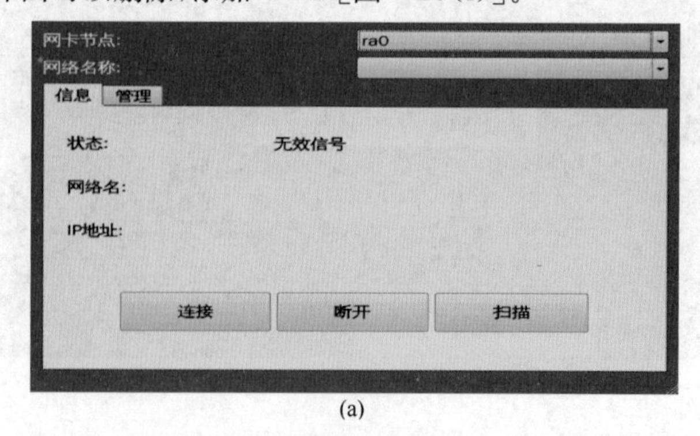

(a)

图　7-25

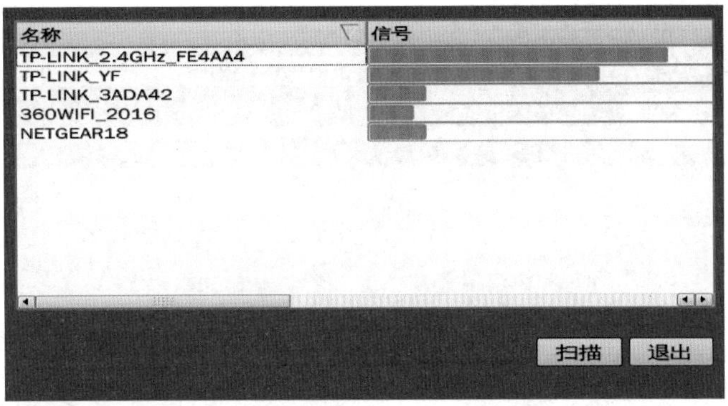

名称 信号
TP-LINK_2.4GHz_FE4AA4
TP-LINK_YF
TP-LINK_3ADA42
360WIFI_2016
NETGEAR18
扫描 退出

(b)

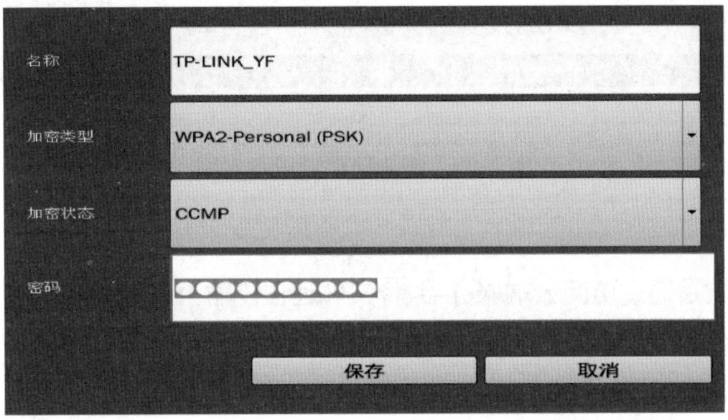

名称 TP-LINK_YF
加密类型 WPA2-Personal (PSK)
加密状态 CCMP
密码
保存 取消

(c)

请输入：
< 1 2 3 4 5 6 7 8 >
1 2 3 4 5 6 7 8 9 0
, 。 、 ; : ? ! · "
CapsLock [ ] ● ※ # @ % <--
*/123 中/英/数 Blank Space 确定

(d)

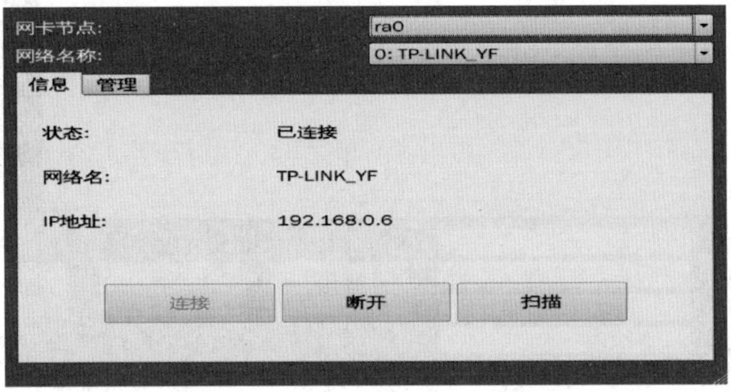

网卡节点: ra0
网络名称: 0: TP-LINK_YF
信息 管理
状态: 已连接
网络名: TP-LINK_YF
IP地址: 192.168.0.6
连接 断开 扫描

(e)

图　7-25

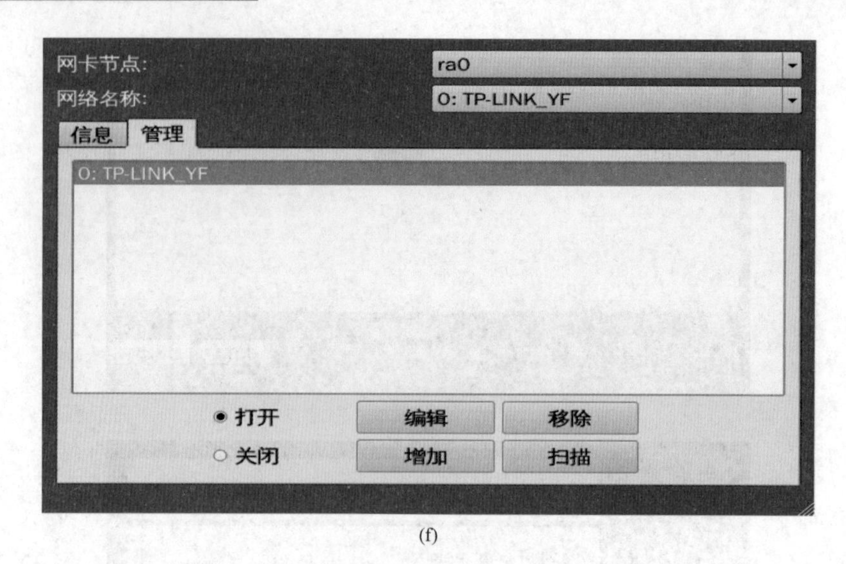

(f)

图 7-25　伤波储存设置示意图

4. FTP 管理

FTP 管理的功能是通过访问云端服务器,将文件远程传输至服务器,以一键升级仪器程序。

(1)分别用软键盘,输入 FTP 服务器、用户名、密码、端口号[图 7-26(a)]。

(2)单击“连接”键,连接成功后出现服务器目录[图 7-26(b)]。

(3)单击“子目录”,然后单击“上传文件”,弹出本地对话框,选择上传目录中的文件[图 7-26(c)和图 7-26(d)]。

(4)通过上移、下移、选择文件,确定进入子目录或者选中文件上传[图 7-26(e)和图 7-26(f)]。

(5)上传成功后,服务器目录将出现上传文件[图 7-26(g)]。

(6)更新系统无须输入 FTP 信息,连接到互联网后,单击即可一键升级[图 7-26(h)]。

(7)更新成功后,重启仪器即可[图 7-26(i)]。

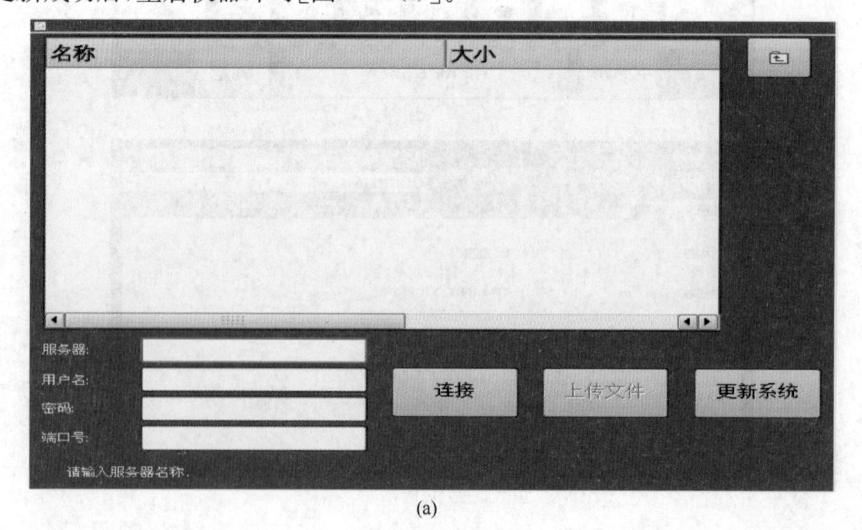

(a)

图　7-26

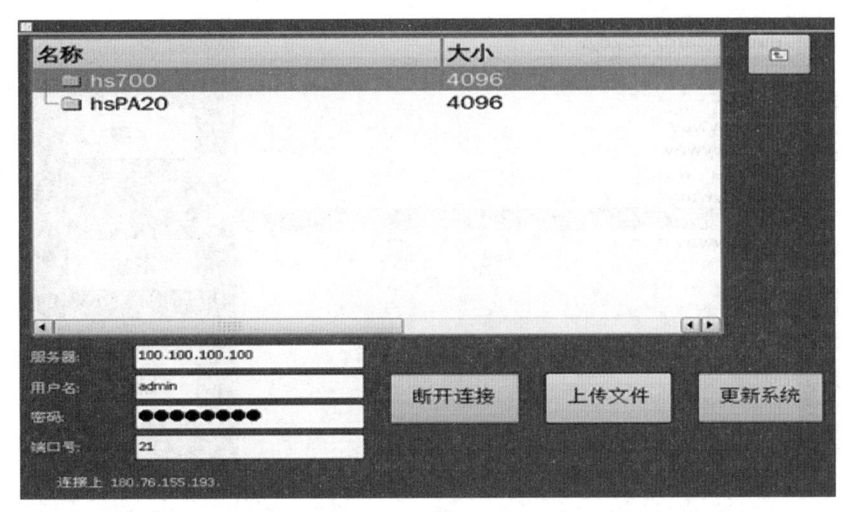

(b)

名称
大小
HSAPP
23501386
服务器:
100.100.100.100
用户名:
admin
密码:
端口号:
21
断开连接
上传文件
更新系统
连接上 180.76.155.193.

(c)

(d)

图　7-26

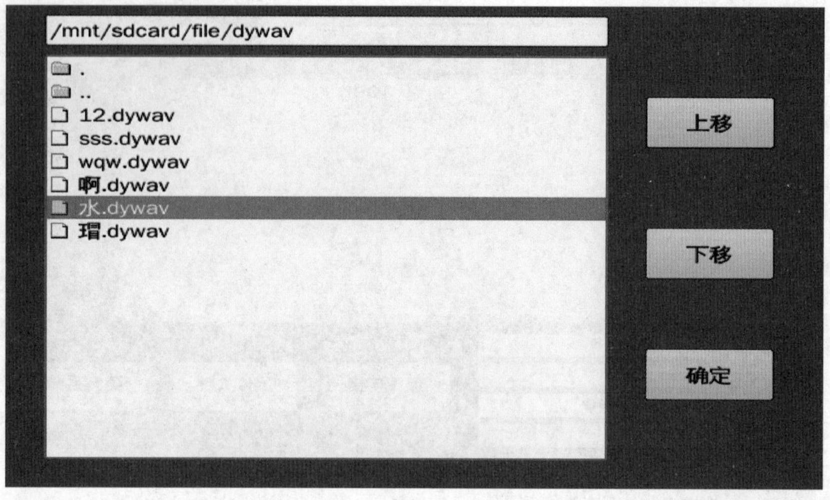

(e)

名称 大小

Uploading...

3%

Cancel

服务器: 100.100.100.100

用户名: admin

密码: *********

端口号: 21

断开连接 上传文件 更新系统

连接上 180.76.155.193.

(f)

名称 大小

HSAPP 23501386

水.dywav 336262

服务器: 100.100.100.100

用户名: admin

密码: ●●●●●●●●●

端口号: 21

断开连接 上传文件 更新系统

连接上 180.76.155.193.

(g)

图 7-26

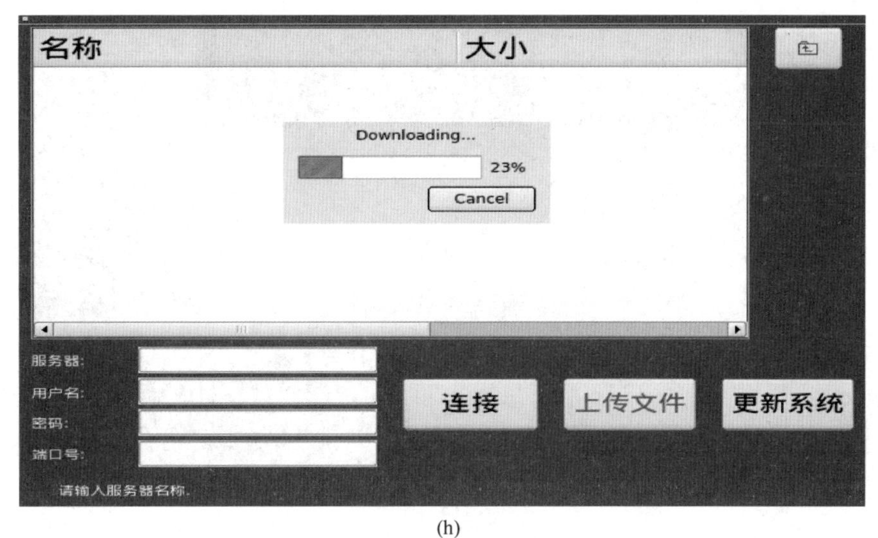

(h)

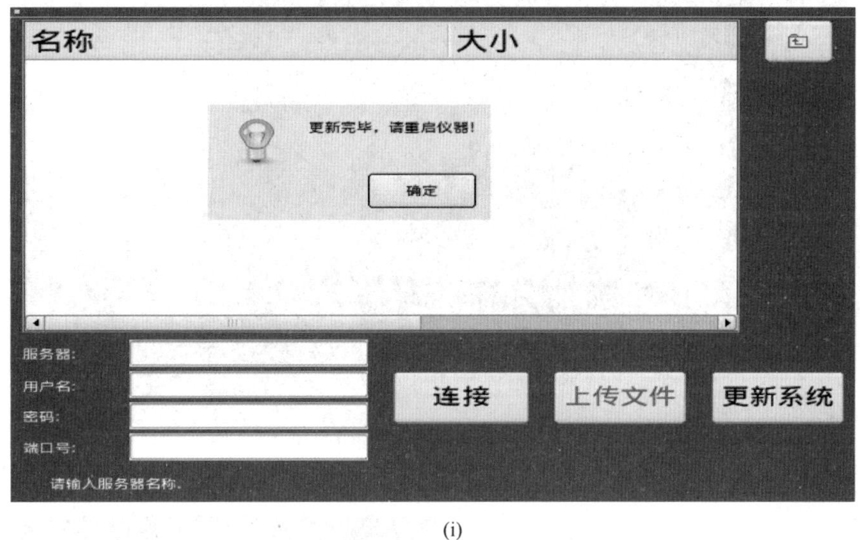

(i)

图 7-26　TIP 管理操作示意图

5. TOFD 管理

TOFD 管理的功能是根据扫查图谱，测量自身高度、缺陷长度、缺陷深度。

(1)进入 TOFD 扫界面后，会有调校、PCS 计算、参数设置键[图 7-27(a)]。

(2)显示调校、TOFD 探头延时、前沿、LW、BW 校准界面[图 7-27(b)]。

(3)PCS 计算，可选计算类型、计算模型、分层起终点、楔块角度、内外径大小[图 7-27(c)、图7-27(d)和图 7-27(e)]。

(4)参数设置分别为：模式选择、测试距离、编码器 A 精度、编码器方向、测试开始、测试结束、重复频率、步进精度、声速、编码个数[图 7-27(f)]。

(5)单击“开始”按钮，单击“结束”，弹出存储对话框，存储数据[图 7-27(g)和图 7-27(h)]。

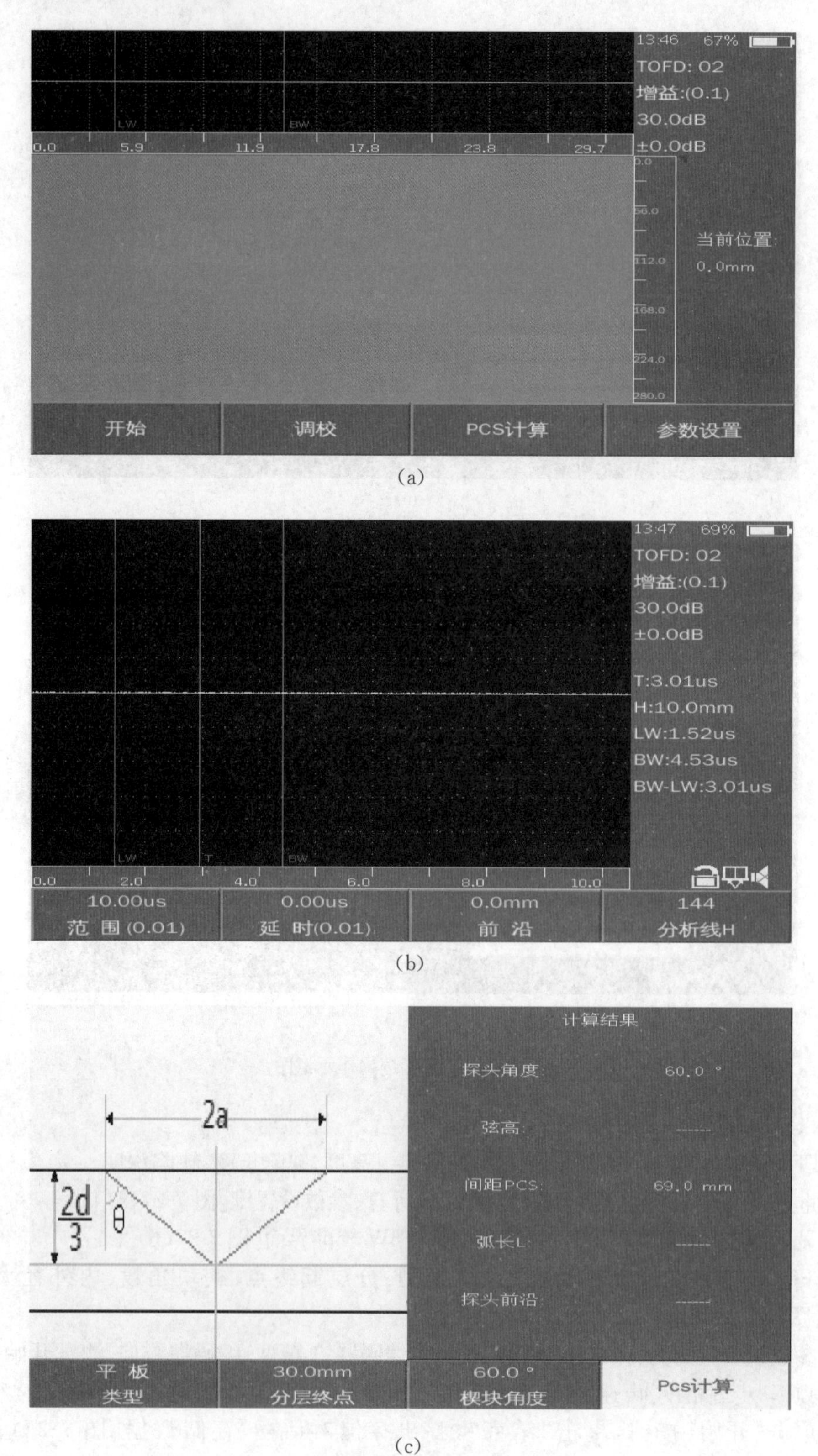

13:46 67%
TOFD: 02
增益:(0.1)
30.0dB
±0.0dB
LW
BW
0.0
5.9
11.9
17.8
23.8
29.7
当前位置:
0.0mm
开始
调校
PCS计算
参数设置
13:47 69%
TOFD: 02
增益:(0.1)
30.0dB
±0.0dB
T:3.01us
H:10.0mm
LW:1.52us
BW:4.53us
BW-LW:3.01us
10.00us
范 围(0.01)
0.00us
延 时(0.01)
0.0mm
前 沿
144
分析线H
计算结果
探头角度: 60.0 °
弦高: ------
间距PCS: 69.0 mm
弧长L: ------
探头前沿: ------
2a
2d/3
θ
平 板
类型
30.0mm
分层终点
60.0 °
楔块角度
Pcs计算

(a)

(b)

(c)

图 7-27

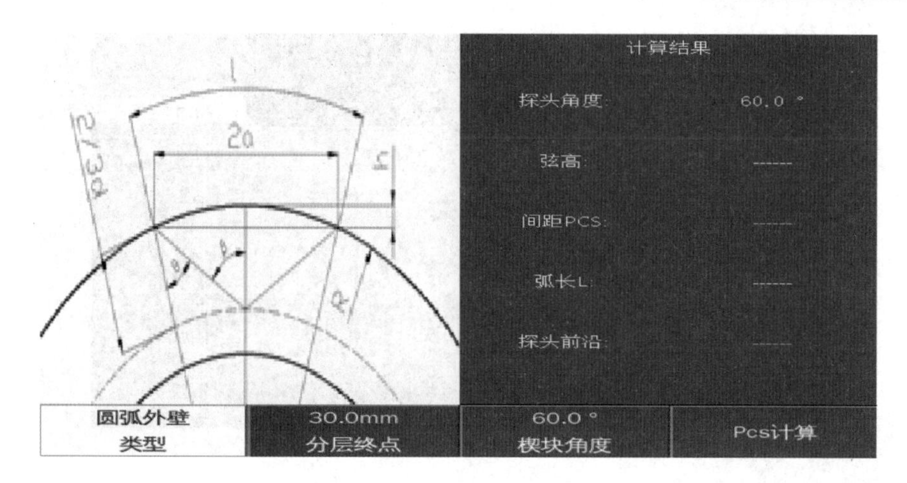

(d)

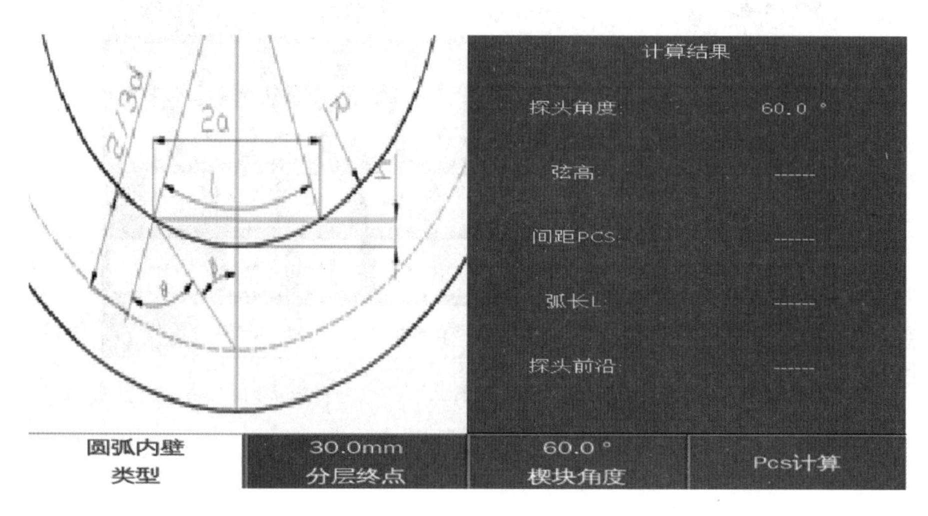

(e)

参　数　设　置

参数	设置	单位
模式选择	时间模式	
测试距离	200	mm
编码器A精度	0.04	mm
编码器方向	正向	
测试开始	编码器清零	
测试结束	确定	
重复频率	60Hz	
步进精度	1.00	mm/p
声　速	5940	m/s
编码个数	0	

(f)

图　7-27

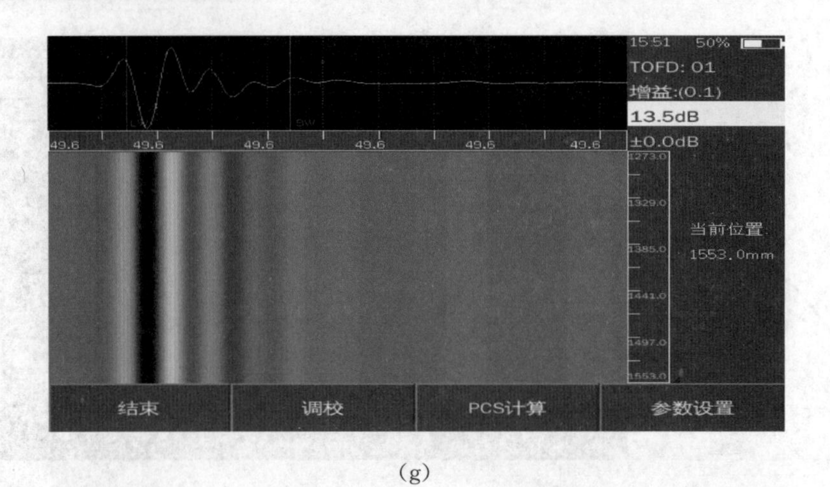

(g)

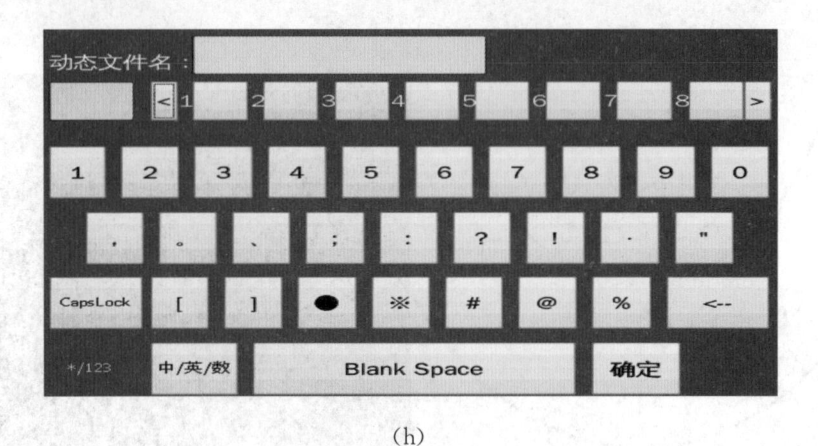

(h)

图 7-27　TOFD 管理操作示意图

六、功能热键

1. 通道

通道的功能是显示多通道参数，单通道显示的功能按下“通道”键后，可选中通道，按上下键调节，如图 7-28 所示。

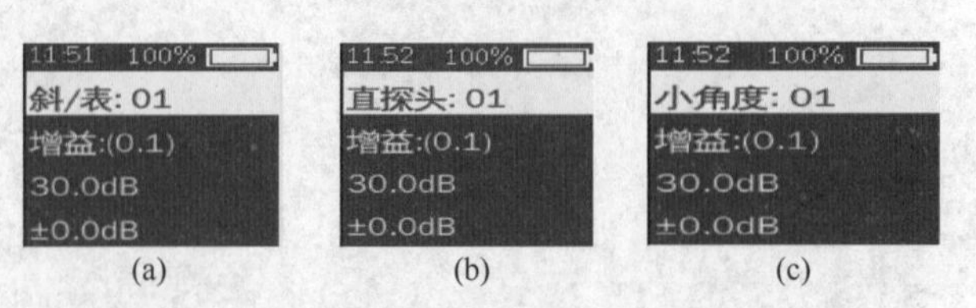

(a)　(b)　(c)

图 7-28　通道参数示意图

2. 冻结

冻结的功能是暂停实时采集数据，并静态显示一帧数据在界面上，如图 7-29 所示。

按“冻结”键开启冻结，再按“冻结”键结束冻结功能。

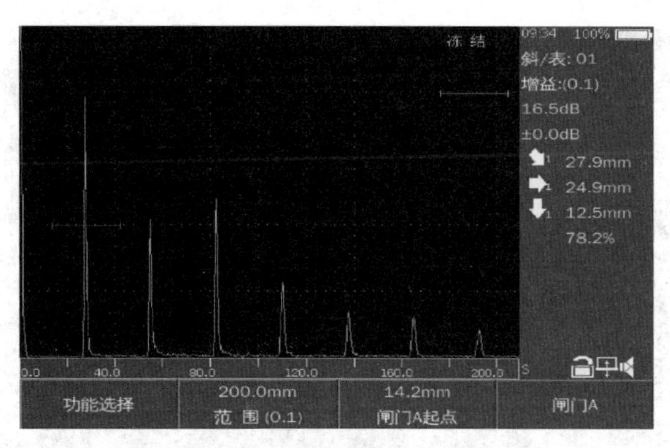

图 7-29　冻结功能示意图

3. 增益

增益的功能是调节增益大小，如图 7-30 所示。

①按“增益”键可选中增益选项，继续按“增益”键，可让增益步进调挡。

②选中后，可按上下方向键，调整增益大小。

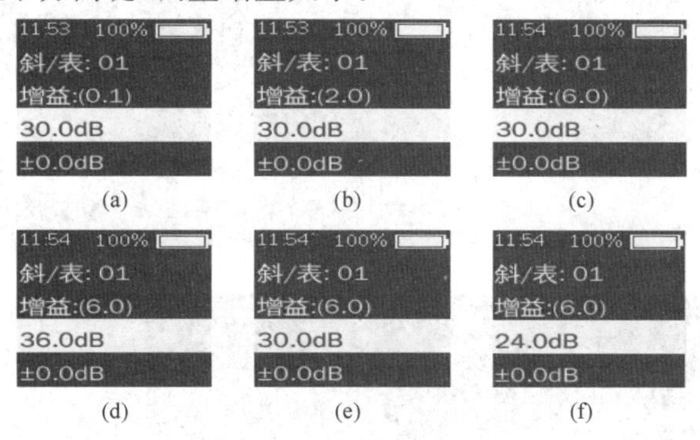

图 7-30　增益功能示意图

4. 曲线(图 7-31)

曲线功能是制作波幅曲线[图 7-31(a)]。

(1)按“制作”键，提示输入坐标显示方式 S、H、L[图 7-31(b)]。

(2)找到回波后，自动增益到 80%波高，按“取点”键，继续寻找最高波[图 7-31(c)和图 7-31(d)]。

(3)确认是该回波的最高波，按下“取点”，可画出第一次回波曲线[图 7-31(e)]。

(4)移动闸门 A，寻找回波，同上的方法，画出第二次回波曲线[图 7-31(f)]。

(5)依此类推，直到找到全部回波曲线[图 7-31(g)]。

(6)确认曲线做成后，按“确定”键，输入工件厚度、表面补偿等[图 7-31(h)]和[图 7-31(i)]。

(7)按“确认”键绘制出 DAC 曲线[图 7-31(j)]。

(8)完成曲线制作后，可对曲线进行调整、删除、距离补偿的功能。

(9)按“制作”键，依次输入探头规格、探头频率、延长深度，完成延长功能[图 7-31(k)]和[图 7-31(l)]。

(10)按“调整”键，进入调整界面，按“方向”键调整曲线，继续按“调整”键，切换，调整曲线节点，按“确认”退出调整界面，可反复操作[图 7-31(m)]。

(11)按“删除”键，确认是否删除，即可完成曲线删除[图 7-31(n)]。

(12)按“距离补偿”键，打开和关闭距离补偿功能[图 7-31(o)]。

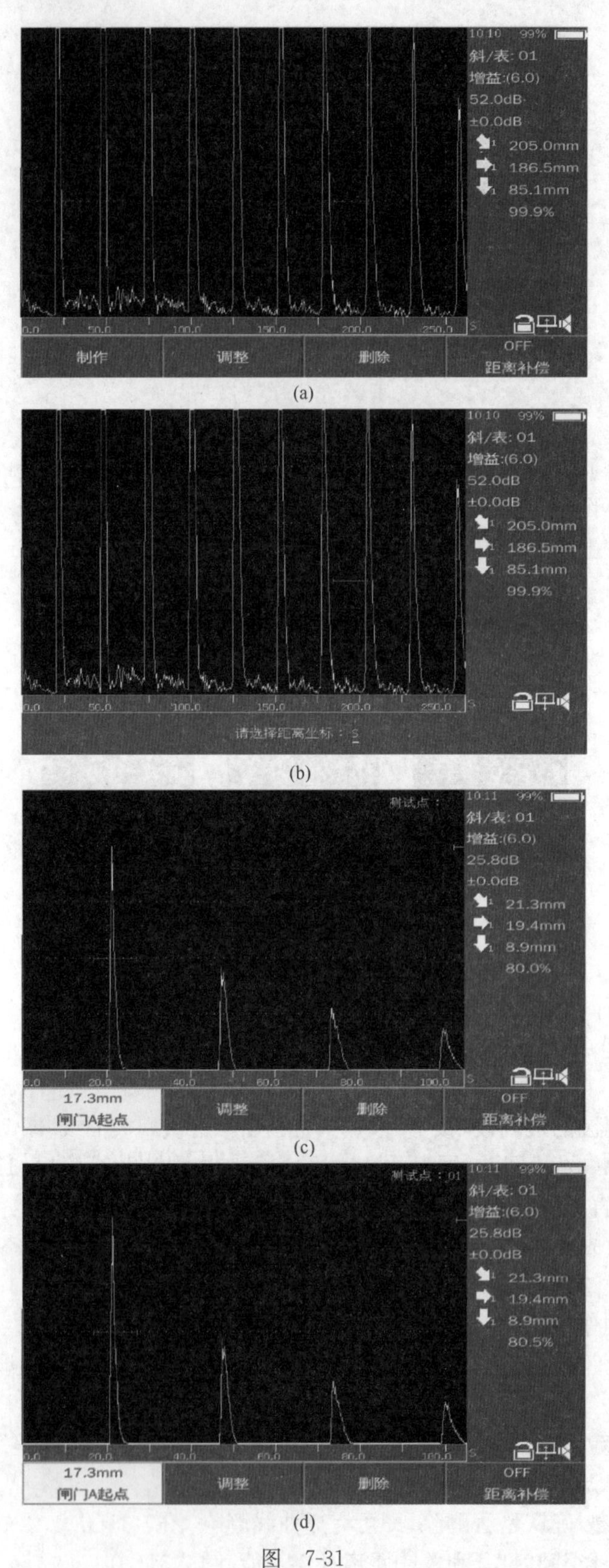
10:10 99%
斜/表: 01
增益:(6.0)
52.0dB
±0.0dB
205.0mm
186.5mm
85.1mm
99.9%
0.0 50.0 100.0 150.0 200.0 250.0
制作
调整
删除
OFF
距离补偿
(a)
10:10 99%
斜/表: 01
增益:(6.0)
52.0dB
±0.0dB
205.0mm
186.5mm
85.1mm
99.9%
0.0 50.0 100.0 150.0 200.0 250.0
请选择距离坐标：S
(b)
10:11 99%
斜/表: 01
增益:(6.0)
25.8dB
±0.0dB
21.3mm
19.4mm
8.9mm
80.0%
0.0 20.0 40.0 60.0 80.0 100.0
17.3mm
闸门A起点
调整
删除
OFF
距离补偿
(c)
10:11 99%
斜/表: 01
增益:(6.0)
25.8dB
±0.0dB
21.3mm
19.4mm
8.9mm
80.5%
0.0 20.0 40.0 60.0 80.0 100.0
17.3mm
闸门A起点
调整
删除
OFF
距离补偿
(d)

图　7-31

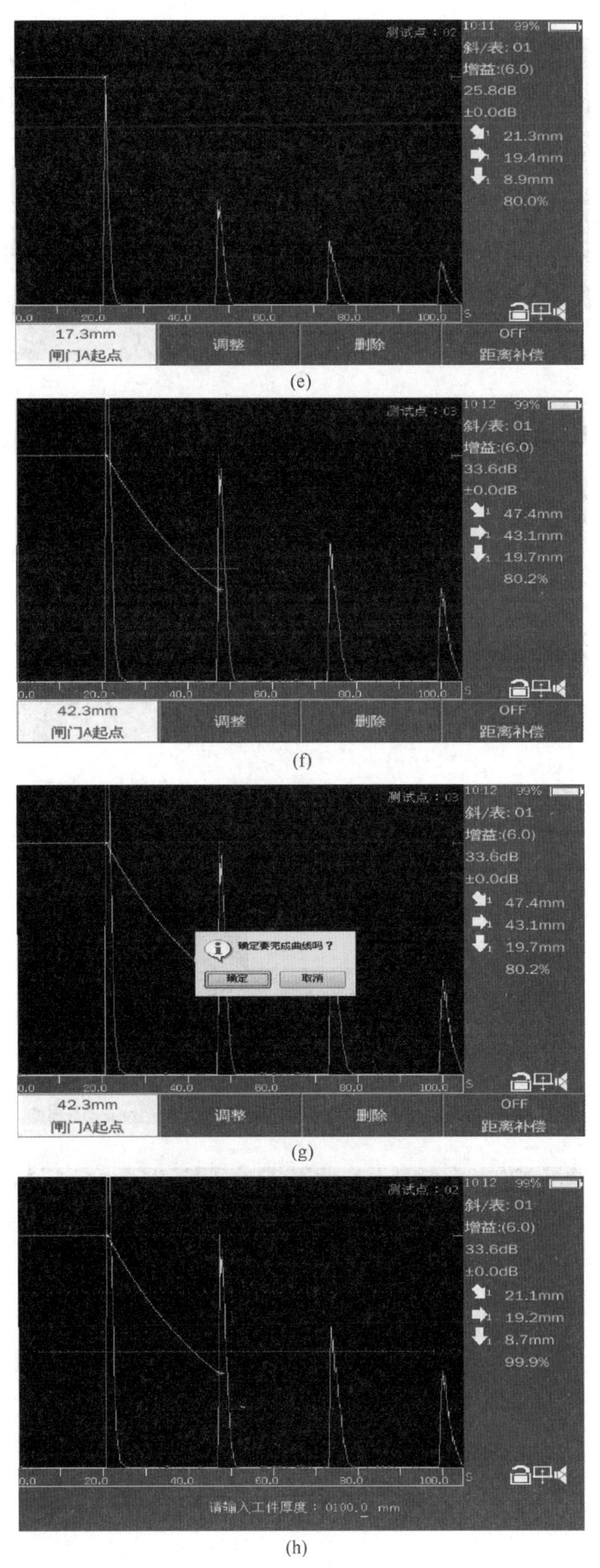
10:11 99%
斜/表: 01
增益:(6.0)
25.8dB
±0.0dB
21.3mm
19.4mm
8.9mm
80.0%
17.3mm
闸门A起点
调整
删除
OFF
距离补偿
(e)
10:12 99%
斜/表: 01
增益:(6.0)
33.6dB
±0.0dB
47.4mm
43.1mm
19.7mm
80.2%
42.3mm
闸门A起点
调整
删除
OFF
距离补偿
(f)
10:12 99%
斜/表: 01
增益:(6.0)
33.6dB
±0.0dB
47.4mm
43.1mm
19.7mm
80.2%
42.3mm
闸门A起点
调整
删除
OFF
距离补偿
(g)
10:12 99%
斜/表: 01
增益:(6.0)
33.6dB
±0.0dB
21.1mm
19.2mm
8.7mm
99.9%
请输入工件厚度：0100.0 mm
(h)

图　7-31

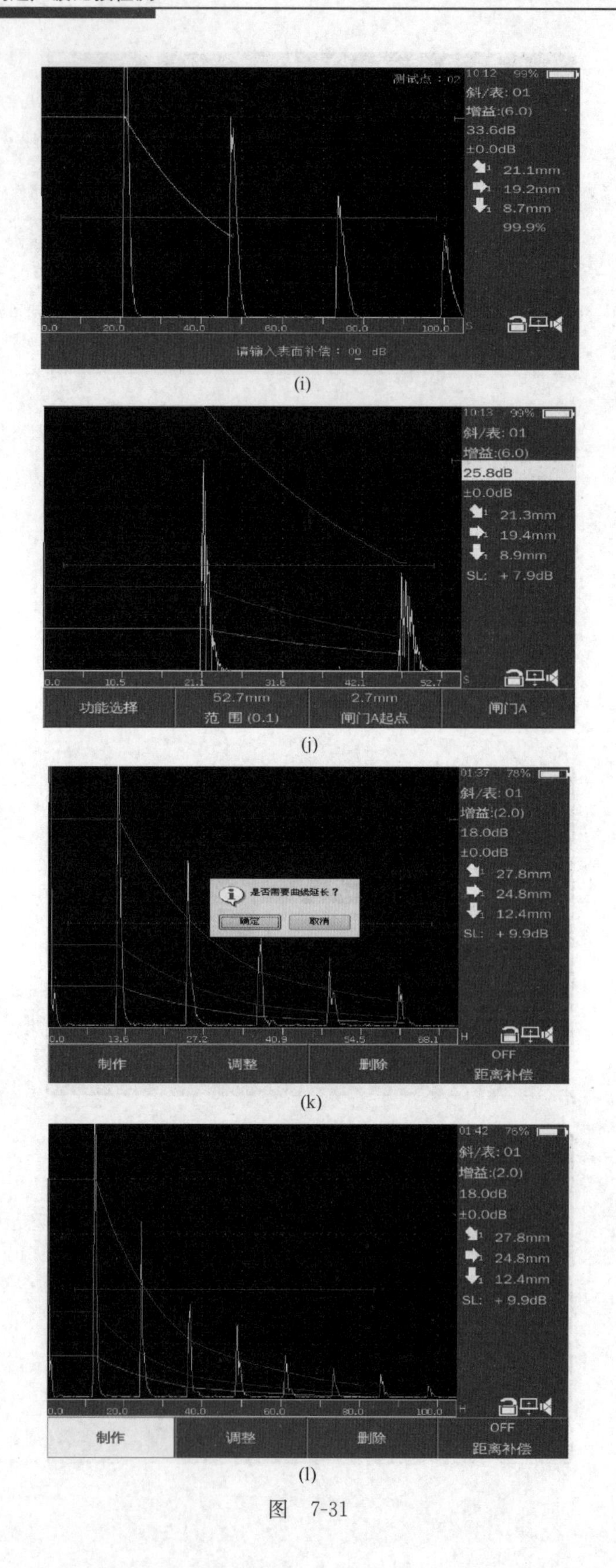
测试点：02
斜/表: 01
增益:(6.0)
33.6dB
±0.0dB
21.1mm
19.2mm
8.7mm
99.9%
请输入表面补偿：00 dB
斜/表: 01
增益:(6.0)
25.8dB
±0.0dB
21.3mm
19.4mm
8.9mm
SL: + 7.9dB
功能选择
52.7mm
范 围 (0.1)
2.7mm
闸门A起点
闸门A
斜/表: 01
增益:(2.0)
18.0dB
±0.0dB
27.8mm
24.8mm
12.4mm
SL: + 9.9dB
是否需要曲线延长？
确定
取消
制作
调整
删除
OFF
距离补偿
斜/表: 01
增益:(2.0)
18.0dB
±0.0dB
27.8mm
24.8mm
12.4mm
SL: + 9.9dB
制作
调整
删除
OFF
距离补偿
(i)

(j)

(k)

(l)

图 7-31

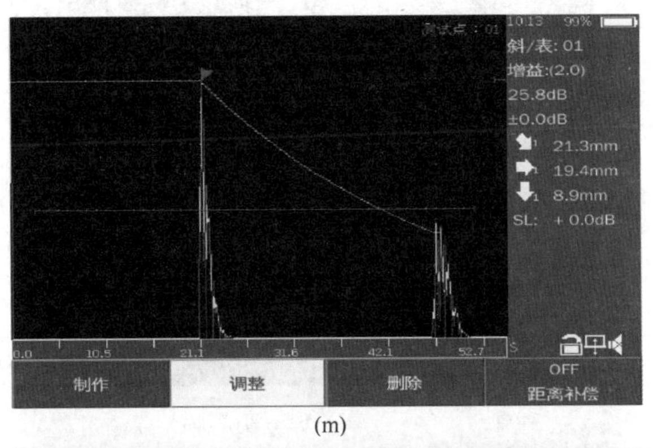

(m)

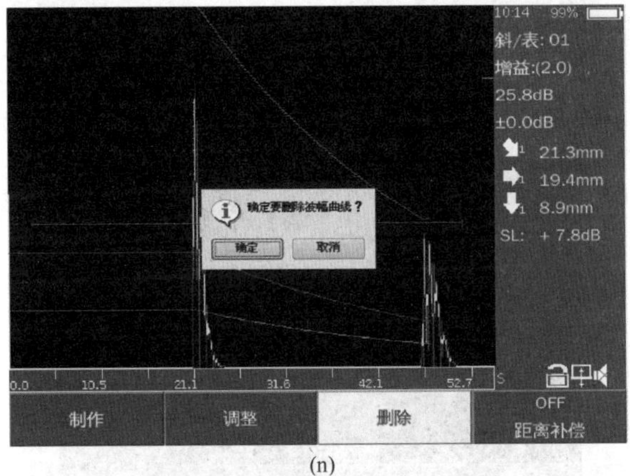

(n)

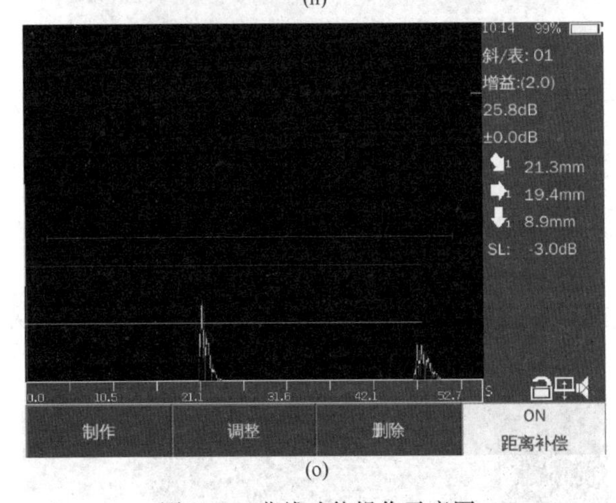

(o)

图 7-31　曲线功能操作示意图

取点即是获取闸门内波形峰值，波形位置。

帮助即是调出说明书。

5. 参数

参数的功能是控制仪器软件参数，调出参数界面，如图 7-32 所示。

(1)按上下键，选中参数，按“确定”键，进入调节参数，继续按“确定”键，退出调节参数。

(2)继续按“参数”键，退出。

图 7-32 参数设置示意图

电源开关即是物理开关电源。

6. 自动增益

自动增益的功能是通过自动改变增益大小，将闸门内回波拉到 80％波高，如图 7-33 所示。

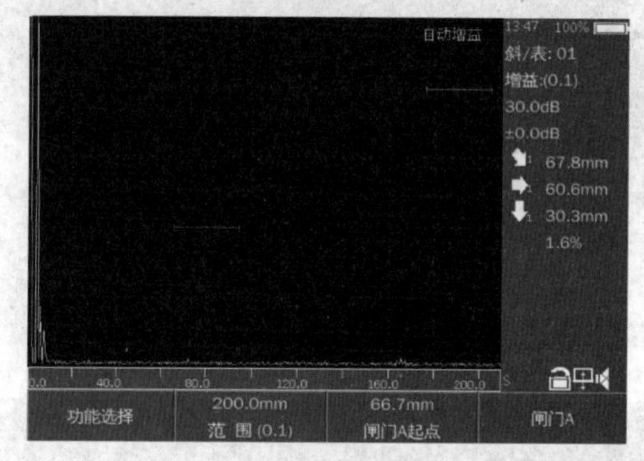

图 7-33 自动增益示意图

7. 自动调校

自动调校的功能是一键校准仪器零偏、声速、*K* 值，如图 7-34 所示。

(1)进入自动调校后，找到对应回波，按“自动增益”后，按“确认”键获取零偏和声速[图 7-34(a)]和[图 7-34(b)]。

(2)按“*K* 值”键，进入 *K* 值校准界面，找到回波 80％波高，按“确认”键，计算出 *K* 值[图 7-34(c)]。

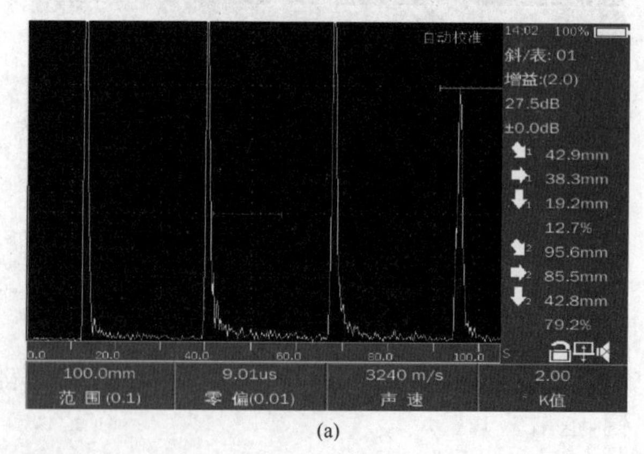

(a)

图 7-34

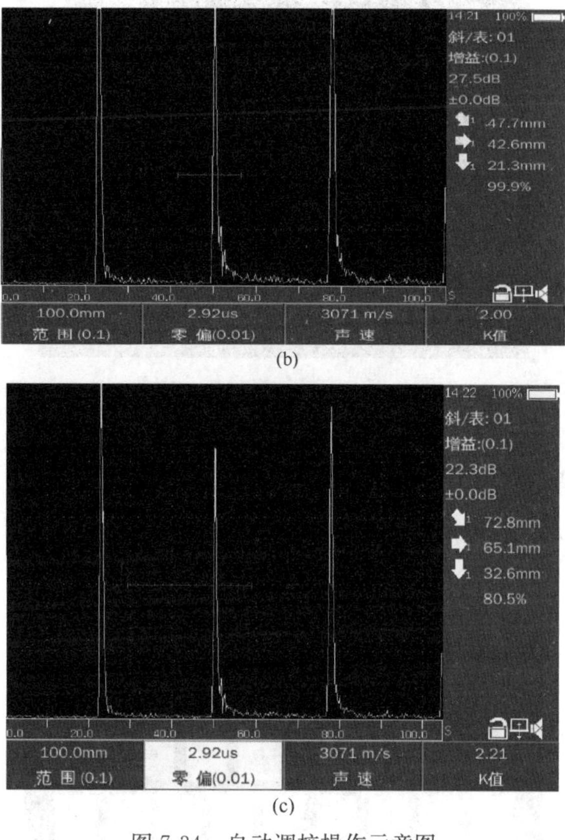

(b)

(c)

图 7-34　自动调校操作示意图

8. 手动调校

手动调校的功能是手动调节“零偏”“平移”“声速”“*K* 值”大小，如图 7-35 所示。

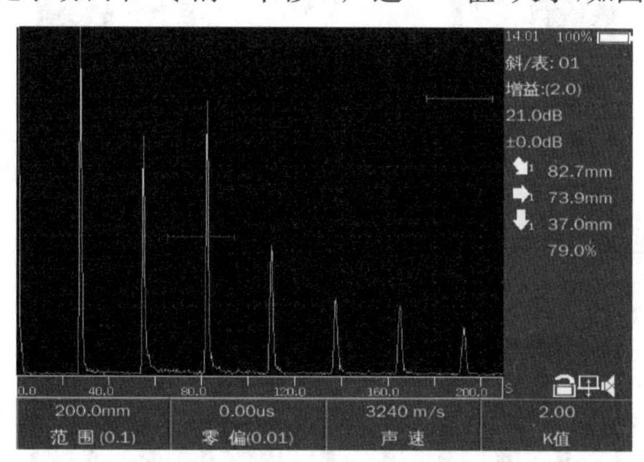

图 7-35　手动调校操作示意图

9. 波峰记忆

波峰记忆的功能是记录闸门 A 峰值变化轨迹，做曲线时，辅助找到最高回波，如图 7-36 所示。

按“波峰记忆”键 即可开启功能，再按“波峰记忆”键，即可退出。

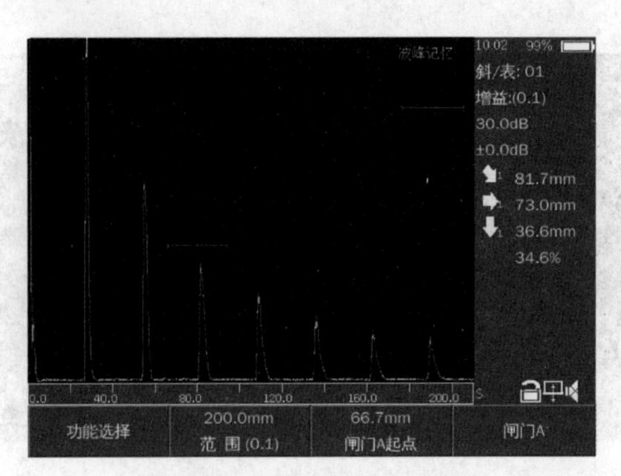

图 7-36　波峰记忆操作示意图

10. 动态记录

动态记录的功能是连续记录多幅伤波图形，如图 7-37 所示。

(1)按“动态记录”，弹出软键盘，输入文件名后按“确认”键。

(2)开始动态记录后，仪器右下角，会出现 图标，代表正在记录。

图 7-37　动态记录设置示意图

11. 伤波存储

伤波存储的功能是存储单幅伤波图形，如图 7-38 所示。

(1)按“伤波存储”键，弹出软键盘，输入文件名后，按“确认”键退出。

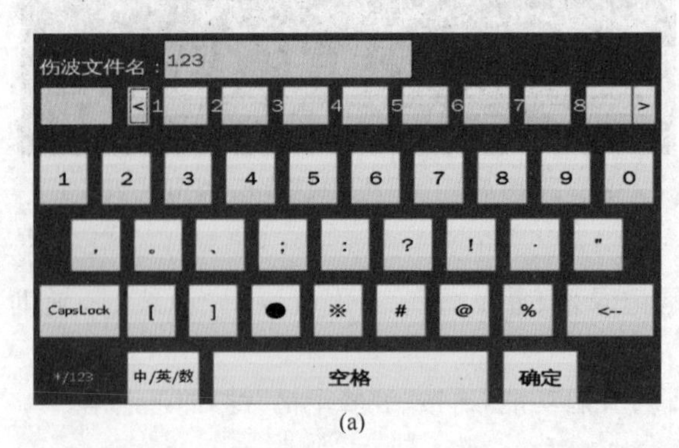

(a)

图　7-38

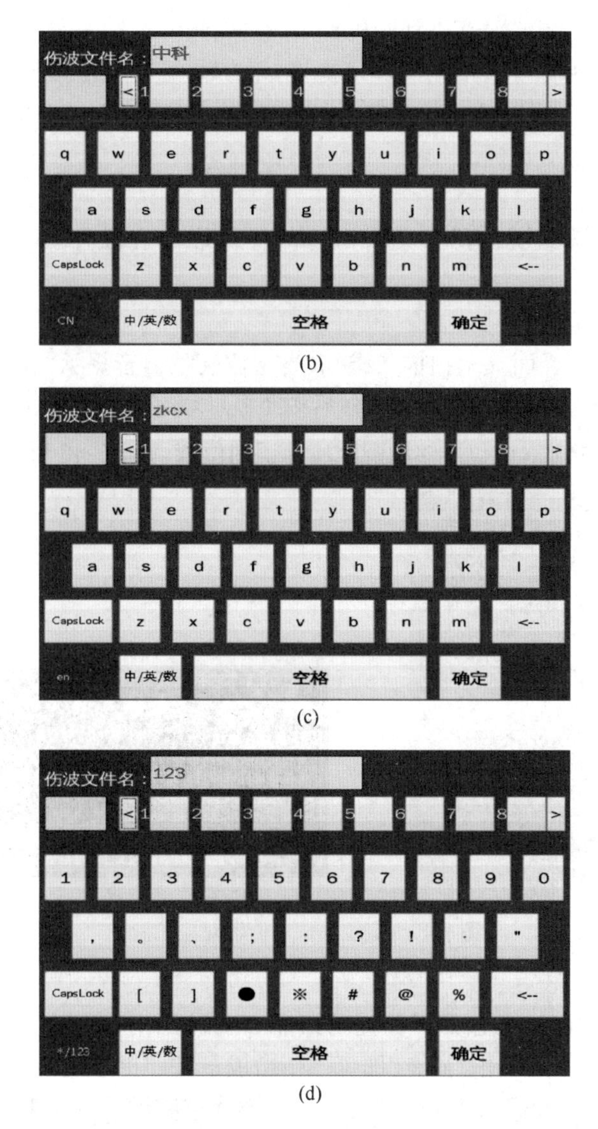

(b)

(c)

(d)

图 7-38　伤波储存设置示意图

七、定位功能

1. 安装手机 App

在应用商店搜索“米兔定位电话”，或者扫描说明书后附二维码下载 App 安装。

2. 定位电话开机与充电

定位模块自带电池，充电方式为双公头 USB 线连接 USB1 和 USB2，USB1 为正常 USB 接口，USB2 为定位模块充电接口（备注：没有定位功能的仪器，USB1 和 USB2 均为正常 USB 接口），如图7-39 所示。建议在给仪器充电同时给定位模块充电。需要开机、仪器工作时请不要给定位模块充电。

定位模块插上双公头 USB 线充电后可自动开机（有开机铃声）。当听到“网络连接成功”的语音播报后可进行后续的绑定操作。

如果长时间(大约 3 min)没有听到开机铃声,有两种情况,第一种情况是出厂时已经开机,此时可直接尝试绑定操作;第二种情况是定位模块的电池耗尽,此时需要等待 10 min 左右,待定位模块的电池有一定的电量后,定位模块才可自动开机。

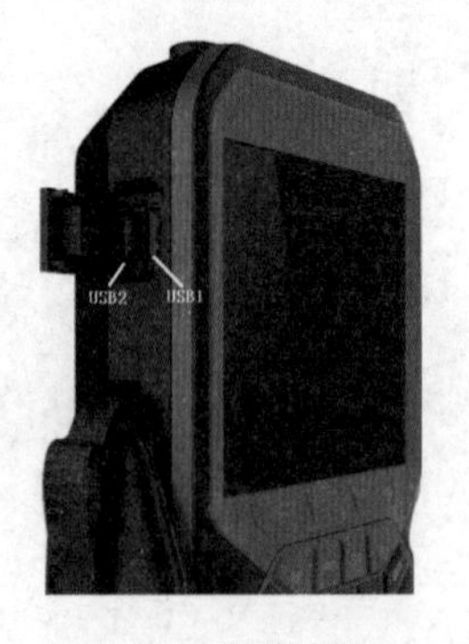

图 7-39　定位模块充电接口说明

3. 绑定定位模块

绑定定位模块有两种情况:情况一,第一次绑定;情况二,在已有管理员的情况下新增成员。

情况一:第一次绑定

步骤:打开 App 按照界面提示扫描二维码,当定位模块语音提示“收到绑定请求”后,按一下“功能”键完成绑定,然后按照提示填写相关信息。

备注:定位模块功能键对应仪器铭牌圆圈所标识的位置,如图7-40 所示。

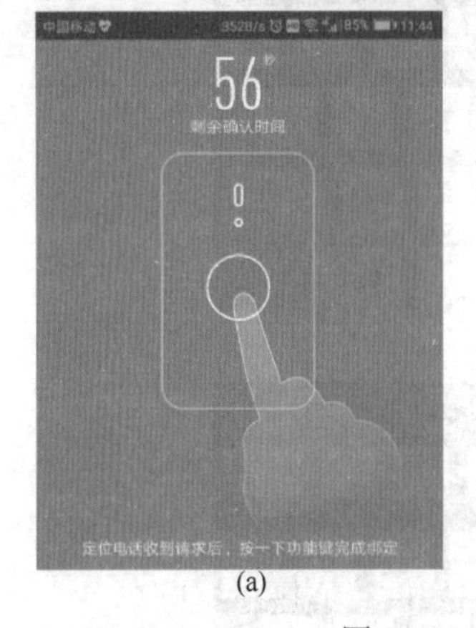

(a)

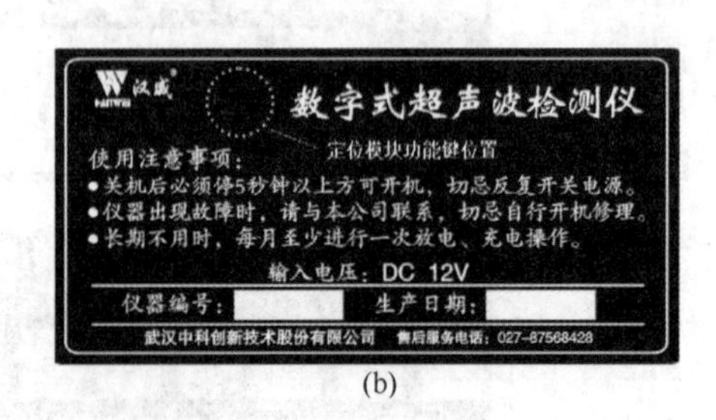

(b)

图 7-40　定位模块功能键对应位置

情况二:新增成员

步骤:新增成员打开 App,按照界面提示扫描二维码(要求管理员在线,即打开 App 并联网),管理员收到绑定请求后单击“同意”即可。新增成员按照提示填写信息,如图 7-41 所示。

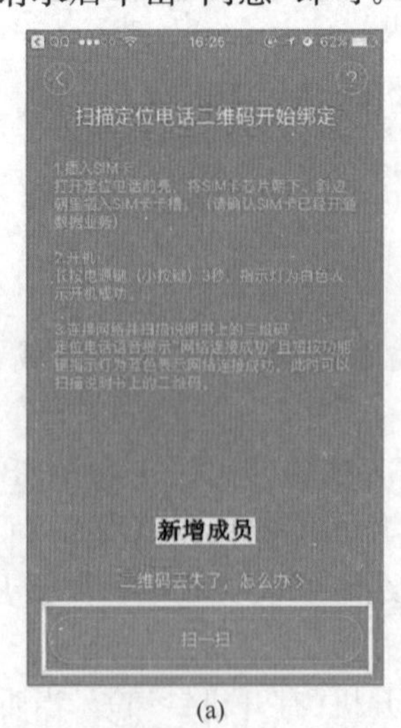

(a)

(b)

图　7-41

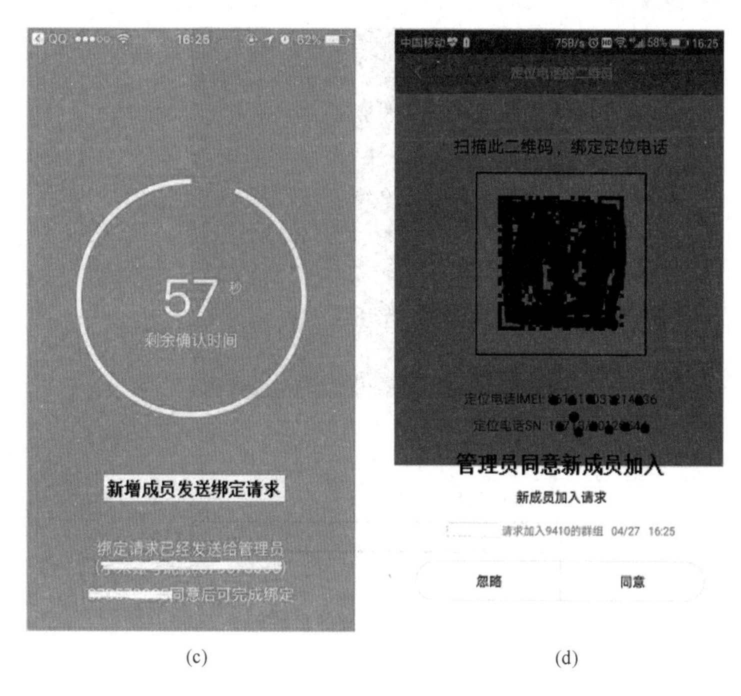

(c)　　　　　　　　(d)

图 7-41　新增成员

4. 移交管理员权限

在有些情况下，需要移交管理员权限。

步骤：单击 App 界面右上角设置图标，进入设置界面，单击"成员管理"，选取需要移交权限的成员，转移管理员权限，如图 7-42 所示。

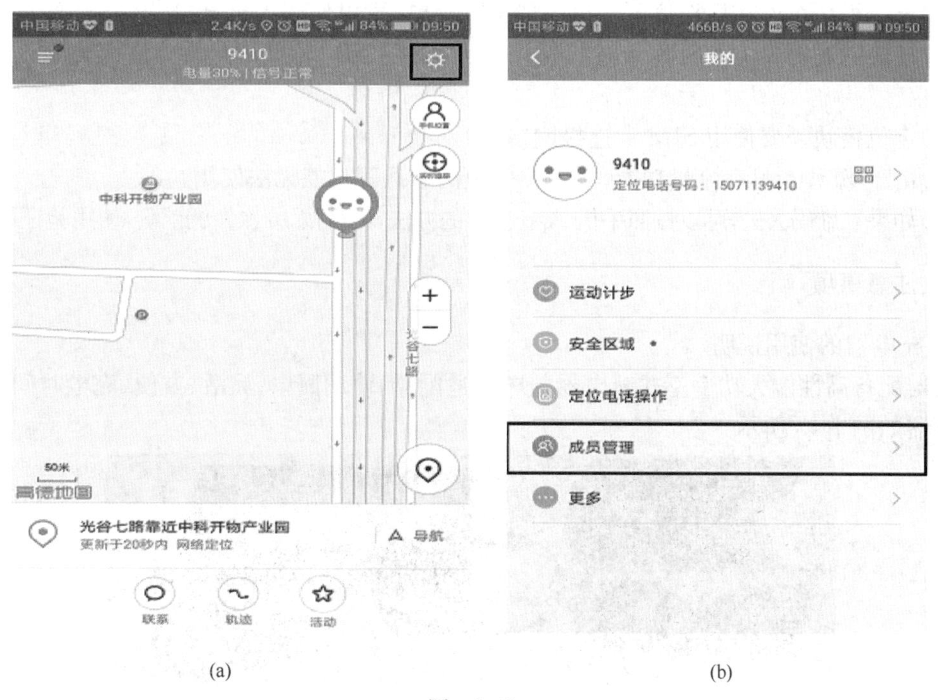

(a)　　　　　　　　(b)

图　7-42

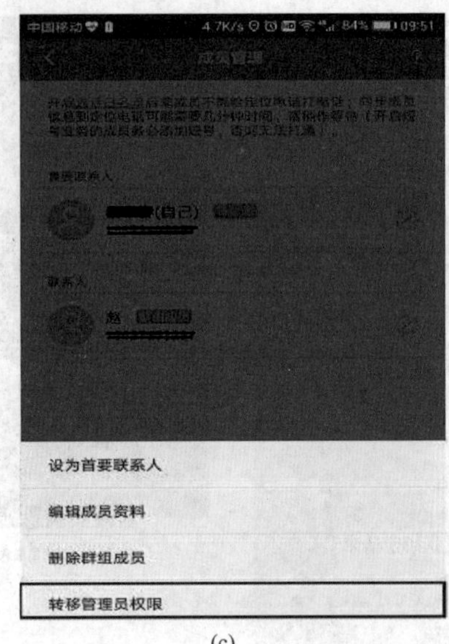

(c)

图 7-42　移交管理员权限

特殊情况说明如下：

(1)如果长时间充电(半小时以上)仍然无法自动开机,需联系相关售后服务。

(2)电量显示是定位模块通过网络传送至手机 App,并非实时显示,更新较慢。

(3)定位模块具有 5 种定位方式,GPS、GLONASS、GSM、网络、重力感应,定位效果与所处的环境有关。

(4)将定位模块模式设置为省电模式,可使用 10 天左右。在其他模式下使用时间较短。

(5)定位模块可以在探伤仪不开机的情况下充电,可以使用手机充电器,搭配双公头 USB 线,定位模块的充电口为 USB2(上述),切记不可插错 USB 口,使用这种方法充电建议不要打开探伤仪。

(6)定位模块需要使用 SIM 卡连接网络。

(7)由于 SIM 卡只有流量功能,故定位模块的通话等功能无法使用。

(8)如果二维码丢失,可以按照手机 App 提供的办法,连续按 16 次"功能"键,使用验证码绑定。

八、注意事项

1. 充电器的使用说明

仪器配备高性能大功率座式充电器与电源适配器,使用简单、灵活、方便、充电时间短。电源适配器如图 7-43 所示。

图 7-43　电源适配器

2. 使用方法

仪器有两种充电方式：一种是使用仪器本身进行充电；另一种是使用座式充电器进行充电。两种充电方式均需要使用电源适配器。

方法一：使用仪器本身充电，将电池安装在仪器上，锁紧卡扣，插上适配器，适配器连接220 V交流电。

方法二：使用座式充电器进行充电，将电池插入座式充电器内，插上适配器，适配器连接220 V交流电。

3. 充电指示灯说明

充电器指示灯说明如图7-44所示。

图7-44　充电器指示灯说明

座式充电器有三个指示灯："POWER""CHARGING""FULL"。

POWER：电源指示灯，插入适配器后亮红色。

CHARGING：充电指示灯，电池充电过程亮红色，充满后熄灭。

FULL：充满指示灯，充电过程中处于熄灭状态，电池充满后亮绿色。

特别说明：电池可以热插拔。座式充电器通电，但是没有插入电池，"CHARGING"指示灯与"FULL"指示灯会交替闪烁，此时座式充电器在检测是否有电池插入，插入电池后，自动进入充电流程。

仪器有两个指示灯，一个为报警指示灯，一个为充电指示灯。

报警指示灯：电池低电量时，红色闪烁报警，在其他情况下打开报警，例如，伤波过闸门或者失波，报警指示灯也会闪烁。

充电指示灯：充电过程为红色，电池充满为绿色。

4. 特别说明

(1)电池可以热插拔，在先插入适配器的情况下，充电指示灯没有变化，处于熄灭状态，插入电池后，充电指示灯亮红色，自动进入充电流程。

(2)仪器配备高性能大功率适配器，可以边充电边使用，在使用过程中，电池也可以热插拔。

(3)仪器与HSQ6、HSF1仪器的电源接口定义相互兼容，适配器可以交叉使用。需要注意的是：该仪器的充电电流较大，在使用HSQ6的适配器时，不可以边充电边使用，其他情况下，例如单独使用座式充电器或者仪器充电，单独使用仪器不带电池工作，都可以正常使用。

充电时间大概为4个小时左右。

5. 仪器的安全使用、保养与维护

(1)供电方式

本仪器采用交、直流供电方式。当直流电池电压太低时,软件操作界面提示电量过低,注意保存数据,报警指示灯闪烁,并且发出报警声响。此时应及时关电,接上充电器(或卸下电池)进行充电。

(2)使用注意事项

①仪器使用中关机后必须停 5 s 以上方可再次开机。切忌反复开关电源开关。

②应避免强力震动、冲击和强电磁场的干扰。

③不要长期置于高温、潮湿和有腐蚀气体的地方。

④按键操作时,不宜用力过猛,不宜用沾有过多油污和泥水的手操作仪器键盘,以免影响键盘的使用寿命。

⑤正常使用情况下请按正常的关机流程关机,先长按"电源"键,软件界面提示是否关机时,选择"是",然后按"确定"键。直接长按"电源"键 5 s,或者直接拔掉电池或适配器,仪器直接断电硬关机,会导致仪器参数无法保存。

⑥仪器出现故障时,切勿自行打开机壳修理。

(3)保养与维护

①探伤仪使用完毕,应对仪器的外表进行清洁,然后放置于室内干燥通风的地方。

②探头连线,打印电缆,通信电缆等切忌扭曲重压;在拔、插电缆连线时,应抓住插头的跟部,不可抓住电缆线拔、插或拽等。

③为保护探伤仪及电池,至少每个月要开机通电一到两个小时,并给电池充电,以免仪器内的元器件受潮和电池亏电而影响使用寿命。

④探伤仪在搬运过程中,应避免摔跌及强烈振动、撞击和雨雪淋溅,以免影响仪器的使用。

(4)一般故障的清除方法

故障的清除方法见表 7-1。

表 7-1 故障的清除方法

现　　象	故障原因	排除方法
装上电池,接通电源后,显示画面在短时间内消失	电池的电量不足	对电池充电
使用过程中,画面突然混乱或出现多余的异常显示	因某种引起的内存混乱	用探伤参数列表中"恢复出厂设置"使仪器恢复到初始状态再工作

第二节 HS BLT 型超声波螺栓应力检测仪

HS BLT 型超声波螺栓应力检测仪如图 7-45 所示。

螺栓轴向紧固力超声测量技术是根据声弹性理论研发而成的。根据声弹性相关理论,超声横波和纵波沿螺栓轴向传播时,超声传播时间与螺栓轴向应力呈一定线性关系。检测系统精确测量超声横波和纵波沿螺栓轴向传播的时间,并带入相关参数,间接计算出螺栓轴向预紧应力数值大小。

测量系统设置数种不同强度、不同规格螺栓经拉力试验校准的应力参数,可广泛应

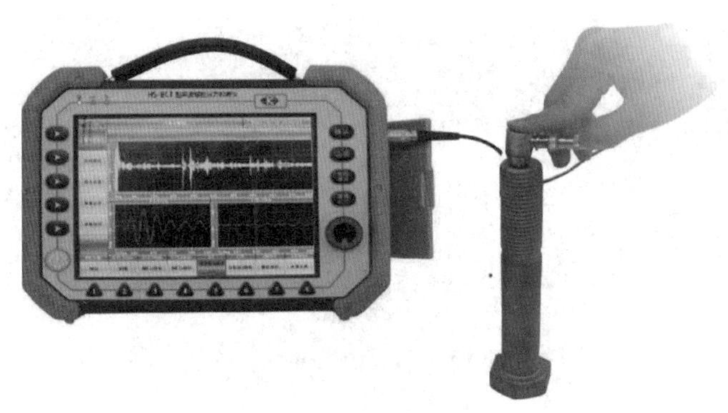

图 7-45　HS BLT 型超声波螺栓应力检测仪

用于多种螺栓连接结构的螺栓轴向应力的测量任务。系统软件测量精度高、界面友善、操作简单，硬件系统集成化程度高，外形尺寸小巧、便于携带，可广泛应用于航空航天、桥梁建筑、风力发电、火力发电、水力发电、石油化工等工业领域的安装现场检查、在役检测、在线监测等施工过程。

技术指标如下：

(1)测量模式：脉冲回波(标准)。

(2)测量频率：2.25 MHz、2.5 MHz、3.75 MHz、5 MHz、10 MHz。

(3)测量范围：螺栓直径≥8 mm。

(4)声时检测精度：±10 ns。

(5)螺栓紧固力检测精度：≤±5%。

(6)工作温度：−20 ℃～+50 ℃。

简易操作说明如下：

准备工作：按⏻键 5 s，开机进入开机界面(图 7-46)，单击“螺栓应力检测”功能按钮，弹出螺栓类型选择框，选择螺栓材料及螺栓类型，再单击“确认”键进入螺栓应力检测主界面(图 7-46 和图 7-47)。

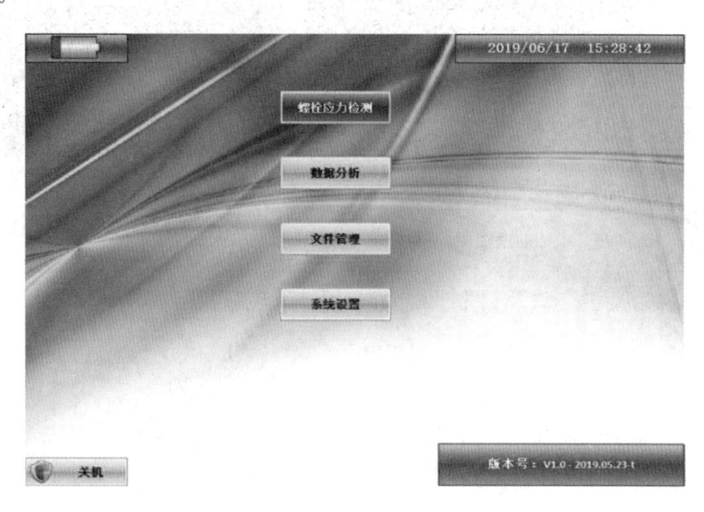

图 7-46　波螺栓应力检测示意图

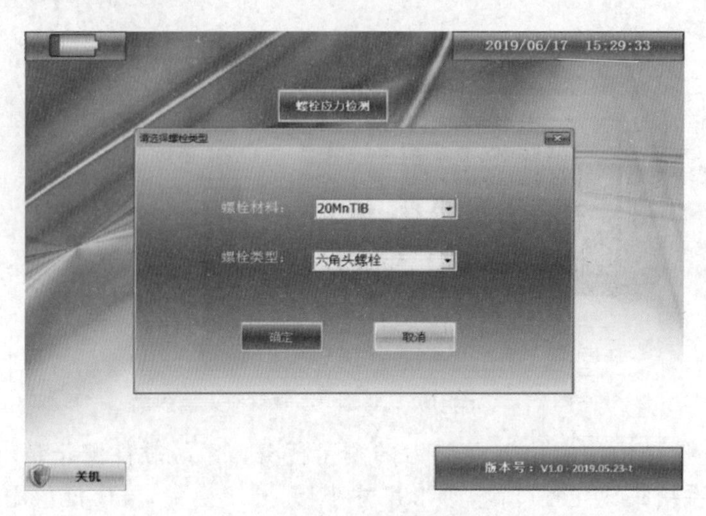

图 7-47　螺栓类型选择框示意图

进入应力检测主界面(图 7-48)后，屏幕上显示的通道 1 默认定义为横波通道，通道 1 声速默认为 3 240 m/s；通道 2 默认定义为纵波通道，通道 2 声速默认为 5 940 m/s。也可依据实际使用情况进行修改。

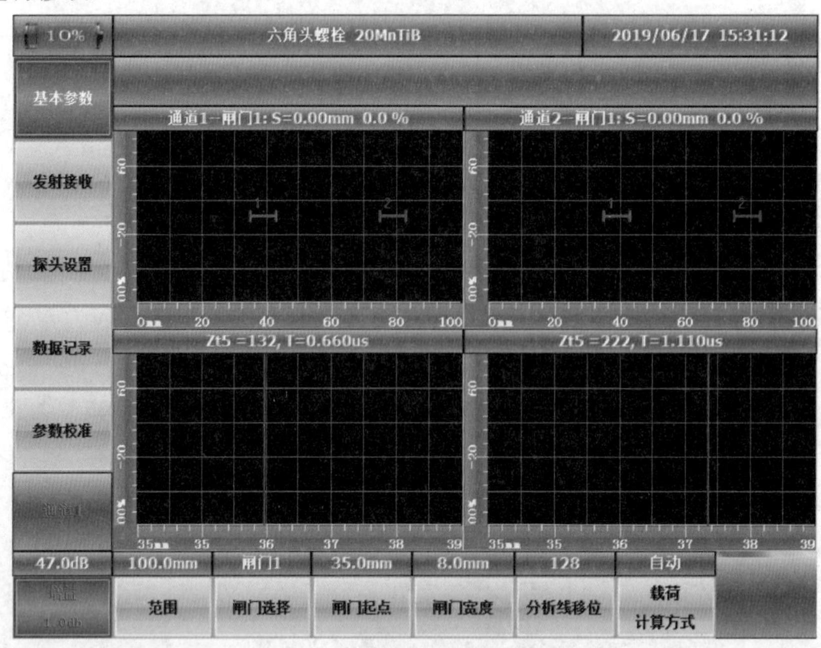

图 7-48　检测通道示意图

一、参数设置

单击“探头设置”键，在屏幕下方的螺栓直径和夹紧长度栏中，输入当前检测螺栓的参数[螺栓直径是相邻螺纹内的直径，例如 M30 螺栓的直径数值应输入 28；夹紧长度为螺栓螺纹端装好螺帽 1/2 处到螺栓底部(不含螺栓头)的长度]如图 7-49 所示。

在检测开始之前，需要先进行“螺栓系数校准”，校准步骤如下：

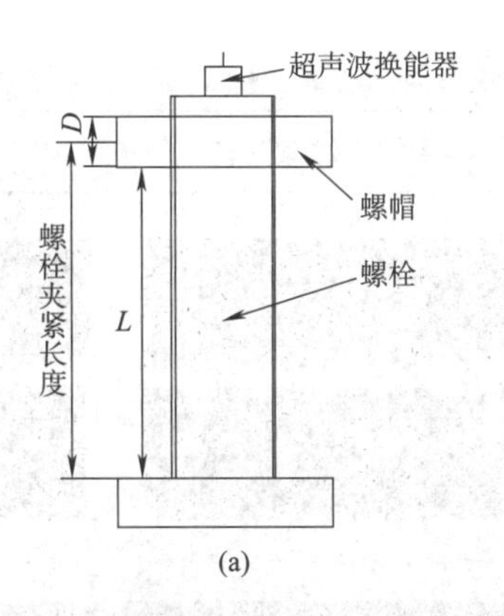

(a)

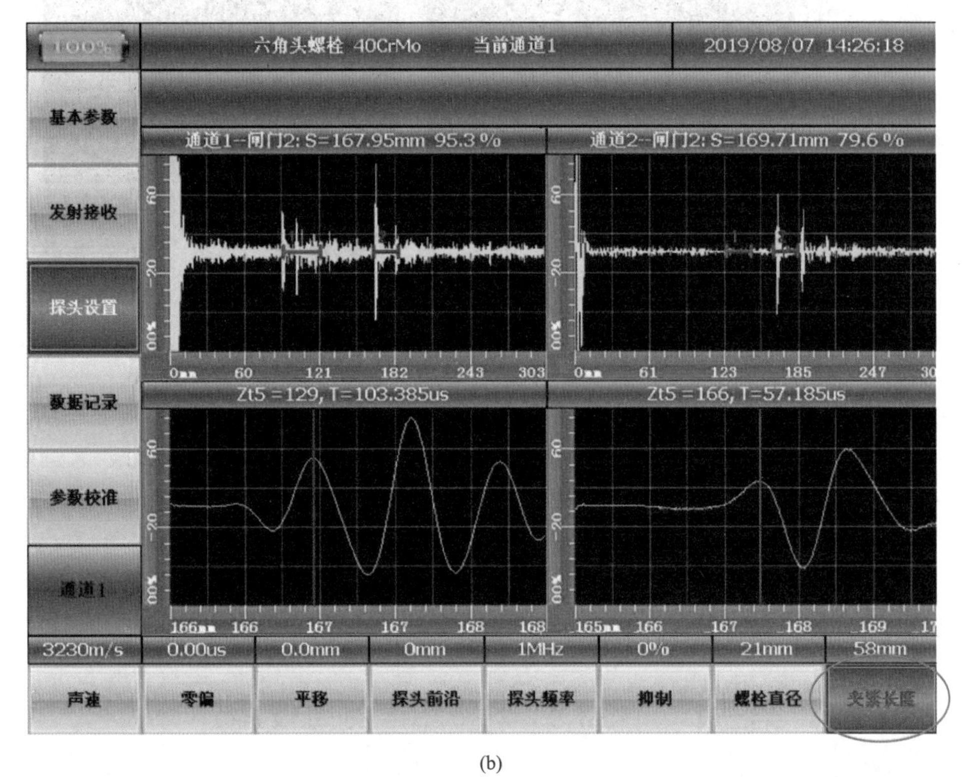

(b)

图 7-49　探头参数设置

(1)将适量耦合剂涂在待检螺栓(未服役)与探头接触面,调整探头位置使其充分耦合。

(2)在“基本参数”中通过调整增益、范围、闸门选择、闸门起点、闸门宽度,使通道 1 和通道 2中的横波和纵波能呈现明显的底面回波(图 7-50)。

(3)调整“闸门起点”,将同一闸门调至纵波和横波的底面回波处,单击“分析线移位”,在闸门信息显示区将通道 1 和通道 2 中的红线调至最高波峰的前一个波峰处,单击“螺栓系数校准”,完成校准。

二、检测功能

(1)将适量耦合剂涂在待检螺栓与探头接触面,调整探头位置使其充分耦合。

(2)在“基本参数”中通过调整增益、范围、闸门选择、闸门起点、闸门宽度,使通道 1 和通道

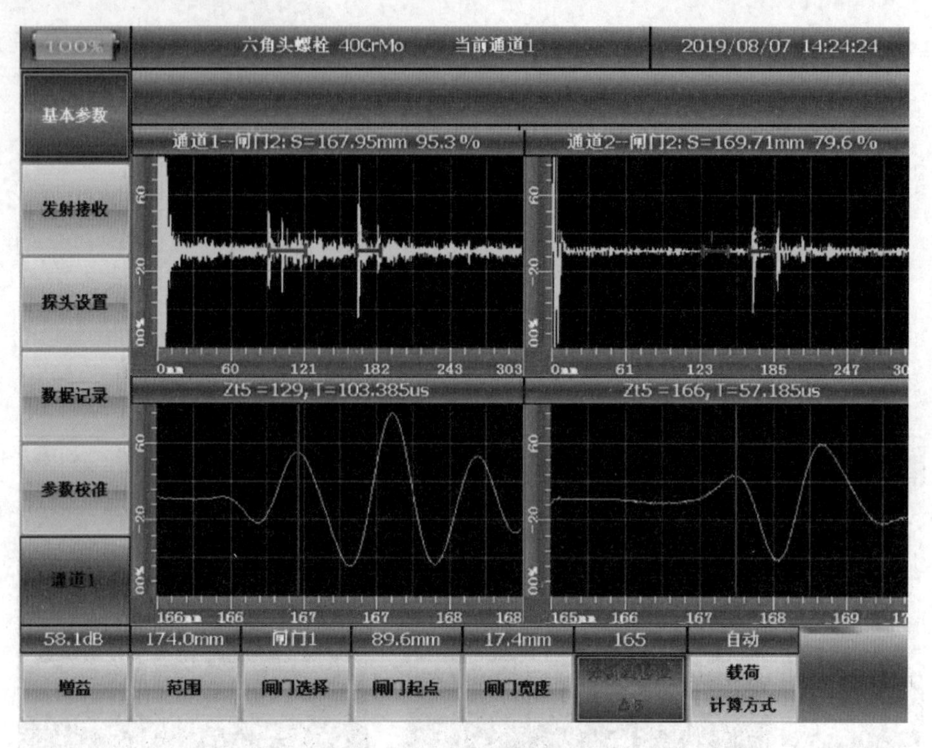

图 7-50 基本参数设置

2 中的纵波和横波能呈现明显的底面回波。

(3)调整“闸门起点”,将同一闸门调至纵波和横波的底面回波处,单击“分析线移位”,在闸门信息显示区将通道 1 和通道 2 中的红线调至最高波峰的前一个波峰处,如图 7-50 所示。

(4)图 7-50 中选择“载荷计算方式”为手动。

(5)按下仪器上“✔”确认键,波形图上方即显示该螺栓应力的载荷值。单击“数据记录一屏幕截图”可以图片的形式保存该波形图。

第三节 HS F91 电磁超声测厚仪简介

HS F91 电磁超声测厚仪如图 7-51 所示。

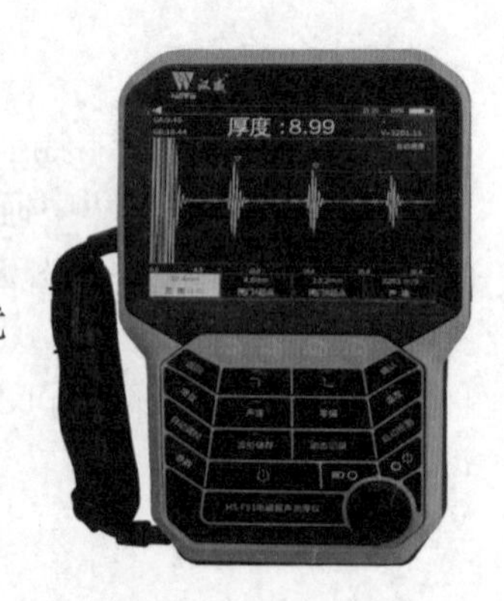

图 7-51 HS F91 电磁超声测厚仪

一、本机特点

1. 本机具有如下特点:

(1)手持式结构,美观、牢固、密封性能好,有超强的抗干扰能力。

(2)全数字,真彩显示器。

(3)高质量的电路系统,性能稳定可靠。

(4)超高速采样,使回波显示更保真、定位更准确。

(5)高精度定量、定位,解决远距离定位误差。

(6)实时全检波,正、负检波和射频波显示。

(7)优良的宽频带放大器,并且自动校正,具有良好的近场分辨能力。

(8)简洁、强劲的操作功能,中文提示,对话操作,实用易学。

(9)实时全程记录扫查过程。

(10)自动波峰跟踪搜索功能,提高检测精度。

(11)可伤波存储,动态记录。

(12)具有高温声速补偿功能。

2. 主要技术参数

(1)脉冲频率:1～9.5 MHz 连续可调。

(2)采样频率/位数:200 MHz/10 bit。

(3)采样深度:512。

(4)重复频率:60～500 Hz 可调。

(5)检波方式:数字检波。

(6)衰减器精度:<+1 dB/12 dB。

(7)增益范围:0～80 dB。

(8)声速范围:300～20 000 m/s。

(9)采样范围:10～390 mm。

(10)测厚精度:0.02 mm。

(11)最小测厚值:1.8 mm。

(12)波形显示方式:射频波、检波 (全波、负或正半波)。

(13)输出:Wi-Fi、USB2.0、VGA。

(14)显屏:5.7 英寸高亮真彩色 640×480 日光可读 LCD,最大 A-Scan 尺寸 115.2 mm×86.4 mm。

(15)控制:前板密封键盘、飞梭、触摸屏。

(16)尺寸:266 mm×164 mm×45 mm 含电池。

(17)电源、电压:电池 8.4 V/10 A·h 连续工作 8 h(锂电池供电)。

(18)环境温度:(−10～40)℃(参考值)。

(19)相对湿度:(20～95)%RH。

(20)质量:约 1.5 kg 含电池。

3. 键盘简介

键盘是完成人机对话的媒介。本机键盘设有 19 个控制键,键位如图 7-51 所示。使用者对探伤仪发出的所有控制指令,均通过键盘操作传递给探伤仪。23 个控制键分为几大类:功能热键(4 个)、菜单功能键(11 个)、方向控制键(2 个)、飞梭键(1 个)、电源开关(1 个)。键盘操作过程中,探伤仪根据不同的状态自动识别各键的不同含义,执行操作人员的指令。下面是各键的具体功能:

(1)FN1、FN2、FN3、FN4 :子功能菜单/操作功能键,起到选中作用。

(2)返回:功能取消,菜单逐级返回。

(3)增益:切换增益功能,按下此键,FN4 菜单出现增益。

(4)声速:切换声速功能,按下此键,FN4 菜单出现声速。

(5)零偏:切换零偏功能,按下此键,FN4 菜单出现零偏。

(6)温度:触发温度补偿计算。

操作步骤:按参数键,再按“FN3”切换至温度补偿,打开温度补偿,按“返回”退出参数,按“温度”,温度显示区域出现,温度值与对应的声速补偿值。

(7)自动调校:进入自动调校功能,获得精确声速与零偏(零偏单波法起作用)。

操作步骤:单击此键进入自动调校,输入大概声速(3 240 m/s),起始(试块板厚)与终止距离(试块板厚的两倍),确定后,屏幕内出现两次回波,如果只有一次回波,可调节零偏,将波形移动到闸门 A/B 内,如需再精确调节,可调节闸门 A/B 位置,将波形套住,单击“确定”,单击“返回”退出。

(8)波形储存:存储单幅波形数据。

操作步骤:在测厚模式下(非参数界面),按此键,弹出触摸键盘,输入相关信息后,单击“确定”退出。

(9)动态记录:连续存储多幅相邻的波形数据。

操作步骤:在测厚模式下(非参数界面),按此键,弹出触摸键盘,输入相关信息后,单击“确定”退出。

(10)自动检测:开启自动测厚功能。

操作步骤:单击此键,闸门 A 会自动设置起点位置一格半,终点为十格半,调节闸门 A 起点位置,将起始波,盲区外的第一次回波套住即可,终点不需要调节,系统会自动搜波峰。

(11)参数:调节波形及功能开关。

操作步骤:单击此键,FN1～FN4 会出现对应的参数名称,按“FN1”选中此功能,继续按“FN1”会切换功能,按方向键或“飞梭调节”参数,FN2～FN4 同样操作即可。

①FN1

脉冲频率:调节波形形状至最佳(根据探头不一样匹配)。

手动一次回波:手动检测模式下,闸门 A 套住第一次波形为厚度值。

增益模式:手动——增益需要自己调节大小;自动——进入自动检测模式后系统将自动实时将最高波拉到 85%左右。

编码器:编码器功能开关。

②FN2

检波方式:射频、正检、负检、全检(测厚用射频)。

无线网络:打开仪器 Wi-Fi 模块。

③FN3

脉冲个数:1～5 个脉冲个数,根据探头选择一般为(1 和 2)。

平均次数:降低噪声方法,推荐 4 次。

温度补偿:打开温度补偿计算功能开关。

④FN4

重复频率:采样频率 100 Hz/200 Hz/300 Hz/400 Hz/500 Hz。

整机清零:参数恢复出厂。

左下键: 参数调节且是减小操作。

右上键：参数调节且是增加操作。

确认键：输入命令、数据认可。

(12)电源开关:物理开关电源。

二、功能分类

仪器主要分为:测厚管理、文件管理、无线管理、FTP管理四个模块,如图 7-52 所示。

图 7-52　电磁超声测厚仪功能分类

1. 测厚管理

(1)部分重要参数说明

测厚管理参数说明见表 7-2。

表 7-2　测厚管理参数说明

50.0 mm 范围(1.0)	44.9 mm 闸门 B 起点	7.1 mm 闸门 B 宽度
20%闸门 B 高度	26.0 dB 增益(0.2)	26.0 dB 增益(2.0)
0.00 μs 零偏(0.01)	3 240 m/s 声速	0.00 μs 零偏(10.0)

①范围:最大 390 mm,最小 10 mm,步进 0.1 mm/1.0 mm/5.0 mm/10.0 mm/100.0 mm。

②闸门:闸门 A/B 起点,闸门 A/B 宽度,闸门 A/B 高度。

③增益:0～80 dB ,步进 0.2 dB/2 dB。

④零偏:0～100 μs,步进 0.01 μs/0.1 μs/1 μs/10.0 μs。

⑤声速:最大声速 20 000 m/s。

⑥切换步进,均按确定切换。

(2)自动调校图片补充说明

自动调校流程图如图 7-53 所示。

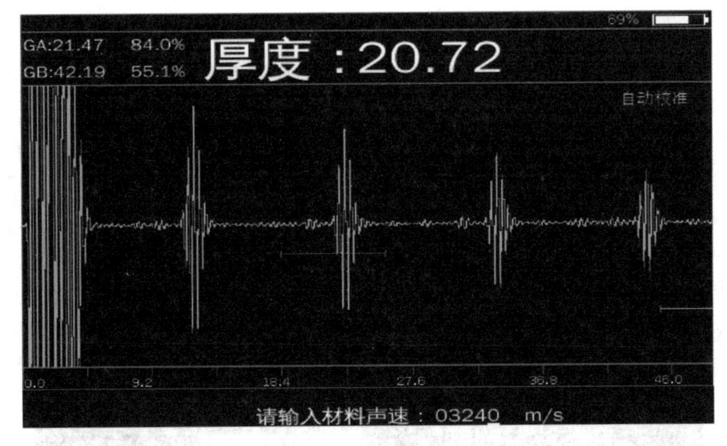

(a)输入声速

图　7-53

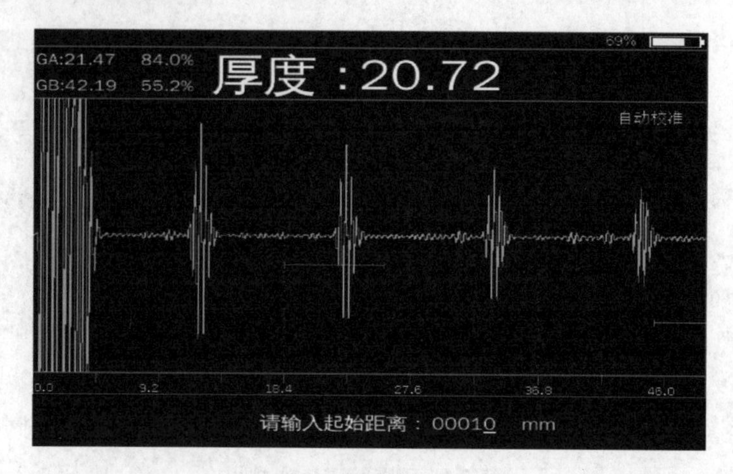

(b)输入起点

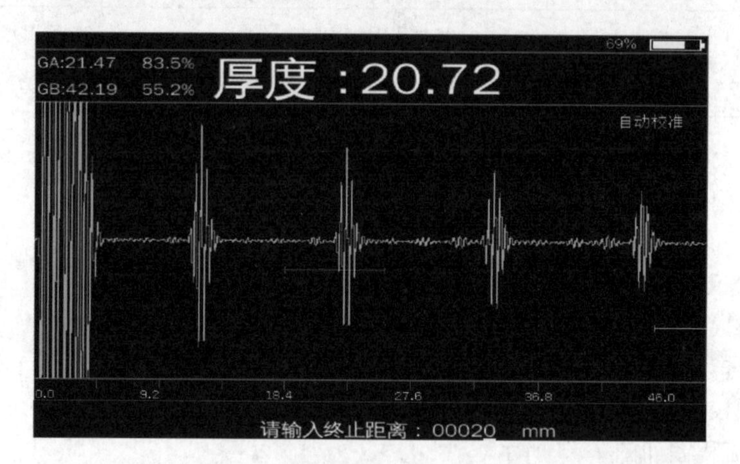

(c)输入终点

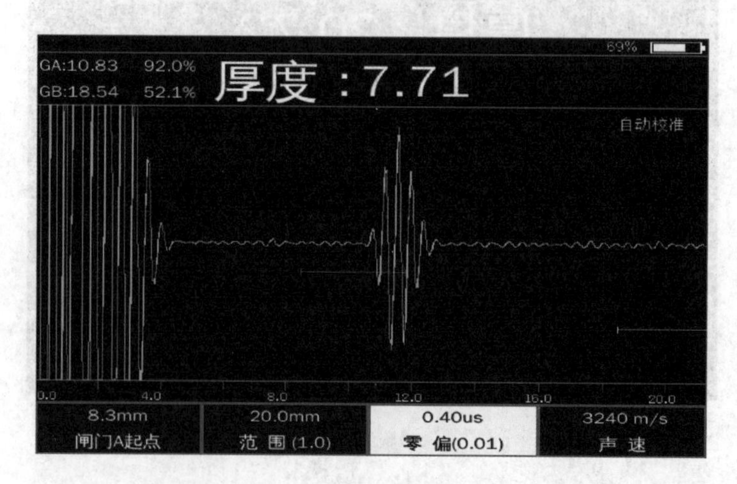

(d)未调节零偏

图 7-53

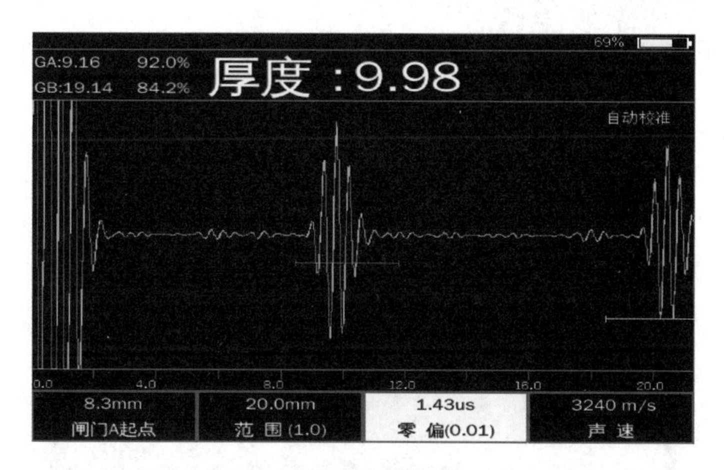

(e)调节零偏

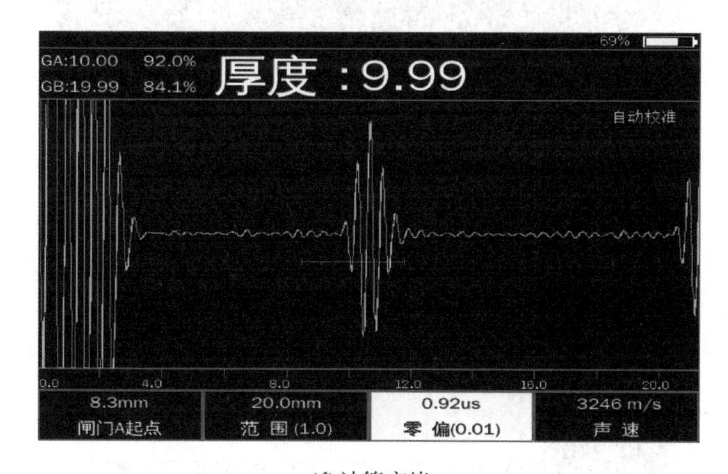

(f)计算完毕

图 7-53　自动调校流程图

2. 文件管理

(1)功能介绍

文件管理具有回放、删除、全部删除、复制、全部复制、切换静态动态文件选项等功能。

(2)操作步骤

回放:按“FN1”。

删除与全部删除:按“FN2”切换。

复制与全部复制:按“FN3”切换。

选中文件类型:按“FN4”。

3. 无线管理

(1)功能介绍

无线管理具有搜索、连接、删除 Wi-Fi 热点等功能,如图 7-54 所示。

(2)操作步骤

①进入测厚管理,按“参数”热键,再按“FN2”切换无线网络开关,打开,需要等待几秒钟后,退出参数、探伤管理界面。

②进入无线管理，单击扫描，选中需要连接的热点，输入相关信息后，退出[图 7-54(a)和图 7-54(b)]。

③等待连接出现 IP 地址后，连接成功[图 7-54(c)]。

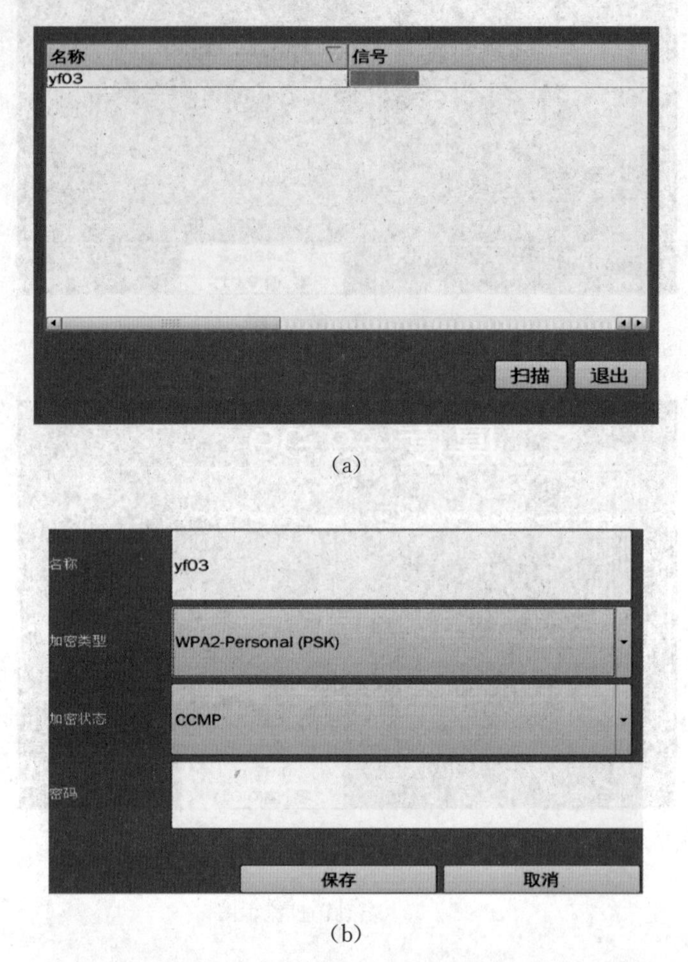

(a)

(b)

网卡节点:
ra0
网络名称:
0: yf03
信息
管理
状态:
已连接
网络名:
yf03
IP地址:
192.168.15.113
连接
断开
扫描

(c)

图 7-54　文件管理示意图

4. FTP 管理

(1)功能介绍

FTP 管理具有上传探伤文件及更新程序等功能。

(2)操作步骤

①连接网络成功后进入 FTP 管理,分别输入:服务器、用户名、密码、端口号相关信息[图 7-55(a)]。

②单击"连接",单击上传文件,选择需要上传的文件[图 7-55(b)和图 7-55(c)]。

③更新系统为一键更新系统,自动连接仪器服务器与左侧服务器信息无关,更新完后,重启仪器[图 7-55(d)]。

FTP 管理示意图如图 7-55 所示。

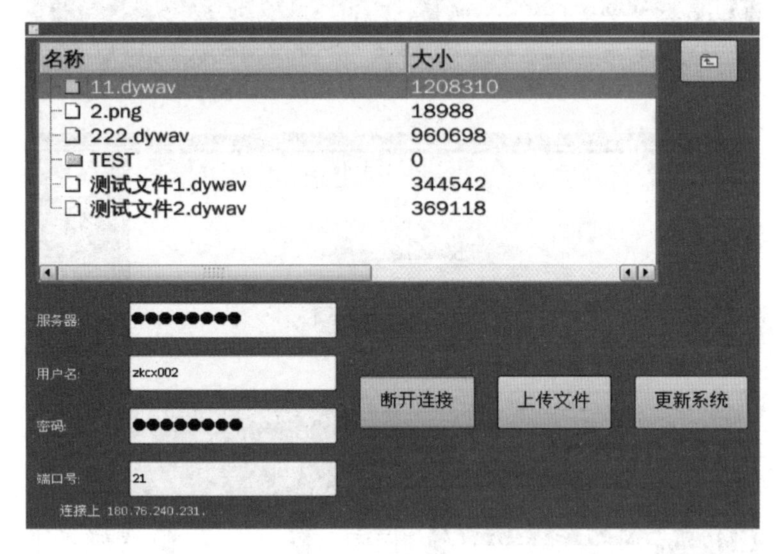

(a)

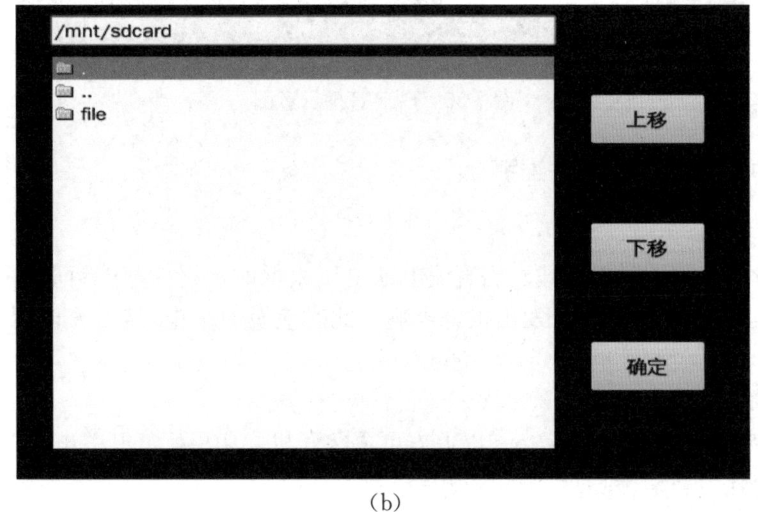

(b)

图　7-55

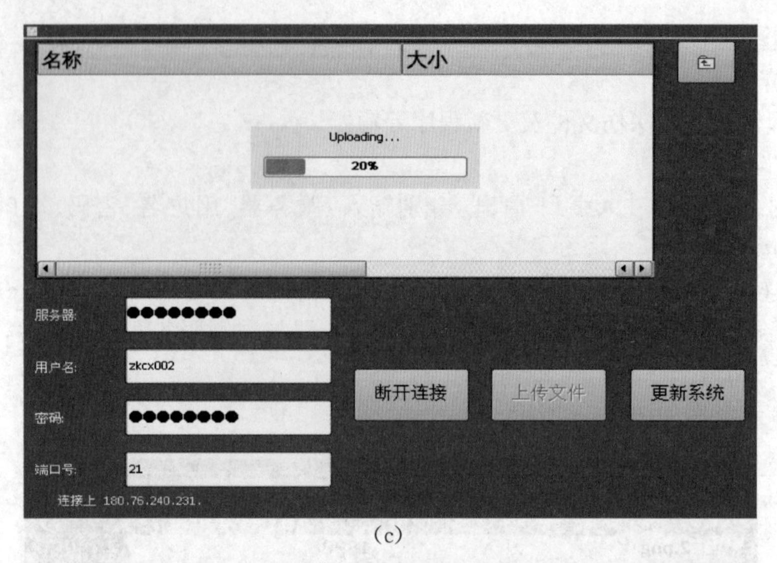

(c)

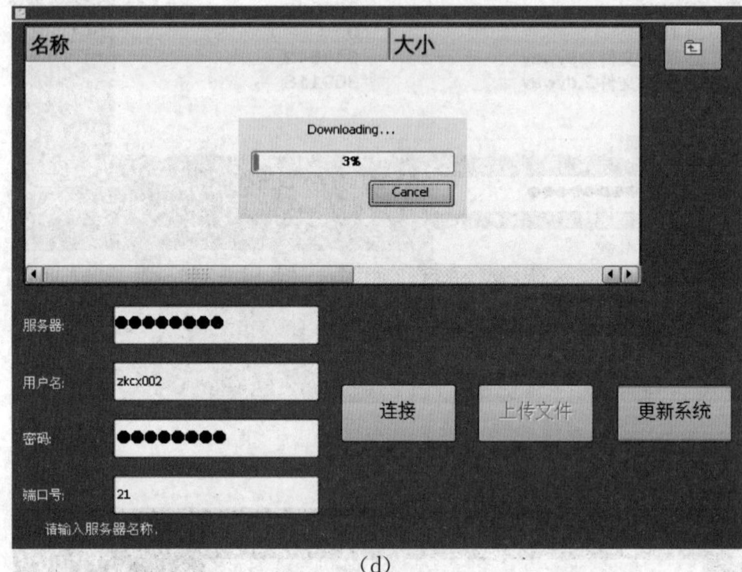

(d)

图 7-55　FTP 管理示意图

三、仪器的安全使用、保养与维护

1. 供电方式

本仪器采用交、直流供电方式。当直流电池电压太低时，软件操作界面提示电量过低，注意保存数据，报警指示灯闪烁，且发出报警声响。此时应及时关电，接上充电器(或卸下电池)进行充电。

2. 使用注意事项

(1)仪器使用中关机后必须停 5 s 以上方可再次开机。切忌反复开关电源开关。

(2)应避免强力震动、冲击和强电磁场的干扰。

(3)不要长期置于高温、潮湿和有腐蚀气体的地方。

(4)按键操作时，不宜用力过猛，不宜用沾有过多油污和泥水的手操作仪器键盘，以免影响键盘的使用寿命。

(5)正常使用情况下请按正常的关机流程关机，先长按“电源”键，软件界面提示是否关机时，选择“是”，然后按“确定”键。直接长按“电源”键 5 s，或者直接拔掉电池或适配器，仪器直接断电硬关机，会导致仪器参数无法保存。

(6)仪器出现故障时，请立即与售后联系，切勿自行打开机壳修理。

3. 保养与维护

(1)探伤仪使用完毕，应对仪器的外表进行清洁，然后放置于室内干燥通风的地方。

(2)探头连线、打印电缆、通信电缆等切忌扭曲重压；在拔、插电缆连线时，应抓住插头的根部，不可抓住电缆线拔、插或拽等。

(3)为保护探伤仪及电池，至少每个月要开机通电一到两个小时，并给电池充电，以免仪器内的元器件受潮和电池亏电而影响使用寿命。

(4)探伤仪在搬运过程中，应避免摔跌及强烈振动、撞击和雨雪淋溅，以免影响仪器的使用。

4. 一般故障的清除方法

故障的清除方法见表 7-1。

第四节　超声导波相控阵螺栓检测

一、检测技术原理

超声波在钢杆中实际上是以导波的形式传播的，即超声柱面导波(Cylindrically Guided Wave Technique,CGWT)。在波导介质中传播的超声导波信号包含传播过程中的全部信息，可用于细小缺陷的检测。利用导波的这种特性来检测材料结构的新技术具有更快捷、更灵敏、更经济的特点，是无损检测领域中一个新发展起来的重要课题。

超声波在板、杆及空心圆柱壳等波导中传播时，由于受其边界的作用来回反射形成导波。导波在结构中传播时，在无能量泄漏的体系中如真空中的钢杆，因无声波能量泄漏到真空中，杆导波的群速度与能量速度相等。

传统超声波为体波，即超声场存在于超声源周围的整个空间中，要形成导波，则需要波导介质的存在。以杆状构件中导波为例，激励出的超声波在杆状构件中传播时，碰到杆状构件的边界则发生反射和波形转换，反射波遇到另一处界面时将再次发生反射和波形转换。由于杆状构件的直径较小，各种边界反射波在其中经过多次反射。这些反射波将会产生复杂的波形转换且各波之间发生复杂的干涉，最终在其内形成相对稳定的导波，并沿着杆状构件长度方向传播。

如图 7-56 所示，当超声束沿钢杆柱体轴向传播时，由于纵波声束传播与钢杆柱体侧壁形成掠射的交互作用引起系列的波形转换即纵波(L)掠射至钢杆圆柱体侧壁波形转换成横波(S)，横波传播至对面侧壁转换为掠射纵波(L—S—L)，依次可形成两次转换或三次转换，等等。这种波形转换就是柱导波技术检测螺栓中缺陷的物理基础。

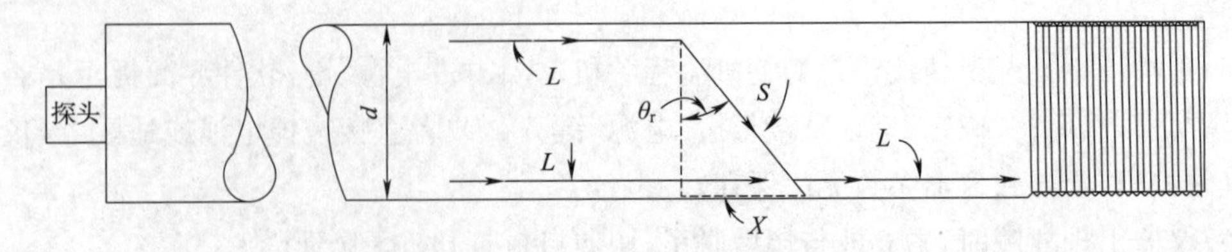

图 7-56　超声柱面导波的激励

图中：d 为螺栓直径；L 为纵波行进路径；S 为横波速度行进距离；X 为纵波速度行进距离；θ_r 为纵波与横波路径偏差角度。

为了查明波形转换（两次转换或三次转换）信号的存在，转换波的信号必须同主反射脉冲分得开。分开的程度与入射脉冲宽度及被检的圆柱波导的直径有关，图 7-57 是一种发生多重波形转换的情况，第一个信号底波来自圆柱体与探头相对的另一端，紧接着底波的信号是经波形转换后的拖尾脉冲信号。零度纵波信号与第一个转换波的信号之间的时间间隔与圆柱的直径有关。相继而来的转换波信号之间具有相同的时间间隔。

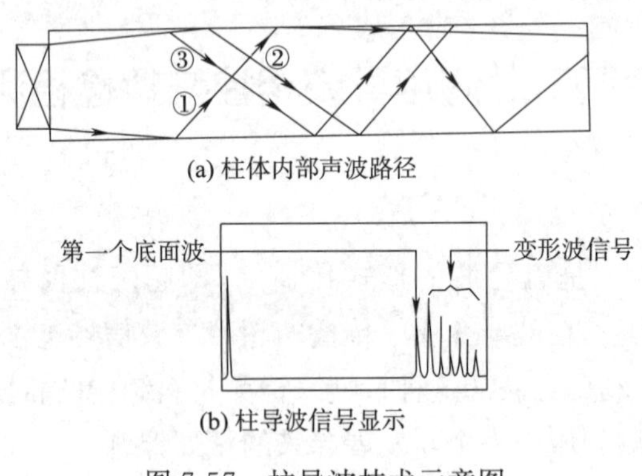

(a) 柱体内部声波路径

(b) 柱导波信号显示

图 7-57　柱导波技术示意图

①②③—— 纵波入射示意

第一个底波已知是纵波（L），则接着而来的第一个拖尾脉冲信号是纵波到横波（S）到纵波（LSL）。第二个拖尾脉冲信号是由纵波到横波再到纵波到横波到纵波（LSLSL）。底波和第一个拖尾脉冲之间的时间间隔 Δt 是以横波速度行进距离 S 所需的时间减去以纵波速度行进 X 所需的时间，其时间差为

$$\Delta t=\frac{d\,(C_{\mathrm{L}}^{2}-C_{\mathrm{S}}^{2})^{1/2}}{C_{\mathrm{L}}C_{\mathrm{S}}}$$

式中　d——螺栓直径，mm；

C_{S}——钢中横波速度，m/s；

C_{L}——钢中纵波速度，m/s。

通过记录柱体末端的反射（底波）和沿着钢杆传播的裂纹的反射来实现有效检测。操作人员可以用以下判据来检测缺陷：

（1）观察纵波底波和各种纵波到横波再到纵波的波形转换分量。

（2）寻找底波和与之关联的纵波到横波再到纵波的波形转换之前出现的信号。

（3）观察纵波与波形转换脉冲之间的信号。

二、螺栓检测操作流程

1. 螺栓导波相控阵检测系统

(1)使用仪器

使用 HSPA20-Ae(Bolt)16/64 阵元螺栓导波相控阵检测仪，其外观如图 7-58 所示。

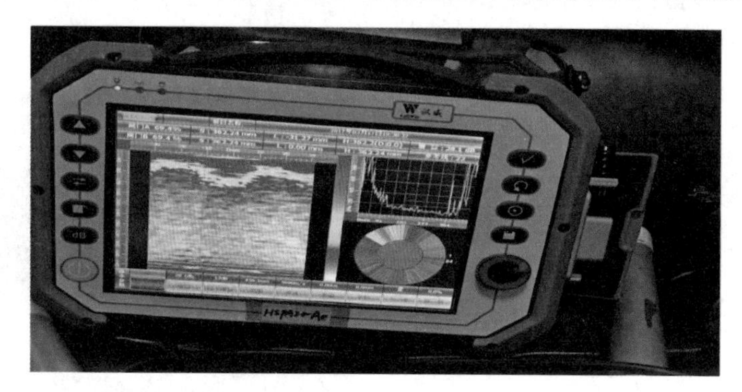

图 7-58　螺栓导波相控阵检测系统

仪器参数介绍如下：

①64 接收/16 激发通道相控阵，64 通道并行数模转换，实时相位控制。

②全新流程化操作模式，易学易用，可视化缺陷图像显示；螺栓结构模拟功能，缺陷显示直观明了。

③全程动态聚焦，聚焦性能更好，信噪比高，灵敏度高。

④显示屏尺寸：10.4 英寸 24 位真彩显示，分辨率 1 024×768；数据存储：内部 32 GB，外接 USB 可直接存储。

⑤供电方式：AC 220 V—DC 15 V 交流适配器，11.1 V 锂电池；工作时间：4 h(单电)。

⑥系统带宽：0.5～15 MHz(－3 dB)。

⑦数字化频率：100 MHz/8 bit。

⑧扫查图像：A/C/S/3D；B-Scan 线束：256。

⑨脉冲激发方式：负方波，脉冲宽度：30～500 ns(步进 10 ns)。

⑩发射电压：50～350 V。

⑪增益范围：110 dB，调节精度最小 0.1 dB。

(2)探头选择

①频率：5～10 MHz。

②阵列形式：一维环形线阵。

③阵元数：64。

④探头尺寸：ϕ20 mm×10 mm、ϕ26 mm×12 mm、ϕ42 mm×16 mm、ϕ48 mm×20 mm、ϕ56 mm×30 mm。

⑤探头工装：探头要侧面引出线，配置一个烟斗形手柄工装。

选择探头规格时，应注意所选的探头外径小于螺栓外径 2～5 mm，可使检测效果达到最佳。

(3)耦合剂

超声波专用探伤耦合剂(水基耦合剂),探伤后无须清理去除。螺栓探头如图 7-59 所示。

准备工作:按⏻键,等待 5 s,开机进入相控阵螺栓专用检测仪检测界面,如图 7-60 所示。

单击相应的螺栓探头规格进入探头校准界面,若不需要进行探头校准工作,单击“取消”,则直接进入螺栓检测界面,开始检测,如图 7-61 所示。

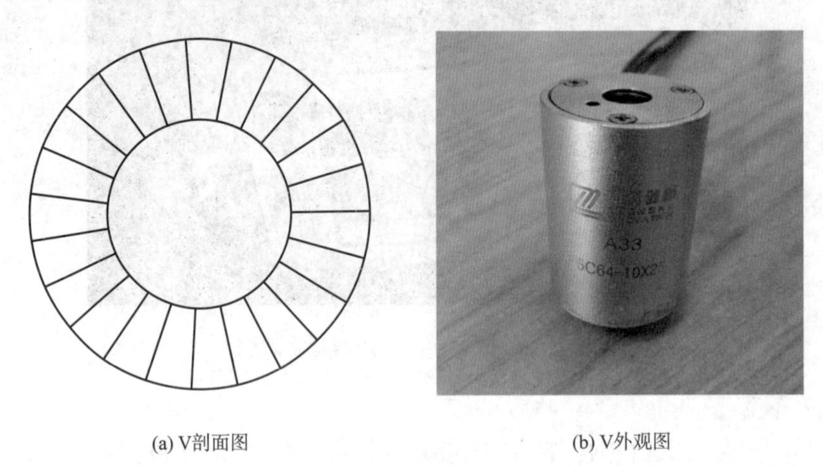

(a) V剖面图　　(b) V外观图

图 7-59　螺栓探头

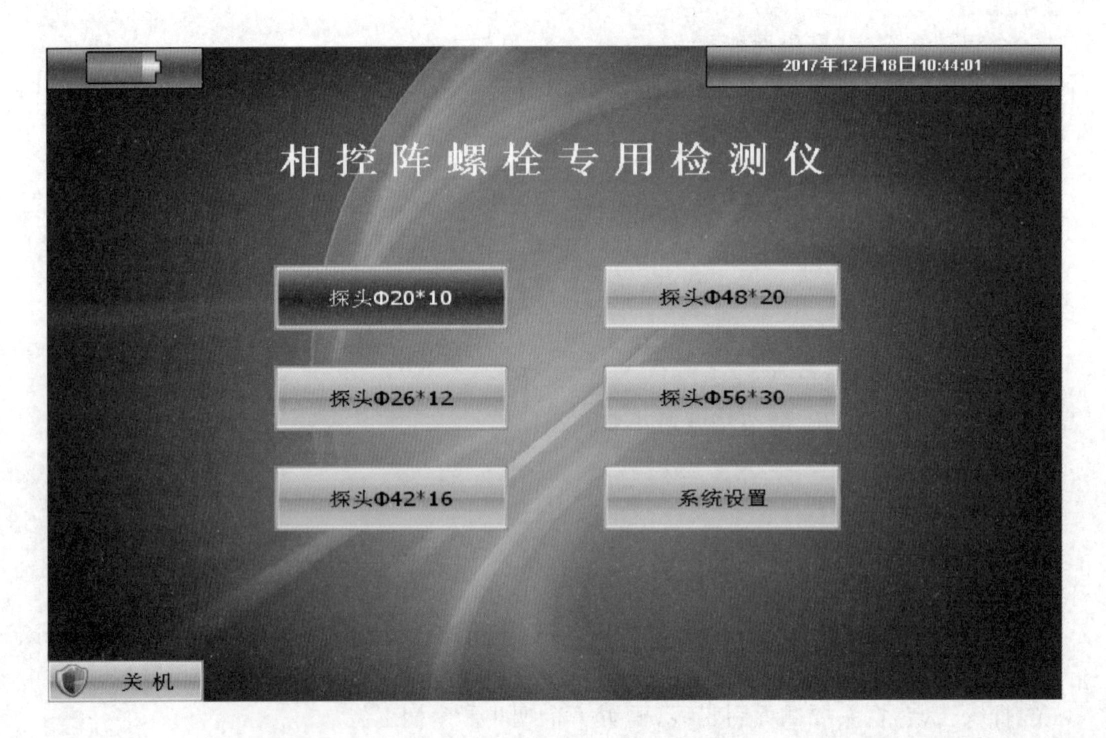

图 7-60　相控阵检测界面

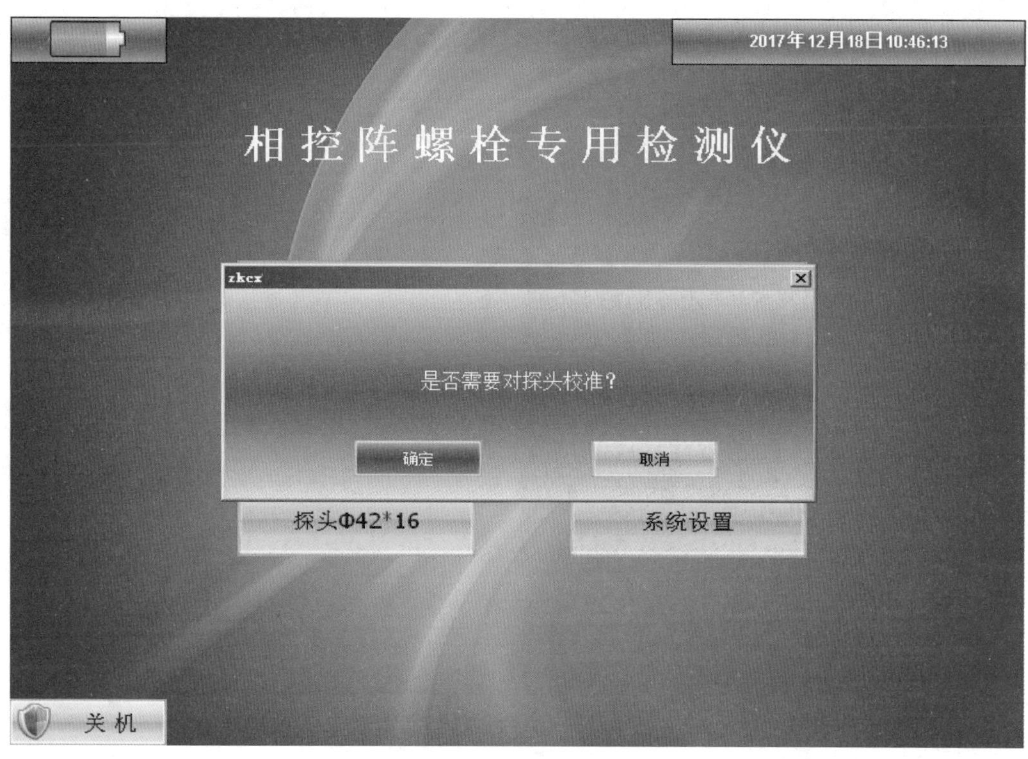

图 7-61　设置探头校准工作

2. 探头校准

单击“确定”键,进入探头校准界面,如图 7-62 所示,单击“晶片校准”,进入补偿界面。

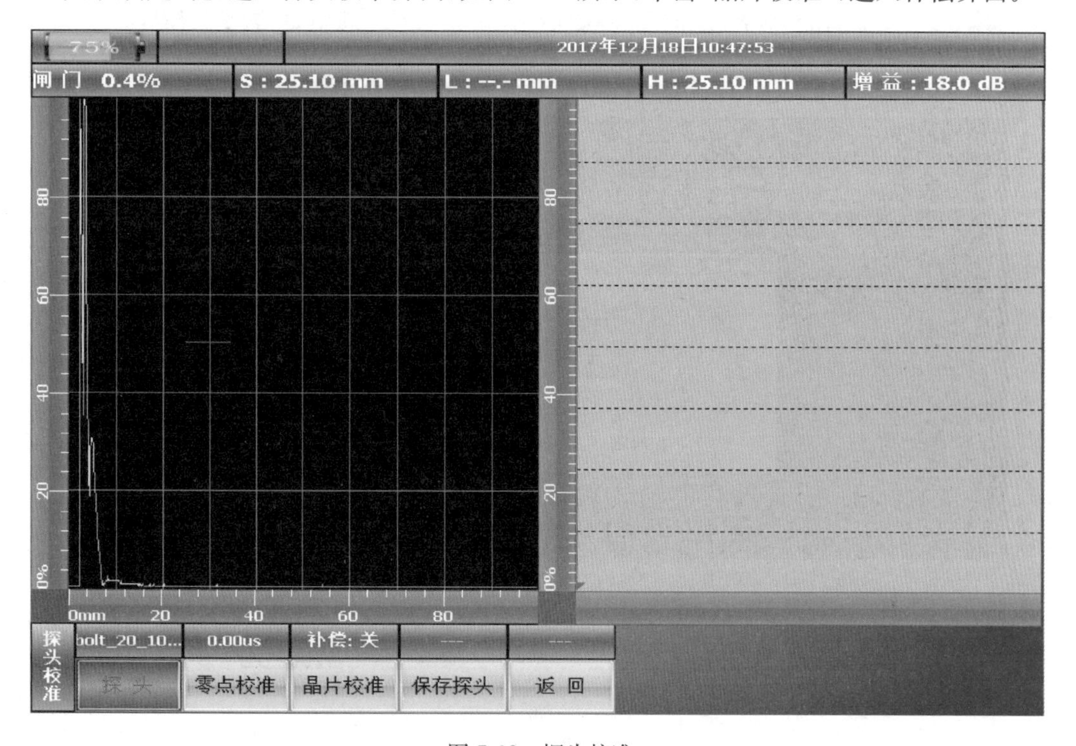

图 7-62　探头校准

单击“自动补偿”，进入界面如图 7-63 所示。

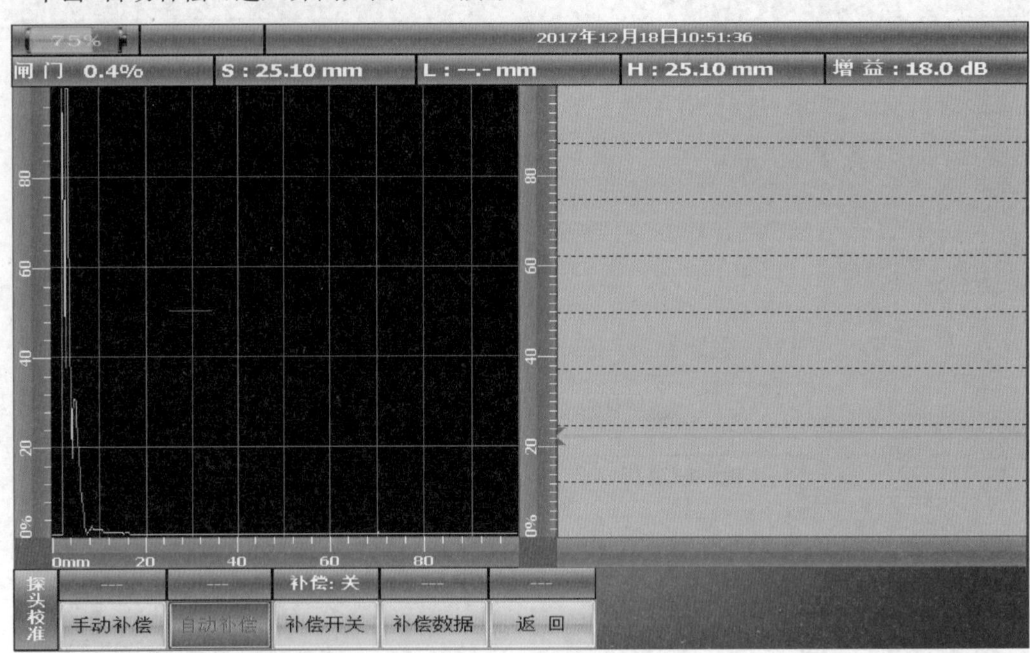

图 7-63 自动补偿

将螺栓探头涂抹好水性耦合剂，放置在试块上，输入相应的试块厚度，单击“确定”，如图 7-64 所示。

单击“自动获取”，此时在屏幕右侧会出现绿色数据线随着不同晶片进行补偿的动作，当绿色补偿线不再变化时，单击“确定”，完成探头校准工作，单击“返回”按键，可看到补偿开关已打开。

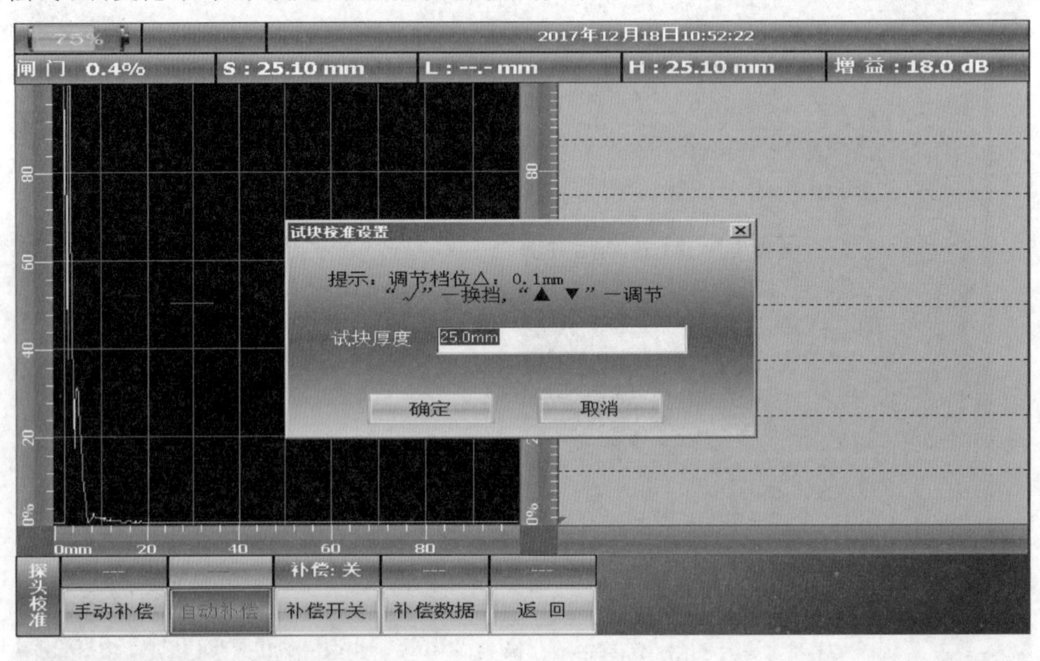

(a)

图 7-64

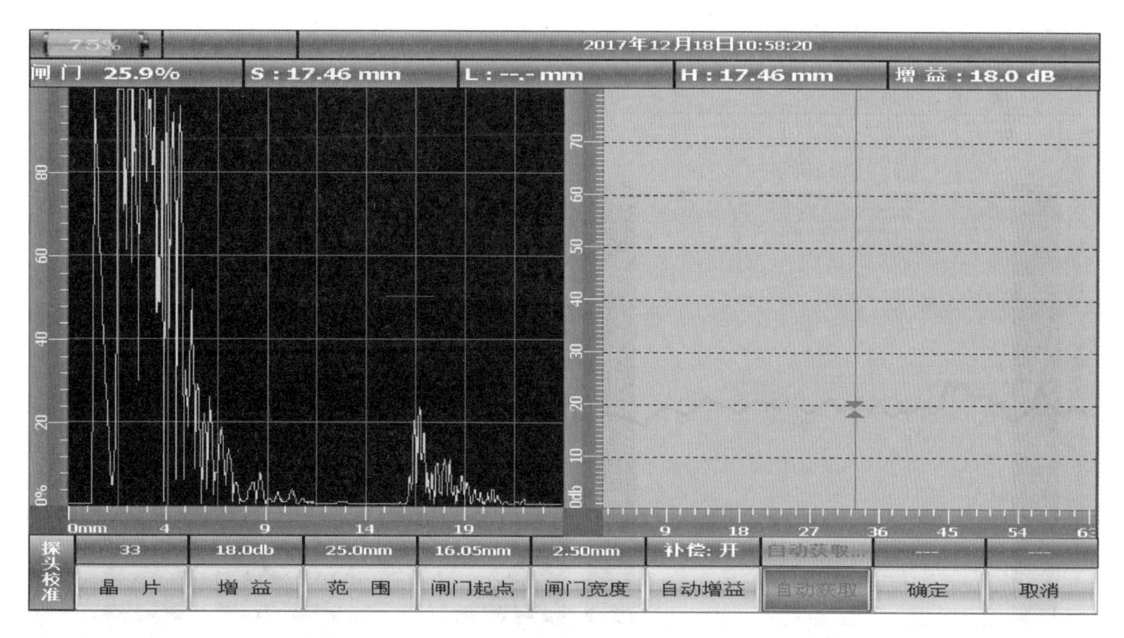

(b)

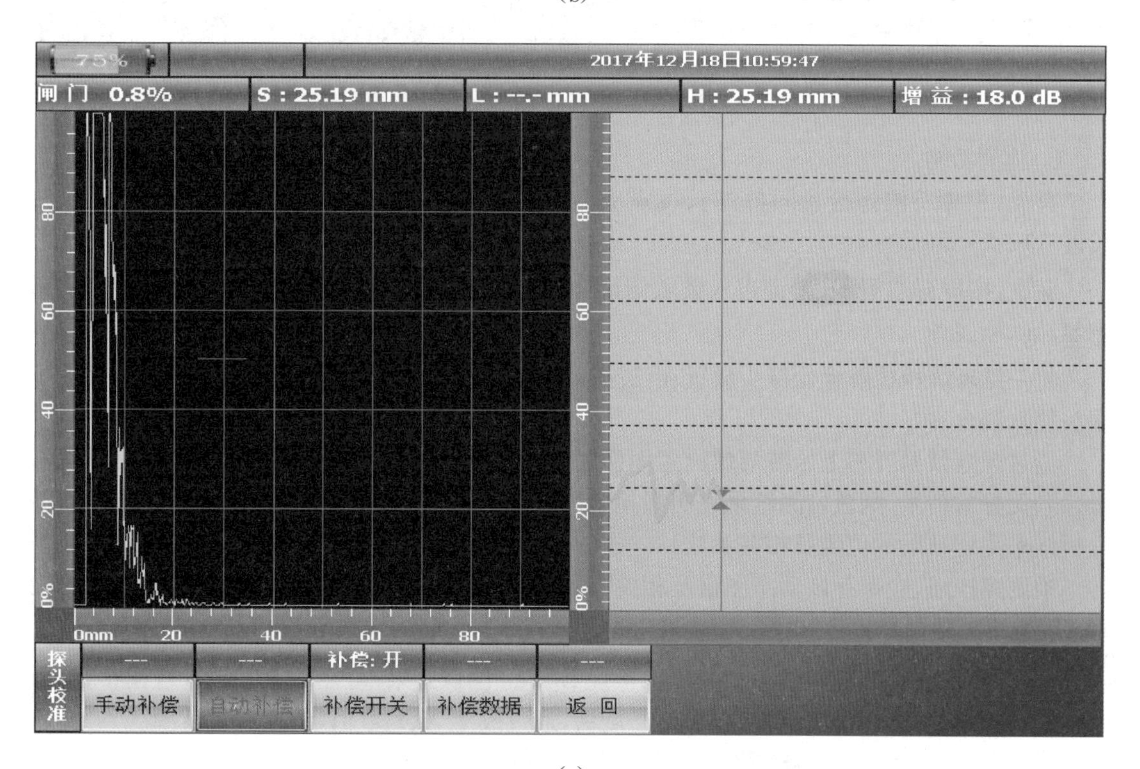

(c)

图 7-64　自动补偿设置

单击“返回”按键，自动进入螺栓探头检测界面，如图 7-65 所示。

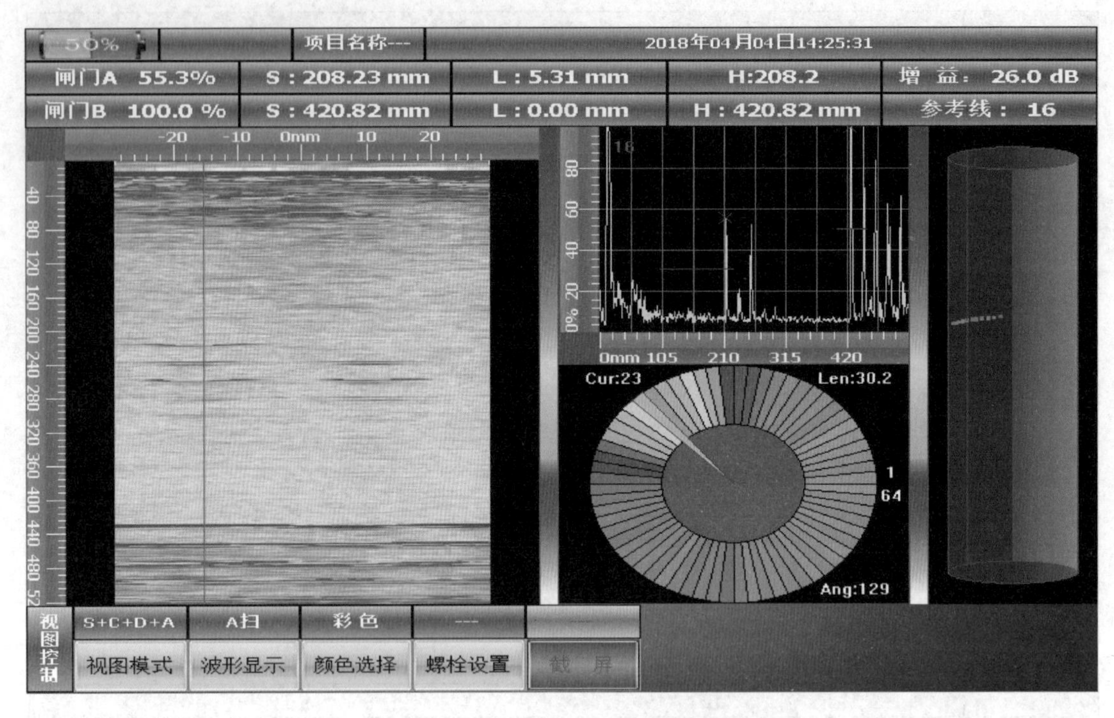

图 7-65　螺栓探头检测界面

3. 检测功能

首先，根据待测螺栓紧固件的长度调整仪器的检测范围，检测范围应大于螺栓紧固件长度 30～50 mm。

其次，按屏幕左侧 dB 键进入灵敏调整功能，将仪器的数字增益调整至 18 dB，增益值调整至 40～50 dB。

将一维环阵相控阵螺栓探头放置在已涂抹好耦合剂的螺栓紧固件检测端面上，通过按压探头使其耦合良好。

通过观察仪器屏幕上始波与螺栓紧固件底部回波信号之间的区域，判断是否存在异常信号。若无异常信号，则该检测结果表明螺栓紧固件合格；若有异常信号，则通过移动仪器数据分析线来测定缺陷的位置及相关参数。

检测完毕后，应保存该动态图谱及相关参数，并自动生成检测报告。按屏幕右侧录制功能键进入图像扫查录制界面。

若扫查中，有其他噪声或非相关显示干扰 B-Scan 图像效果，可在成像区域进行调整，单击“视图调整”功能，旋转至“开启状态”，单击旋钮，通过改变 X、Y 数值，调整可视范围。

扫查完毕后，再次单击键进行扫查数据保存并命名。

按标准分析缺陷，并填写表格。

准备工作：按键 5 s，开机进入开机界面(图 7-46)，单击“相控阵”功能按钮，进入相控阵主界面，再单击“平面检测”键进入相控阵设置界面，如图 7-66 所示。

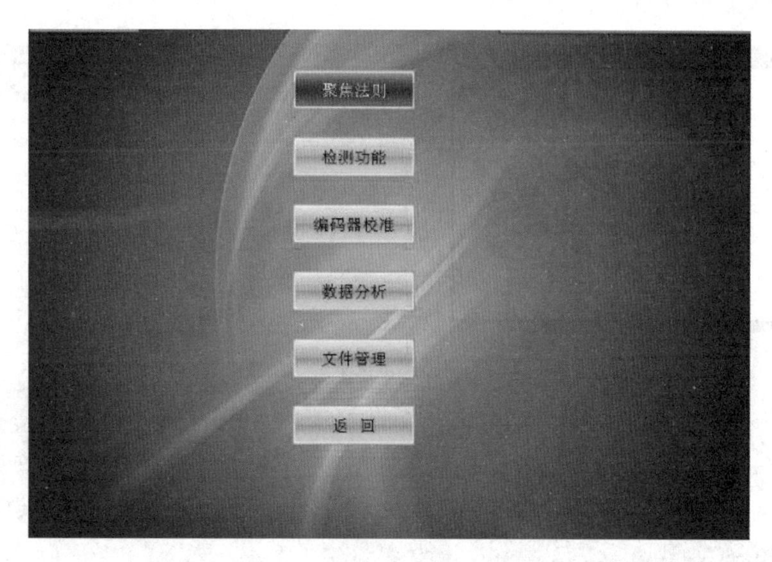

图 7-66　相控阵主界面示意图

第五节　聚 焦 法 则

单击“聚焦法则”键，进入相控阵聚焦法则新建界面，按“确认”键并给新聚焦法则命名后进入聚焦法则设置界面。

(1)“检测”栏设置(图 7-67)：对白色栏一一进行选择更改，将“声波模式”栏中“纵波”更改为“横波”。

探头数	1	电 压	50V
扫描模式	单侧扫查	脉冲重复频率	1K
检测材料	钢	频 带	2.5M
声波模式	横波	平 滑	否
声 速	3240m/s		0

检 测　探 头　楔 块　焊 缝　扫 描　TOFD　保 存　不保存

图 7-67　声波模式设置界面

(2)“探头”栏设置(图 7-68)：单击“探头选择”栏，进入探头库中，选择 5L32-1.0×13-A2-P，按“确认”键。

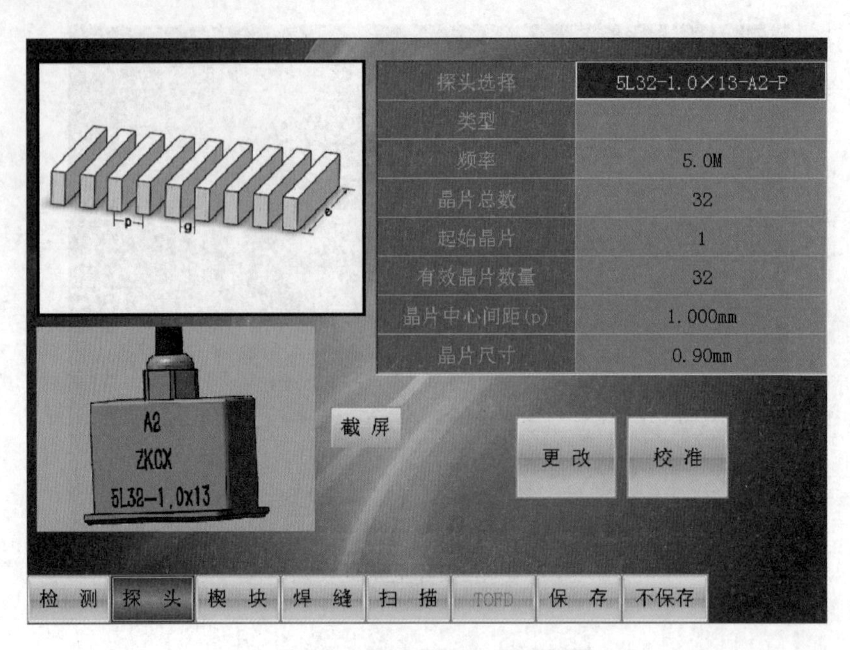

图 7-68　探头选择示意图

(3)“楔块”栏设置(图 7-69):单击“楔块选择”栏,进入楔块库中,选 SA2-55S(35°),按“确认”键。

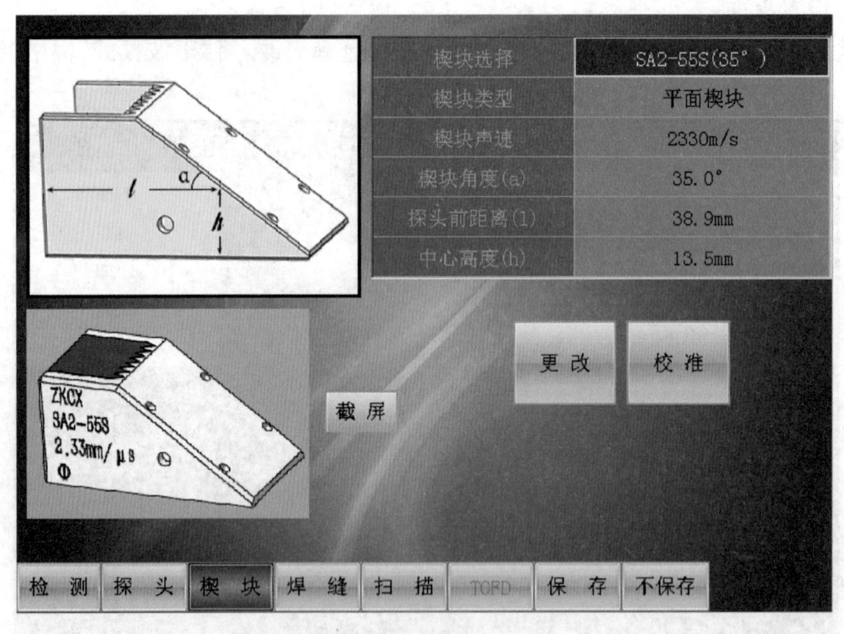

图 7-69　楔块选择示意图

单击“校准”功能键,再单击屏幕下方“尺寸校准”键,进入楔块尺寸校准界面,单击闸门起点,移动闸门套住楔块底面回波,单击“取点”键,切换“晶片”取任意两点,单击“计算”键,屏幕提示测量“探头尺寸: 40 mm”“水平位置:23 mm”,再按“确认”键完成楔块尺寸校准。按“返回”键返回至校准界面,单击“保存”键保存该楔块校准结果。按屏幕下方“返回”键返回相控阵校准选择界面。

(4)“焊缝”栏设置(图 7-70):单击“焊缝类型”栏,选择待检测工件的剖口类型,进入相应的焊缝参数,按实际情况进行设置。

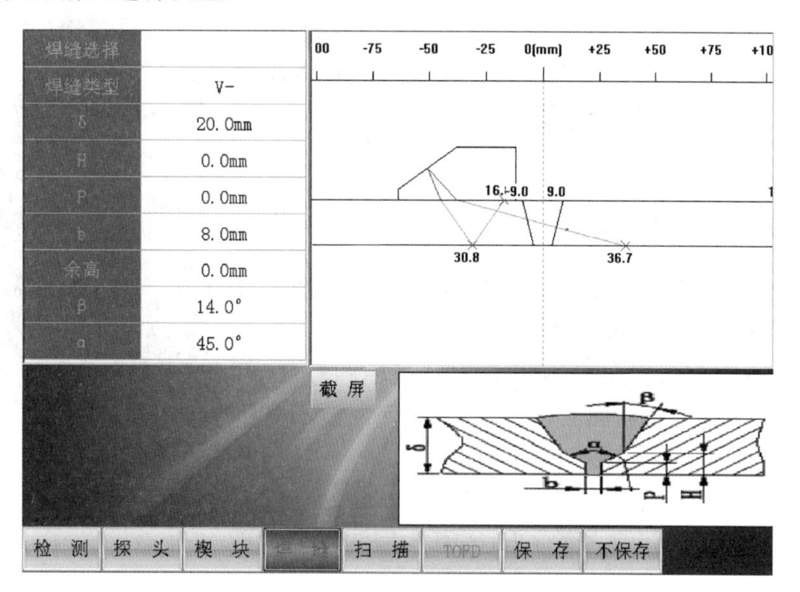

图 7-70　设置焊缝类型

(5)“扫描”栏设置(图 7-71):

①“开始角度”和“停止角度”根据指导意见进行设置。

②“前沿距焊缝中心距离”在保证焊缝全覆盖的同时尽量小,越靠近焊缝中心越好。

③“聚焦距离”,使聚焦声线处于重点检测的剖口上即可。最后按“保存”键保证该聚焦法则,自动退出到相控阵设置主界面。

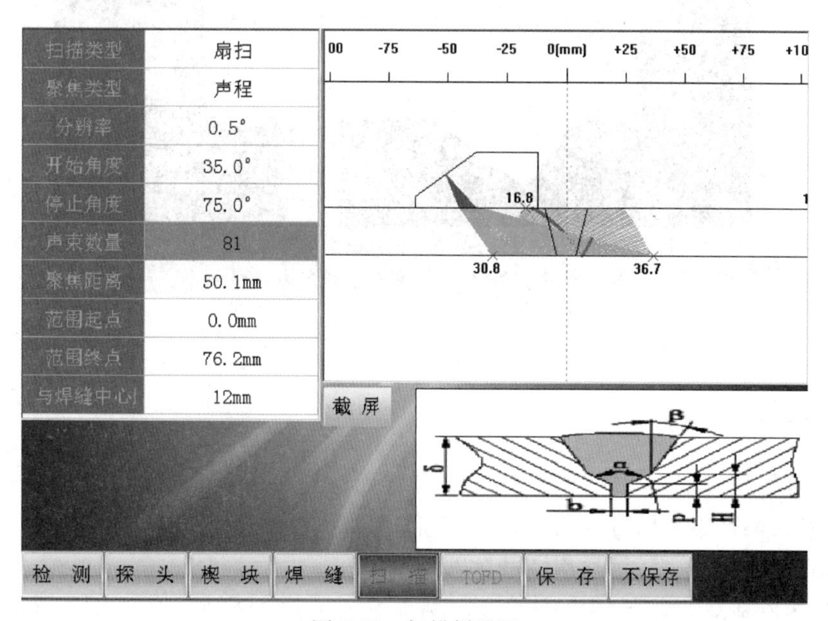

图 7-71　扫描栏设置

第六节　校 准 功 能

单击“检测功能”键，进入相控阵聚焦法则选择界面，按方向键选择需要使用的聚焦法则，按“确认”键进入该聚焦法则。单击“数字增益”按钮，将数字增益调至 12 dB。按屏幕左侧键，检测功能在屏幕左侧显示，单击“校准功能”键进入校准功能界面。

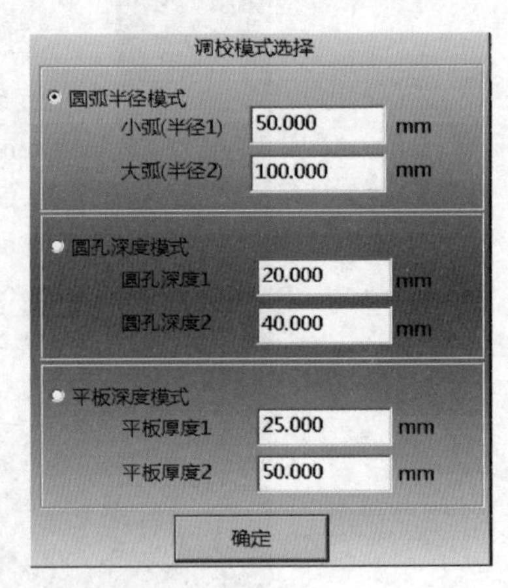

图 7-72　校准设置

一、声速校准

(1)单击“声速校准”键，出现调校模式选择，选择“圆弧半径模式”(图 7-72)后进入声速校准界面。

(2)将探头入射点放置在 CSK-ⅠA 试块弧面圆心上，同时找出 R50 和 R100 的弧面回波，调节“增益”使回波不要超过满屏，前后移动探头找出 R50 和 R100 弧面的最高回波，找出最高回波后固定探头，调节闸门使之套住 R50 弧面回波，单击“测量 1”，再调节闸门使之套住 R100 弧面回波，单击“测量 2”。

(3)单击“计算”键，仪器自动计算出声速，按“确认”键保存计算结果(图 7-73)。

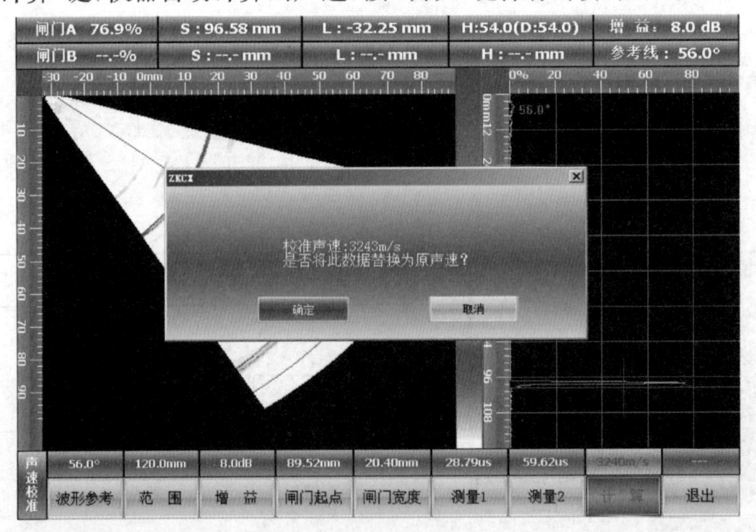

图 7-73　校准设置

二、角度补偿(ACG)

单击“角度补偿(ACG)”键，进入 ACG 补偿界面。

(1)单击“自动补偿”键，进入角度补偿界面。

(2)单击“波形参考”键，选择角度补偿的参考角度。

(3)将探头入射点放置在 CSK-ⅠA 试块弧面圆心上前后移动，找出 R50 或 R100 弧面最高回波，单击“闸门起点”通过方向键进行移动，套住弧面回波，并单击“闸门宽度”调整红色声程闸门的宽度，使整个弧面信号出现在闸门范围内。

(4)耦合良好的情况下，降低增益，确保圆弧回波在扇扫角度范围内波高不超过满屏，前后移动探头找出所有角度的最高波，屏幕下方自动获取该回波在整个扇扫角度范围内的波高包络线。

(5)单击“应用”按钮，当前校准完成(图 7-74)。

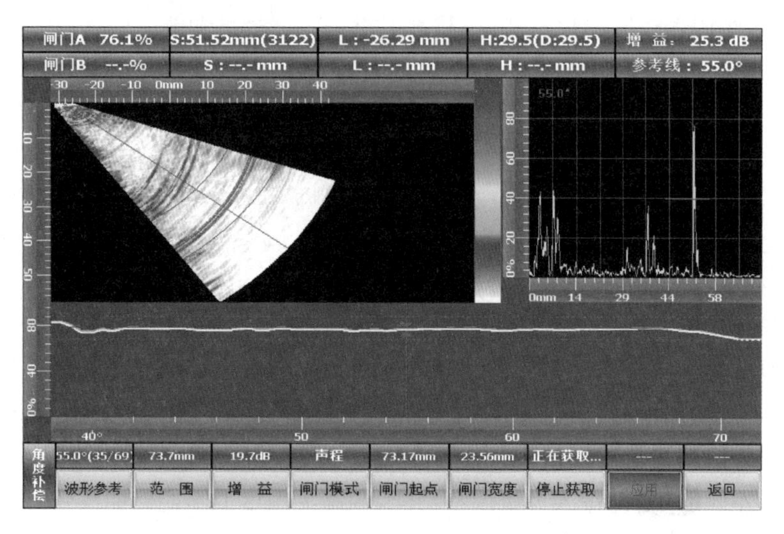

图 7-74　角度补偿设置

三、TCG 曲线

完成 ACG 补偿后，单击“TCG 曲线”键，再单击“自动制作”键，进入 TCG 补偿曲线制作界面。

(1)将探头放置在曲线制作试块上(如 CSK-ⅡA)，移动探头寻找深 10 mm 的横通孔回波，单击“深度起点”通过方向键进行移动，套住 10 mm 横通孔回波，并单击“深度宽度”调整粉红色深度闸门的宽度，使该深度闸门的扇扫范围内没有其他信号的干扰。

(2)降低增益，确保 10 mm 横通孔在扇扫角度范围内波高不超过满屏，在试块上前后移动探头，屏幕下方自动获取该孔回波在整个扇扫角度范围内的波高包络线，多次前后平稳移动以获取该孔每个角度的最高回波。

(3)最高波搜寻完毕后，按“校准”键，即完成了 10 mm 深度的曲线取点。

(4)单击“下一点”键取下点，重复①、②、③步骤分别进行 20 mm、30 mm…… 各点的曲线取点，取点完毕后，按屏幕下方“返回”键返回上级菜单。此外，曲线制作中，取点越密，校准效果越好，当量吻合性越好。

(5)单击“曲线显示”，显示曲线即可，此时曲线制作完毕，仪器进行 TCG 补偿完毕。

(6)可根据 NB/T 47013.3—2015 标准依次输入“评定”“定量”“判废”当量值，形成三条判伤曲线，按屏幕下方“返回”键返回相控阵设置主界面。

第七节　编码器校准

如果检测中，需要进行连续记录，就需要对编码器进行校准，校准步骤如下：

单击“编码器校准”，进入编码器校准界面，单击“编码器 1”，连接好编码器后，先在平板上标识校准起点和校准终点(距离大于 100 mm)，将编码器边缘置于起点位置后，按“重置编码器”后，“编码器读值”栏显示值为 0，单击“开始”键，开始拉动编码器到校准终点；单击“结束”键，并将“实际距离”值改为校准起点和终点的距离差；单击“校验编码器”键，完成编码校准；单击“保存”键保存编码器校准结果，按“返回”键退出编码器校准功能。

第八节　检测功能

(1)按屏幕左侧键，检测功能在屏幕左侧显示，单击“视图控制”键进入视图控制界面。

①单击屏幕下方“视图模式”键，按方向键切换至“A+S+C”模式。

②单击“焊缝状态”键，将焊缝功能打开，将焊缝模拟图显示在屏幕上。

③单击“波形反射”，旋转按钮选择“波幅优先”，按“确认”键，进行波形翻转。

(2)根据屏幕下方“中心”栏数值，用尺量好探头距焊缝中心距离并做好标记，再将探头放置在焊缝上，探头前端置于标记位置。

(3)按屏幕左侧dB键进入灵敏调整功能，调高灵敏度但不能使曲线超过满屏。

(4)按屏幕右侧录制功能键进入图像扫查录制界面。

(5)单击“步进”，通过方向键调整扫查步进，一般建议步进不大于 2 mm；再单击屏幕右侧录制功能键，按“确认”键进入焊缝检测状态，拖动探头进行检测成像。

若扫查中，有其他噪声或非相关显示干扰 C-Scan 图像效果，可成像区域进行调整，单击“视图调整”功能，旋转至“开启状态”，单击旋钮，通过改变 X、Y 数值，调整扇扫中可是范围。

(6)扫查完毕后，再次单击键进行扫查数据保存并命名(数据命名格式 ZK—姓名拼音首字母—板厚)。

(7)填写“相控阵实操记录表”。

第八章　检测应用案例

第一节　数字式超声波探伤仪 HS700 检测应用案例

一、检测原理

超声成像技术能直观再现工件内部缺陷的大小、形状等，是实现缺陷定性、定位、定量及无损评价的关键技术之一，在无损检测领域有着广泛应用。超声 C-Scan 成像是利用超声探伤原理提取垂直于声束指定截面(即横向截面像)的回波信息而形成二维图像的技术，其原理简单，可获取不同截面的信息，因此应用广泛，但由于扫描时一般采用逐点逐行扫描，故成像效率较低。

在检测时，数据的获取、处理、存储与评价都是在每一次扫描的同时由仪器在线实时进行。共有两个信号输入仪器进行处理，一个是来自探头位置的信号，一个是来自超声波传感器的描述超声波振幅的模拟信号。这两种信号输入仪器后由扫描模式产生一个确定其尺寸的数据阵列，图形显示在这个区域范围内。数据阵列里的每个点在显示屏上显示为一个像素。图像用颜色显示指定波形的振幅。在每一次扫描结束时，仪器自动完成对每一种颜色和显示的百分比面积的像素计数。对显示出来的扫描图像都可以做出相应的解释，对缺陷进行评定。

二、检测对象及器材

被检测工件为有机玻璃，检测部位为有机玻璃表面，要求使用 C-Scan 的方式对埋藏在有机玻璃中的人工缺陷进行 C-Scan 检测。仪器选用 HS700 探头，采用 10 MHz/ϕ6 mm 纵波直探头。试块规格为 240 mm×250 mm×10 mm 的有机玻璃工件，如图 8-1 所示。

图 8-1　有机玻璃工件

三、检测工艺方法及验证

采用脉冲反射法检测,发射探头放置于工件表面。有机玻璃背面 ZKCX4 个英文字母刻槽,字母 ZK 表示刻槽深度为 5 mm,字母 CX 表示刻槽深度为 7 mm。仪器参数设置见表 8-1。

表 8-1　仪器参数设置

扫查方式	C-Scan	发射方式	自发自收
增　　益	47 dB	编码器间距	130 mm
范　　围	60 mm	厚度下限	10 mm

HS700 C-Scan 装置使用双编码器对工件二维平面上的每个点进行精确定位,同时使用色带对每个点在不同深度位置的回波信号进行标定,从而形成一个工件横截面的 C-Scan 成像。

图 8-2 为 HS700 C-Scan 装置和试件图。

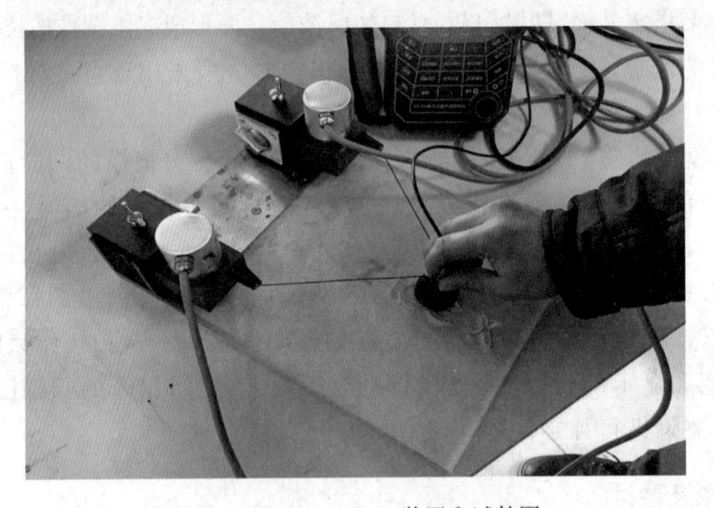

图 8-2　HS700 C-Scan 装置和试件图

图 8-3 为仪器中截取出的 C-Scan 实际成像图。

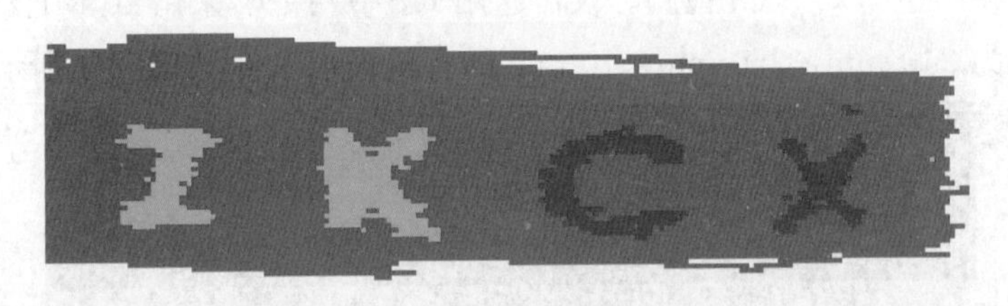

图 8-3　C-Scan 实际成像图

实验结果说明字母 ZK,显示颜色为绿色,其缺陷深度为 5 mm;字母 CX,显示颜色为蓝色,其缺陷深度为 3 mm,其余橙色部位为背景底波。

使用 HS700 C-Scan 装置对有机玻璃等工件较为平整的端面进行 C-Scan,可以对工件内部缺陷的真实状态和深度位置进行较为精确的检测。

第二节　HSBLT 型超声波螺栓应力检测仪检测应用案例

一、检测原理

目前工业上常用扭力扳手，由于螺母与构件的接触面之间及螺母与螺栓的螺纹面之间摩擦系数离散性较大，使得由力矩推算出的轴向应力很不准确，近十几年来国内外都在积极探索用超声波直接测量螺栓轴向应力的方法和手段。螺栓应力检测仪主要运用的是声弹性原理。螺栓在受力之后超声波的速度会因材料中的应力而产生微小的变化。通过研究螺栓轴力与超声波传播时间变化率的关系，可以利用超声波发出和接收的时间来测量螺栓的紧固轴力。

与常规检测技术比较的优势有：

(1)检测速度快。探头直接放置在螺栓任意端头处即可直接读数，相比扭力扳手快捷方便。

(2)使用灵活。超声波设备小巧、便携、节能，依靠便携式的小容量电源就能长时间的工作，可以使工程师很方便地带到工地现场进行检测，或者连接通信系统实现远程地控制和监测紧固件的工作情况。

(3)检测可靠。扭力扳手在测试紧固力时会受到螺帽和螺杆因生锈等原因造成的摩擦力的影响，从而造成测量不准，而应力检测仪是直接读取螺栓内部应力变化引起的声速差与标准模型的对比值，准确率高于力矩扳手。

二、检测对象及器材

检测对象型号规格尺寸及材质描述。被检测工件为常规 4.8 级螺栓，检测部位为端头两侧任意一端，要求检测出产品在螺栓紧固后的紧固力。

检测部位：检测部位选用螺栓两端较平整的一侧或者操作较方便的一侧。

规格：直径 22 mm、长度 160 mm。

材质：高合金钢。

检测对象如图 8-4 所示。应力检测仪如图 8-5 所示。

图 8-4　检测对象

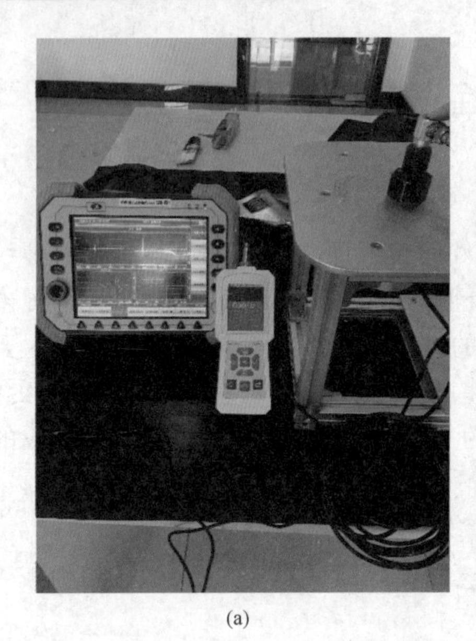

(a)

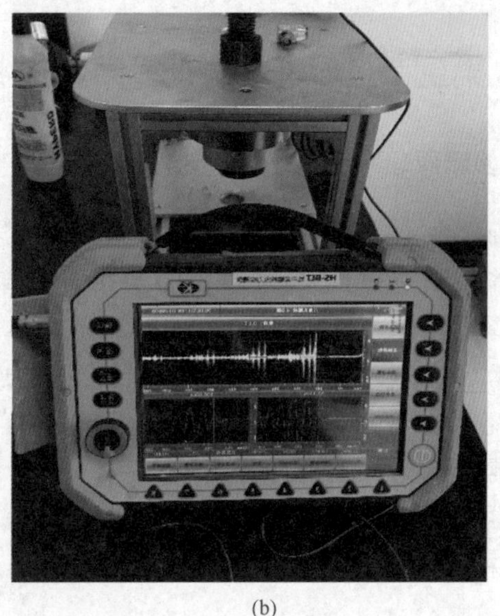

(b)

图 8-5　应力检测仪

仪器参数设置见表 8-2。

表 8-2　仪器参数设置

检测方法	声时差法	螺栓直径	22 mm	发射电压	50 V
增　益	55 dB	夹紧长度	140 mm	环境温度	20 ℃
范　围	400 mm				

三、检测结果

检测结果见表 8-3。

表 8-3　检测结果

序号	压力环数据(t)	仪器读数(t)	误差比(%)
1	3.423	3.3	3.6
2	7.283	7.5	3.0
3	12.643	13.1	3.6

采用上述螺栓应力检测仪、横纵波探头组合进行紧固力检测。使用便携式测力传感器(LH-S10D-43-50T)验证后基本符合。

螺栓应力检测仪在环境温度 20 ℃ 4.8 级常规螺栓横纵波探头检测螺栓紧固力时较为精确,且灵活方便,易于操作。

第三节　HSF91 电磁超声测厚仪检测应用案例

一、检测原理

当通有高频脉冲电流的激磁线圈置于导电金属表面上时,线圈产生的交变磁场会作用于金属，并在金属表面层内感应出同频率反方向的涡流，此涡流与同时施加在试件上的另一外加恒定磁场相互作用，则金属中的带电质点在磁场中流动时会受到垂直于磁场方向和质点运动方向的力，即洛仑兹力的作用而发生位移，从而使涡流进入的体积元发生振动，进而激发出与涡流频率相同的超声波。依靠该超声波对物体进行测厚。

二、检测对象及器材

由于电磁测厚技术的优点主要在于可实现高温测厚及可在一定提离值的前提下进行测厚，因此本节列举了几种检测案例。检测器材主要包括 HSF91 仪器及电磁测厚探头，如图 8-7 所示。

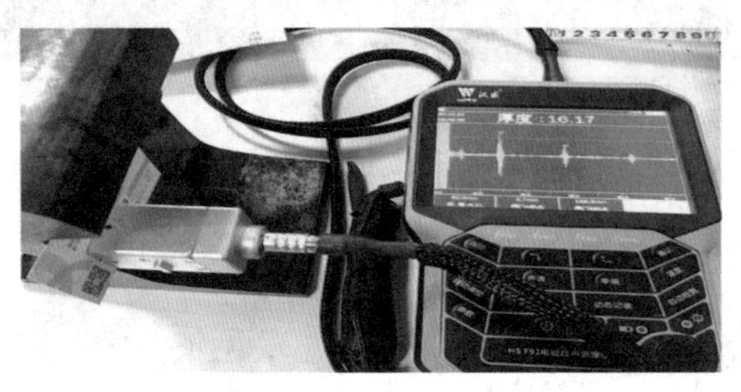

图 8-7　HSF91 测厚

三、检测案例

1. 具备一定提离值的测厚检测(图 8-8～图 8-10)

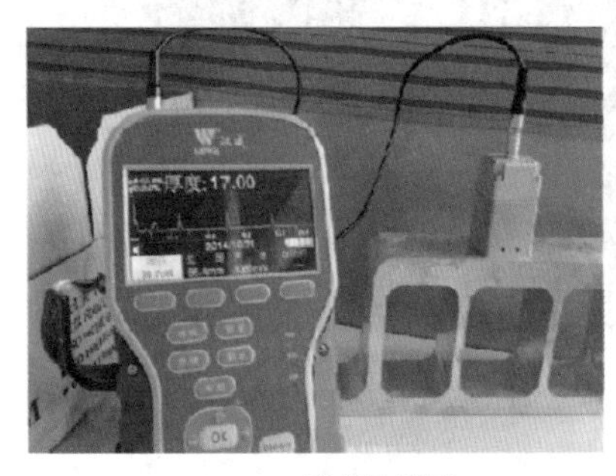

(a) 17 mm镁产品测厚

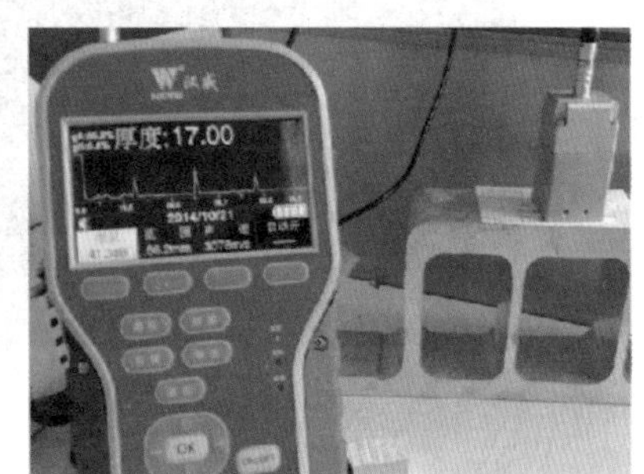

(b) 用纸张隔离前后效果

图 8-8　镁产品测厚

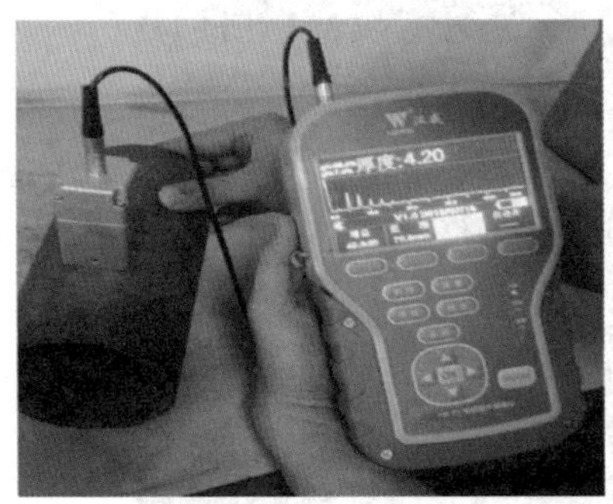

(a) 腐蚀管外壁检测

(b) 50 mm圆柱试块

图 8-9　锈蚀钢管测厚和圆柱试块

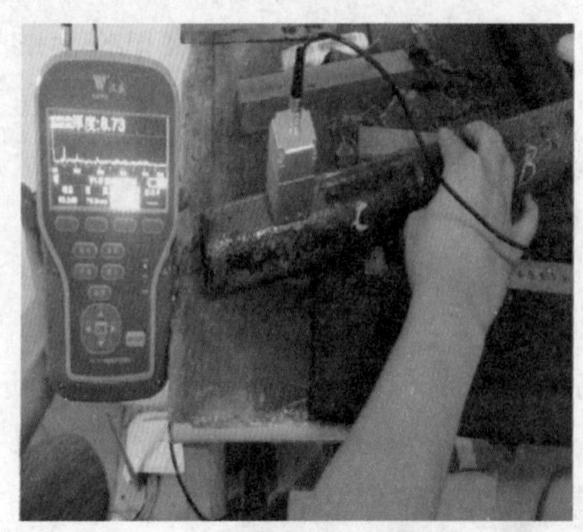

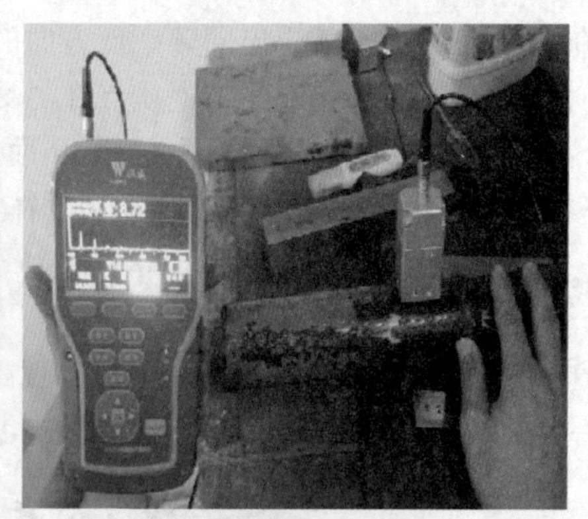

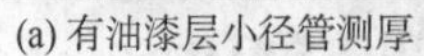

(a) 有油漆层小径管测厚　　(b) 无油漆层小径管测厚

图 8-10　有油漆层小径管测厚

2. 高温测厚(图 8-11 和图 8-12)

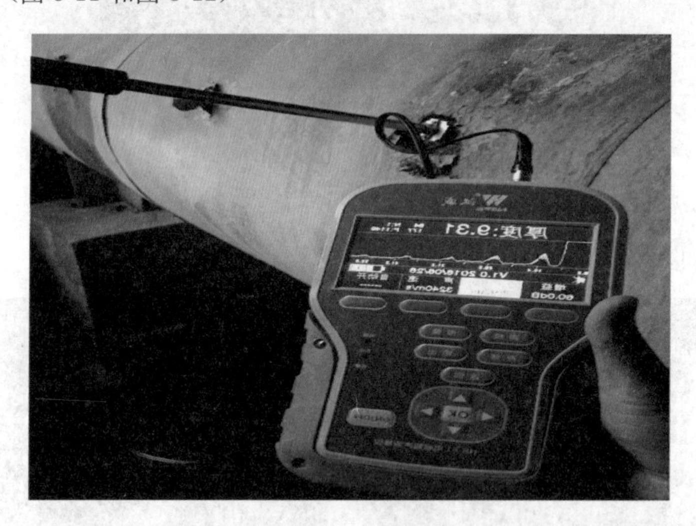

图 8-11　造纸厂高温测厚(260 ℃)

图 8-12　石化厂高温弯管测厚(450 ℃)

使用 HSF91 系列仪器可以实现一定提离值的高温检测，并且厚度检测精度较一般的超声检测要更高，可达到 0.01 mm。

第四节　HSP20-Ae(Blot)型超声导波相控阵螺栓检测仪在衡阳东站的检测应用

一、检测原理

超声波在钢杆中实际上是以导波的形式传播的，即超声柱面导波(CGWT)。

结合武汉中科创新技术股份有限公司自主研发的相控阵仪器独特的成像功能，该方法以回波传播时间对缺陷定位，以回波幅度对应的色带来对缺陷定量，也是利用脉冲反射法来完成检测。

二、检测对象及器材

被检测工件是衡阳东站站台钢结构在役紧固螺栓，如图 8-13 所示。规格：M20×57 mm；材质：高合金钢。

检测部位为螺栓整体，但重点检测针对螺栓易开裂的部位，如图 8-14 所示，并要求检测出产品在加工和在役使用中产生的缺陷。

图 8-13　检测工件

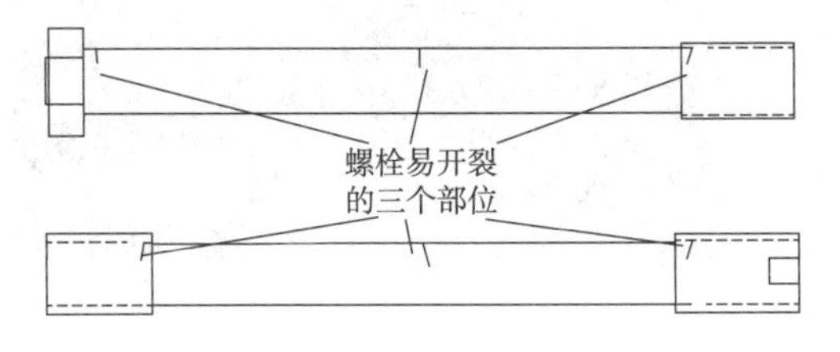

图 8-14　易开裂部位

检测器材采用 HSPA20-Ae(Bolt),探头采用 5P64-14×26 相控阵环阵探头,如图 8-15 所示。

(a) 仪器

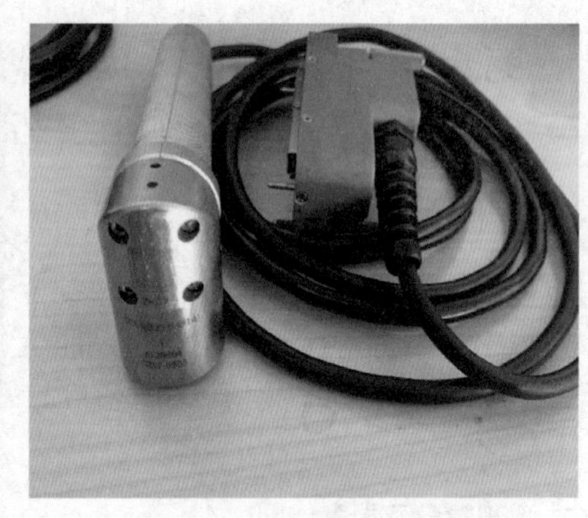
(b) V探头

图 8-15　仪器和探头

应注意:根据螺栓尺寸选探头,探头直径要比螺栓直径小 2 mm,效果最佳。

仪器参数设置见表 8-4。

表 8-4　仪器参数设置

视图模式	A-Scan+C-Scan+B-Scan+3D	脉冲宽度	100 ns	聚焦类型	聚束聚焦
		增益	22.1 dB	工件模型	螺栓
范　　围	150 mm	重复频率	500 Hz	发射电压	100 V

探头布局及扫查方式:采用探头放置在螺栓任意端头,把耦合剂涂抹均匀,不需要移动,如图 8-16 所示。

图 8-16　检测方式

三、检测结果

现场检测结果如图 8-17 所示。

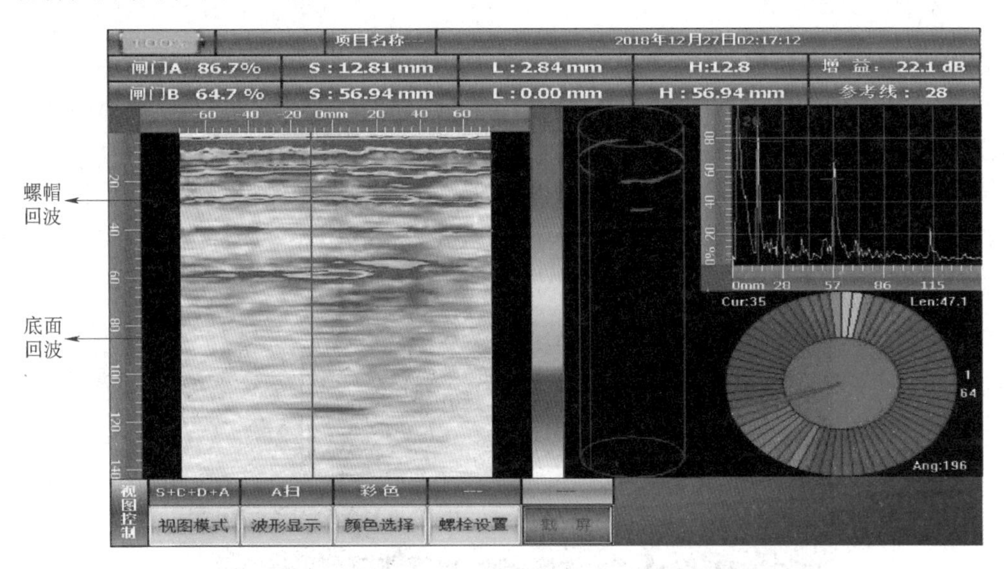

图 8-17　现场检测结果

采用上述超声波相控阵螺栓仪器和环阵探头组合检测高铁钢结构的螺栓。由于探头的尺寸过大造成螺帽的信号出现，后期定制和现场匹配的螺栓探头进行检测螺栓，效果更佳。

运用超声波相控阵螺栓检测仪器和环阵探头的组合方式能够满足检测要求，仪器对缺陷进行成像，操作人员易观察，检测灵敏度高，信噪比好。

第五节　HSPA20-Fe 型超声波相控阵检测仪在衡阳东站的检测应用

一、检测原理

超声相控阵成像技术是通过控制换能器阵列中各阵元的激励（或接收）脉冲的时间延迟，改变由各阵元发射（或接收）声波到达（或来自）物体内某点相位关系，实现聚焦点和声束方位的变化，完成声成像的技术。

与常规超声波检测技术比较，该型号超声相控阵检测仪的优势有：

（1）检测速度快。由于探头中的阵列晶片是通过电子的方法进行延时激励，它在做线性扫查时，比常规探头的机械扫查要快得多。

（2）使用灵活。相控阵探头可以随意控制聚焦深度、偏转角度、波束宽度。另外，实施纵伤检测、横伤检测和斜伤检测的相控阵探头是同一种探头，在探伤中可根据需要随意设置检测扫查方式，进而实现对焊缝中不同取向缺陷的检测。

（3）检测可靠。相控阵探头中多晶片的快速顺序激励，其辐射声场相当于单晶片探头的连续机械位移和转向，大大提高了检测的可靠性。

（4）功能强大。超声波束的聚焦增加了检测信噪比；在扇形扫查中，许多方向难以辨别的缺陷均可被检测出；大量 A-Scan 数据增加了各角度缺陷的分辨率。

(5)通过对被检工件进行建模,可以直观地显示超声波在工件内的传播路径,有助于对缺陷的判定。

二、检测对象及器材

本检测技术方案的检测对象为不等厚管管对接环焊缝,由于不等厚对接焊缝是一种过渡性的焊接连接方式,焊缝一侧厚度比另一侧厚,因此焊缝的一侧为平板,另一侧要切削出一个大斜面。在焊接过程中,焊缝容易出现裂纹、坡口未熔、气孔等缺陷。规格尺寸:一侧板厚为10 mm,另一侧板厚为6 mm。本技术方案以10 mm厚侧作为检测模型的建立依据。材质为碳钢,检测部位及要求为检测部位为:整个环焊缝,要求检测出焊缝内部缺陷。实物及模型图片分别如图8-18和图8-19所示。

图8-18　检测对象

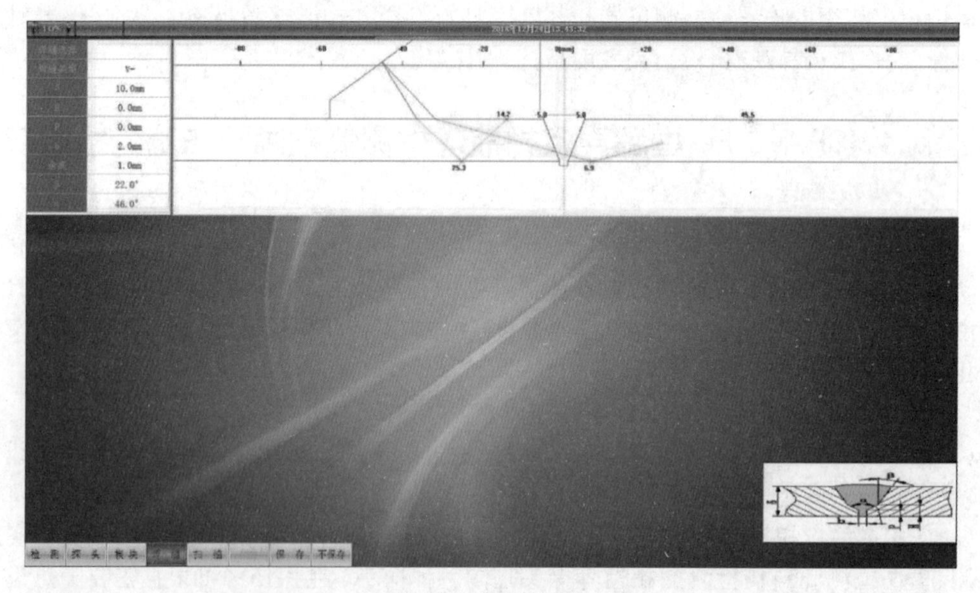

图8-19　检测模型

检测器材如下:

仪器:HSPA20-Fe;探头:5 MHz、32阵元、1.6 mm;楔块:SA2-35S、平面楔块;试块:车轴对比试块。

由于管道外部较为平整，适合超声波入射，因此采用从管道较厚侧进行横波的 S-Scan，覆盖大部分整个管道环焊缝。为了能更好地提高检测能力和稳定性，使用了探头链式扫查器，探头采用自发自收，频率为 5 MHz。为增加耐磨性，可加装平面楔块，如图 8-20 所示。

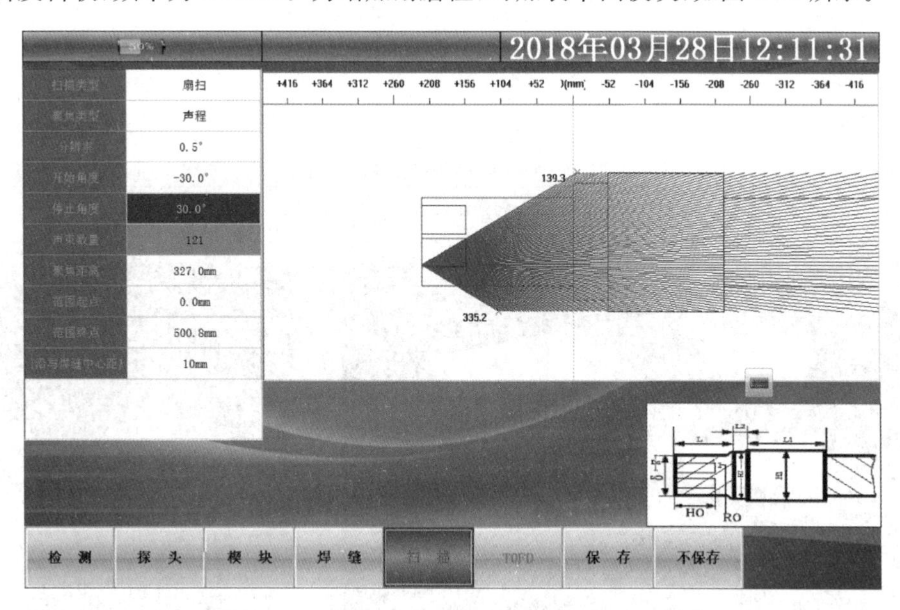

图 8-20　声束扫查示意图

仪器参数设置见表 8-5。

表 8-5　仪器参数设置

扫查方式	S-Scan	声速偏转	48°～75.5°	焊缝模型	管道对接
增　　益	35～42 dB				
范　　围	58.5 mm	重复频率	1 kHz	发射电压	50 V

在管道外表面上采用探头楔块的扫查方式，现场检测如图 8-21 所示。

(a)

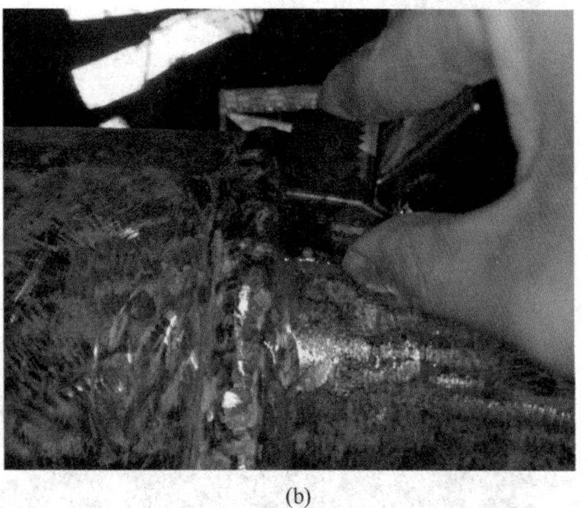

(b)

图 8-21　现场检测

三、检测结果

对图 8-21 中管道对接焊缝试样中的缺陷进行检测，从薄测检测如图 8-22 所示，从厚测检测如图 8-23 所示。

图 8-21(a)中黄色圆圈为针对不等厚管管对接焊缝检测时，从薄侧检测的固有信号，图 8-22(b)中下红色圆圈为疑似缺陷信号。

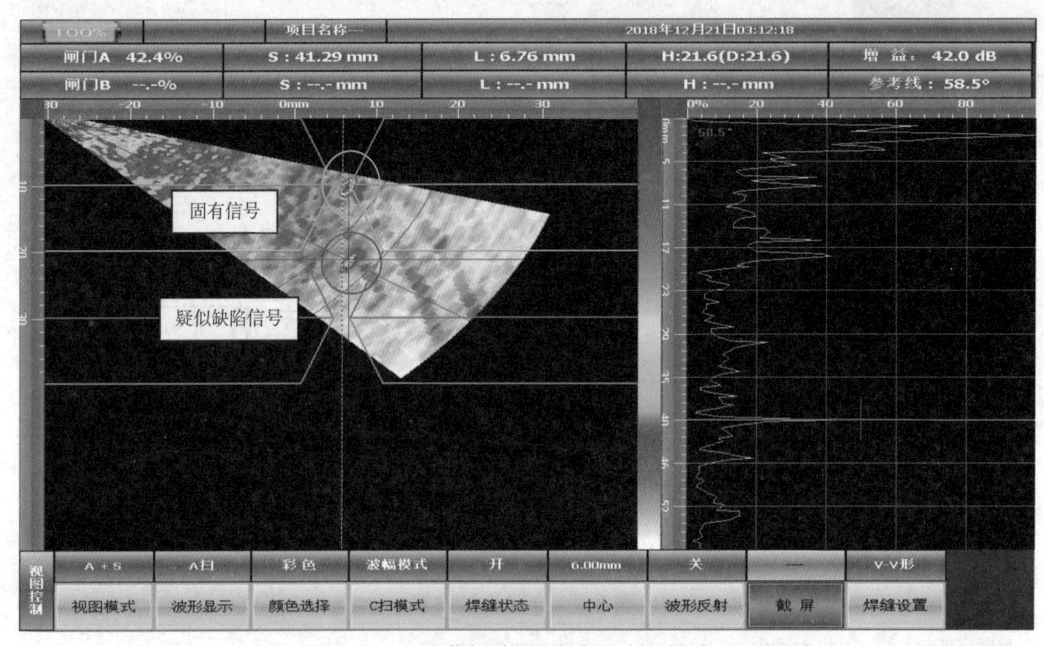

图 8-22 从薄侧检测(含有上表面缺陷)

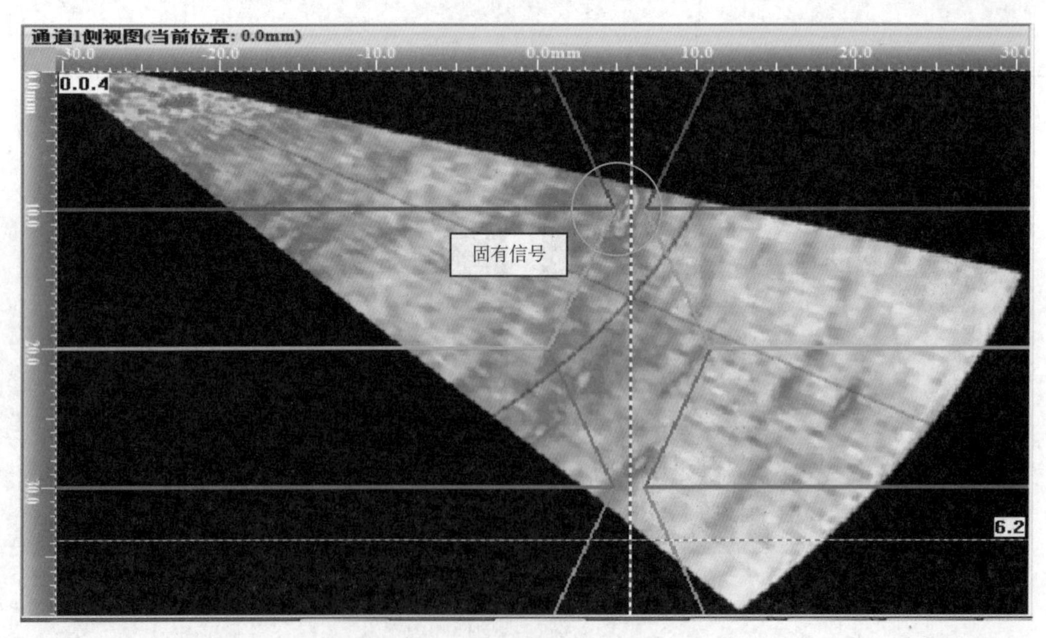

(a) 无缺陷

图 8-23

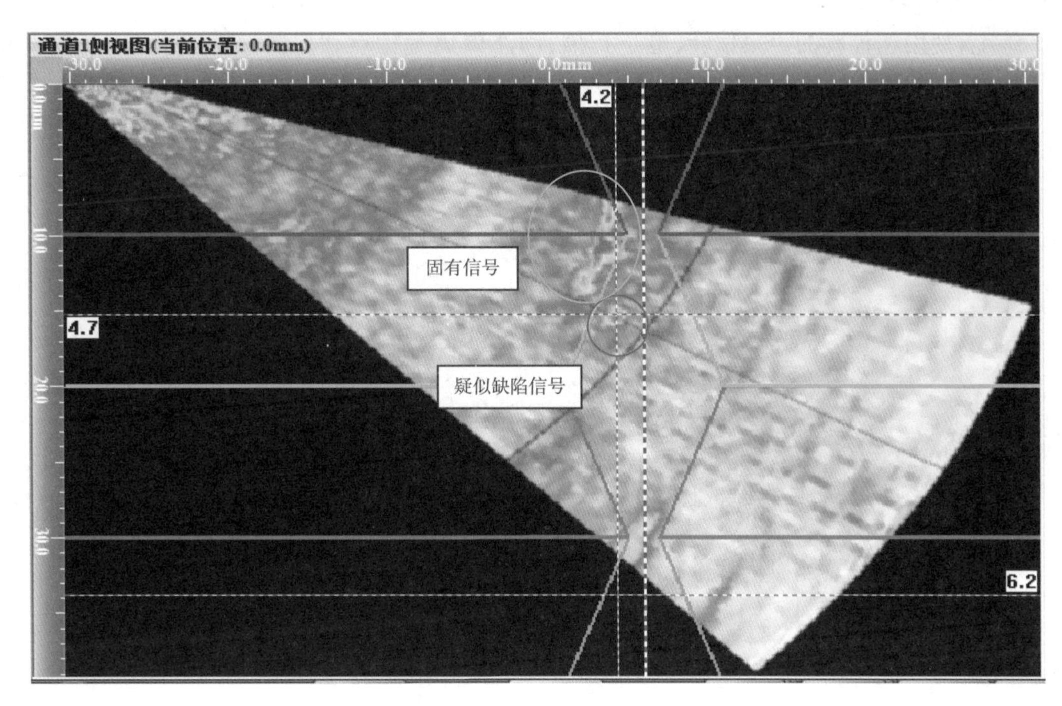

(b) 有缺陷

图 8-23　从厚侧检测效果图

图 8-23(a)中黄色圆圈为针对不等厚管管对接焊缝检测时，从厚侧检测的固有信号，图 8-23(b)中小红色圆圈为疑似缺陷信号。

针对图 8-23(b)中的缺陷进行图谱分析，如图 8-24 所示，可看到该缺陷波高在 42 dB 增益值的前提下可达到满屏幕的 90%。因此，该检测方法检出率高、检测效果清晰、信噪比非常好。

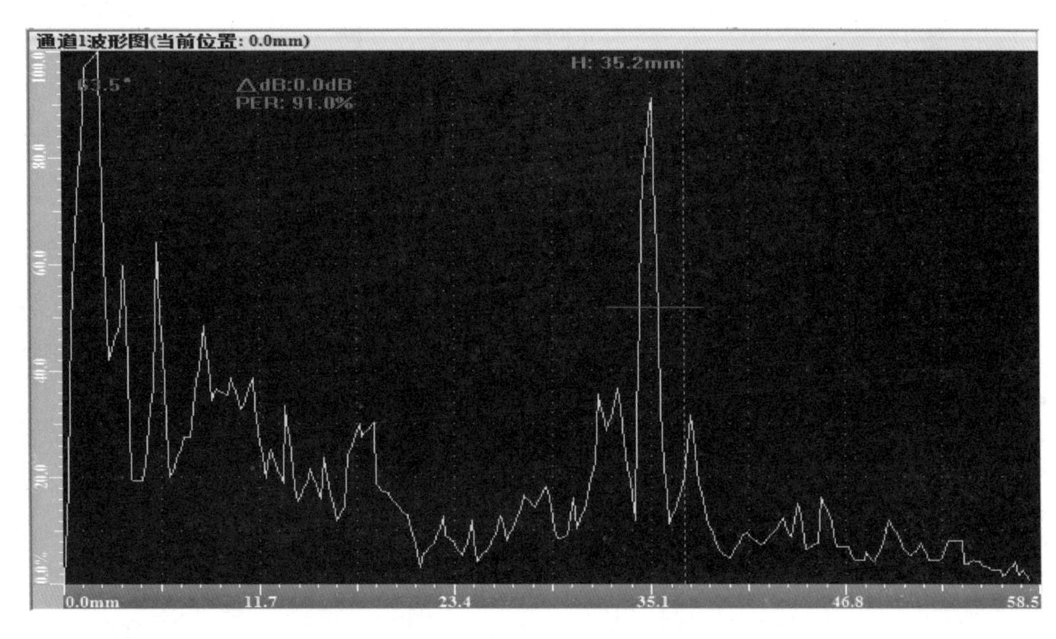

图 8-24　图谱分析

综上,使用相控阵的声束偏转、电子扫描、动态聚焦等特点和仪器独特的 AutoCAD 高级图形加载功能,可以实现对管对接不等厚焊缝进行全面检测。通过对探头、楔块、扫查方式的组合配置,不但能满足在役探伤的要求,也能检测出焊缝中的缺陷。此外,采用定制的探头扫查器装置,能更有效地提高检测的效率和稳定性。

参考文献

[1] 董雁宇.无损检测探伤方法及其在钢轨探伤中的应用研究[J].无损检测技术,2018(13):78-79.

[2] 陈占鹏.化工容器腐蚀评价与探伤检测研究[D].北京:中国石油大学,2011.

[3] 安环君.无损检测相关技术分析[J].无损检测,2015(2):97-97.

[4] 康洪涛.大型锻件的超声波检测[D].重庆:重庆理工大学,2010.

[5] 张婷.超声波定位系统的设计[D].西安:长安大学,2014.

[6] 周汉华.基于多个转换波形的非介入式压力检测方法研究[D].杭州:浙江大学,2015.

[7] 刘永辉.界面反射超声散斑统计特性研究[D].武汉:华中科技大学,2003.

[8] 汤爱芳.多层结构复合材料的超声检测技术研究[D].武汉:北京机械工业学院,2006.

[9] 杨子正,王新.超声波管壁内衬厚度测量技术[J].河北联合大学学报(自然科学版),2015(03):74-79.

[10] 徐志辉.基于频谱分析的材料表面改性层特性超声无损表征[D].大连:大连理工大学,2005.

[11] 董镌.超声 TOFD 技术在焊缝检测中的应用及缺陷分析研究[D].兰州:兰州理工大学,2013.

[12] 路鹏程.电站厚壁部件超声波检测新技术研究[D].北京:华北电力大学,2013.

[13] 白艳.基于 TOFD 法的钢结构焊缝超声无损检测研究[D].哈尔滨:东北林业大学,2011.

[14] 程继隆.超声相控阵检测关键技术的研究[D].南京:南京航空航天大学,2010.

[15] 王伟.超声相控阵可控强度发射系统相关技术的研究[D].镇江:江苏大学,2010.

[16] 罗雄彪,陈铁群.超声无损检测的发展趋势[J].无损检测,2005(3):38-42.

[17] 吕庆贵.超声相控阵成像技术研究[D].太原:中北大学,2009.

[18] 周正干,冯海伟.超声导波检测技术的研究进展[J].无损检测,2006(02):4-10.

[19] 汪春晓.相控阵超声波车轮缺陷探伤技术研究[D].成都:西南交通大学,2010.

[20] 陈彦宏.超声相控阵动态聚焦技术研究[D].成都:西南交通大学,2014.

[21] 李衍.超声相控阵技术　第一部分:基本概念[J].无损探伤,2007(4):27-31.

[22] 杨平,郭景涛,施克仁.超声相控阵二维面阵实现三维成像研究进展[J].无损检测,2007(04):8-11+15.

[23] 李衍.超声相控阵技术　第三部分:探头和超声声场[J].无损检测 2008(1):24-29

[24] 康洪涛.大型锻件的超声波检测[D].重庆:重庆理工大学,2010.

[25] 王子成.超声波相控阵系统性能参数和应用[C].中国机械工程会 2011 年会,2011.

[26] 鲍晓宇.相控阵超声检测系统及其关键技术的研究[D].北京:清华大学,2003.

[27] 王华,单宝华,王鑫.超声相控阵实时检测系统的研制[J].哈尔滨工业大学学报,2008(5):104-107.

[28] 刘书宏.超声相控阵测量裂纹高度与缺陷定性研究[D].南昌:南昌航空大学,2013.